本书依托山西省特优农产品梯次高值利用技术创新中心和农产品加工与质量安全运城市重点实验室平台，并得到运城学院食品科学与工程重点学科、山西省"特色农产品发展"学科群项目和山西省高等学校科技创新项目（编号：2020L0567）经费支持。

天然产物活性物质与功能特性

——基于海棠、红枣、山楂和杂粮的研究

TIANRAN CHANWU HUOXING WUZHI YU GONGNENG TEXING

—— JIYU HAITANG、HONGZAO、SHANZHA HE ZALIANG DE YANJIU

李 楠／著

U0305051

中国纺织出版社有限公司

图书在版编目（CIP）数据

天然产物活性物质与功能特性：基于海棠、红枣、山楂和杂粮的研究 / 李楠著 . --北京：中国纺织出版社有限公司，2023. 11

ISBN 978-7-5229-1213-4

Ⅰ . ①天… Ⅱ . ①李… Ⅲ . ①农产品—研究 Ⅳ . ①S37

中国国家版本馆 CIP 数据核字（2023）第 213930 号

责任编辑：毕仕林 国 帅 责任校对：江思飞
责任印制：王艳丽

中国纺织出版社有限公司出版发行
地址：北京市朝阳区百子湾东里 A407 号楼 邮政编码：100124
销售电话：010—67004422 传真：010—87155801
http://www.c-textilep.com
中国纺织出版社天猫旗舰店
官方微博 http://weibo.com/2119887771
三河市宏盛印务有限公司印刷 各地新华书店经销
2023 年 11 月第 1 版第 1 次印刷
开本：710×1000 1/16 印张：22
字数：409 千字 定价：98.00 元

前　言

食源性天然产物与人类生活息息相关，其不仅是食物的重要来源，为人类提供生命所需的糖类、蛋白质和脂类等初级代谢物，也为人类提供很多具有特殊生理活性的次级代谢物。天然产物中生理活性物质主要包括多酚类、多糖类、有机酸类、皂苷类和萜类化合物等。许多天然产物具有抗氧化、抗炎、抗衰老、抗动脉粥样硬化、降血脂、降血糖、调节脂质代谢和促进肠道健康等功能特性，还具有低毒副作用、多途径、多靶点作用等优势，因此越来越多的科研工作者开始关注天然产物领域。

依托山西省特优农产品梯次高值利用技术创新中心和农产品加工与质量安全运城市重点实验室平台，本研究团队立足运城、服务山西，围绕粮油、果蔬、中药材等特优农产品"梯次加工、高值利用、转化增值"核心，开展特优农产品初加工、精深加工工艺创新、农产品加工副产物综合利用研究。研究团队长期关注天然产物营养活性物质的分离、结构鉴定和功能特性评价；以山西运城地区特色食源性植物为研究对象，优化多酚、黄酮、多糖和有机酸等活性物质提取工艺，并利用高效液相色谱、质谱等技术解析其组分结构；评价活性物质抗氧化、抑菌等功能特性，探讨活性物质与功能特性的相关性及抗氧化作用机制。

本书是作者近年来在天然产物活性物质与其功能特性研究方面的研究成果，全书分上、下两篇，共8章。上篇有4章内容，主要介绍海棠与多酚、红枣与多糖、山楂与其活性成分、杂粮与其消化特性；下篇有4章内容，详细介绍了作者在天然产物活性物质及功能特性研究方面所做的工作，主要包括海棠多酚的提取、含量与种类的测定、抗氧化及抑菌活性的研究等；红枣多糖的提取、单糖组成、结构表征及抗氧化活性研究；山楂果酒的工艺优化及山楂果酒发酵过程中品质特性、抗氧化活性、香气成分的分析；杂粮产品的开发、活性成分的提取及模拟消化过程中杂粮活性物质释放和抗氧化能力的变化等。全书除介绍本课题组最新研究成果以外，还参考了大量同行专家的科研成果和资料，内容较丰富，具有较高的可读性。

感谢运城学院历届本科生在相关研究中的工作与付出，他们包括：白雪、杜相锐、段雨松、符新武、郭佳丽、姜春雨、鞠平安、李桂芬、李佳运、连严慧、刘馨、刘亚琴、吕茜、马俊云、孟航婷、秦嘉杉、石昊洋、苏姣、苏美青、王春琳、王丽、王玉茹、温宇芳、熊雅婷、闫智超、阎晓东、杨婷、张春颖、张香飞、张雨欣等（排名不分先后）；感谢西北农林科技大学食品科学与工程学院、感谢导师师俊玲教授在作者求学期间的谆谆教诲。本书相关内容的研究工作，得到了运城学院食品科学与工程重点学科（编号：XK-2021008）、山西省"特色农产品发展"学科群项目（编号：SKX-202218）和山西省高等学校科技创新项目"运城特有枣品中多糖的分离纯化、结构表征及生物活性研究"（编号：2020L0567）等项目的经费支持，在此一并致谢。

　　本书在编写的过程中吸收和参考了国内外相关领域的专著、教材和文献，并给予标注，每节后附录了参考文献，但疏漏或误解之处仍恐难免，在此除表示衷心感谢，还敬请批评指正。由于作者水平有限，编写过程中可能存在许多不足之处，敬请诸位同仁和广大读者提出宝贵意见，以便在今后的研究中有所改进和突破，并方便修订、补充和完善。

著者

2023 年 8 月

目　录

上　篇

下　篇

上　篇

第一章　海棠与多酚

第一节　概述

海棠（*Malus* spp.）属于蔷薇科（Rosaceae）苹果属（*Malus*）野生半野生植物，海棠果又叫作海红果、沙果。海棠果实较小，类似圆形，口感酸甜干脆，果肉呈淡红色，营养丰富，具有抗逆性及适应性强等优点，同时与主栽品种苹果有很强的亲和性。国际上将果实直径大小作为区分海棠（crabapple）与苹果（apple）的原则，果径≤5cm为海棠。

世界上的海棠主要分布在北温带地区，横跨亚欧大陆和北美洲，可划分为四大分布区：北美、中国、环地中海地区以及欧洲-中亚。世界上苹果属植物共有野生种约22个。我国是主要的海棠原产地，有14个海棠野生种，主要分布在四川、云南两省，分别有11种和10种；其次为甘肃、陕西、河南、青海、西藏等省区。西南部横断山脉地区是我国海棠资源最为集中的地区，也是世界海棠的分布中心和多样性中心。海棠植株耐寒抗旱，因其花型多样、花色艳丽而被广泛用于园林绿化，是北半球最受大众喜爱的春花植物之一，具有很高的观赏价值。

目前我国对海棠的研究主要集中于经典植物学分类和园艺学方面，海棠树主要用于观赏，海棠果主要为初加工，如酿酒、蜜饯、果酱、果醋等，而对海棠果多酚种类及生物活性研究较少，这严重限制了海棠果的精深加工与综合开发利用。近年来，随着其产量的迅速增加，人们对海棠果的综合开发和加工利用日趋关注。研究表明，海棠含有较为丰富的多酚物质，极具开发前景，Li 等[1] 在 10 种野生型海棠中都检测到了根皮苷、芦丁、绿原酸、金丝桃苷和表儿茶素等多酚类物质，只在部分海棠品种中检测到了咖啡酸、对香豆酸和阿魏酸等多酚类物质，且含量较低。海棠多酚具有多种生理特性，如清除体内自由基、抗氧化、抗衰老、抗肿瘤等。Liu 等[2] 报道了 5 种海棠多酚提取物可以降低肥胖小鼠的胆固醇水平，并且提出海棠的花和叶具有较强的开发潜力和良好的利用价值。Wang 等[3] 报道了海棠乙酸乙酯提取物对肥胖小鼠有显著的降胆固醇作用。并且有研究表明，从海棠果中提取的多酚在植物油的煎炸和储存过程中可以有效地替代人工合成的抗氧化剂。[4] 综上，海棠中多酚等生物活性物质较为丰富，具有清除自由基、抑菌和保护机体中脂质、蛋白质及 DNA 等作用，是较好的开发功能性食品的资源。[5]

参考文献

［1］ Li N, Shi J L, Wang K. Profile and antioxidant activity of phenolic extracts from ten crabapples (Malus wildspecies)［J］. J Agric Food Chem, 2014, 62: 574-581.

［2］ Liu F, Wang M, Wang M. Phenolic compounds and antioxidant activities of flowers, leaves and fruits of five crabapple cultivars (*Malus Mill.* species)［J］. Sci Hortic, 2018, 235: 460-467.

［3］ Wang D, Wu Y, Liu C, et al. Ethylacetate extract of crabapple fruit is the cholesterol-lowering fraction ［J］. Rsc Adv, 2017, 68 (7): 43114-43124.

［4］ Aladedunye F, Matthaus B. Phenolic extracts from Sorbus aucuparia (L.) and Malus *baccata* (L.) berries: Antioxidant activity and performance in rapeseed oil during frying and storage ［J］. Food Chem, 2014, 159: 273-281.

［5］ 李楠, 师俊玲, 王昆. 14种海棠果实多酚种类及体外抗氧化活性分析［J］. 食品科学, 2014, 35 (5): 53-58.

第二节　多酚种类及分布

一、植物多酚种类

酚类化合物是一种含有芳香环与羟基偶联的多羟基化合物, 是植物界分布最广泛的化合物之一, 存在于水果、豆类、蔬菜等植物中, 主要由莽草酸、磷酸戊糖和苯丙素途径合成, 是植物中普遍存在的重要生物活性成分, 也是来源于苯丙氨酸和酪氨酸的植物次生代谢产物, 与植物防御紫外线辐射和病原体侵害等功能紧密相关。目前已经在不同植物物种中确定了8000余种多酚类化合物。通常情况下, 多酚类物质以共轭形式存在, 与一个或多个糖残基形成羟基, 也会与糖 (多糖或单糖) 直接相连形成芳香族碳。此外, 多酚还会与其他化合物, 如羧酸、胺、脂以及苯酚等相结合。根据酚环的功能和数量, 以及酚环间的基础结构, 可以把多酚类物质分为酚酸类、黄酮类、芪类和木脂素类等多种类型[1], 具体如表1-1所示。

表 1-1　植物多酚的化学结构和来源

种类	子集	结构	植物多酚	食物举例
酚酸类	羟基肉桂酸		咖啡酸	咖啡豆
	羟基苯甲酸		没食子酸	五倍子、茶叶、橡木树皮、金缕梅
黄酮类	花色素苷		矢车菊	浆果、紫甘蓝、甜菜、葡萄籽提取物和红酒
	黄烷醇		儿茶素	白茶、绿茶和红茶
			茶黄素	红茶
			原花青素	巧克力、水果和蔬菜、红葡萄酒、洋葱、苹果皮
	黄烷酮		橙皮苷	柑橘类水果
			柚皮素	柑橘类水果
	黄酮醇		槲皮素	洋葱、茶、酒、苹果、蔓越莓、荞麦和豆类

续表

种类	子集	结构	植物多酚	食物举例
黄酮类	黄酮	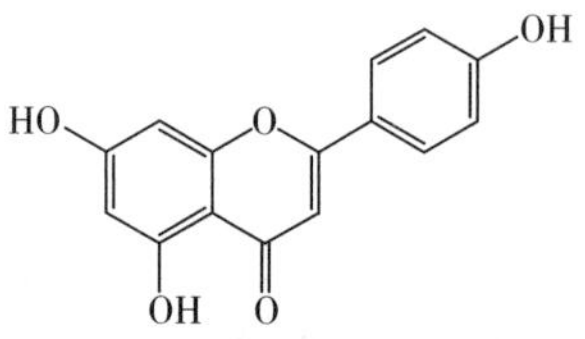	芹黄素	甘菊、芹菜、香菜
			柑橘黄酮	橘子和其他柑橘类果皮
			木犀草素	芹菜、百里香
	异黄酮	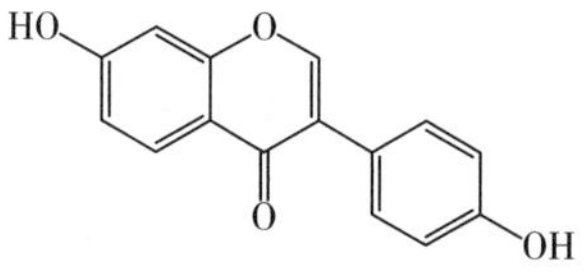	黄豆苷	黄豆、苜蓿芽、红三叶草、鹰嘴豆、花生
芪类	—	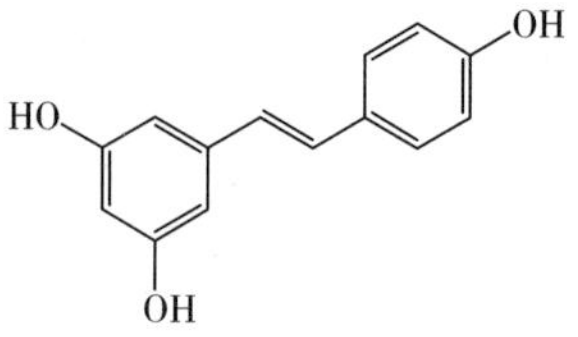	白藜芦醇	葡萄皮和红葡萄酒
木脂素类	—	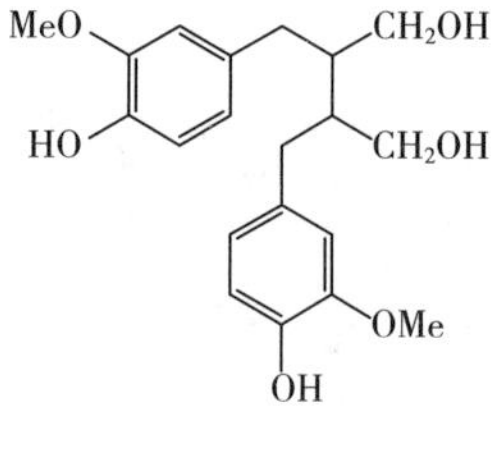	亚麻木酚素	亚麻仁

1. 酚酸

　　酚酸在植物中的含量丰富，可以分为两大类：苯甲酸类衍生物和肉桂酸类衍生物。除一些红色果蔬，如胡萝卜和洋葱以外，食用植物中羟基苯甲酸的含量普遍较低。羟基肉桂酸比较常见，主要包括阿魏酸、芥子酸、咖啡酸和对香豆酸等。

2. 黄酮类

黄酮类化合物的种类最多，它们有一个共同的基本结构，由三个碳原子结合两个芳香环形成含氧杂环，其中许多黄酮类化分物负责形成花、果实和叶片的颜色。根据杂环不同，黄酮类化合物可分为6个子类：黄酮醇、黄酮、黄烷酮、黄烷醇、花色素苷和异黄酮。每组的差异主要为羟基的数目和排列的变化，以及烷基化和（或）糖基化的程度。槲皮素、杨梅素和儿茶素等是一些最常见的黄酮类化合物。

3. 芪类

芪类含有由两个碳原子的亚甲基桥连接的苯基部分。人类饮食中芪类的含量相当低，大多数植物中的芪类作为抗真菌的植物抗毒素，仅在植物受到真菌感染或损伤时合成。自然存在的多酚芪是白藜芦醇，主要存在于葡萄、葡萄酒和葡萄干等产品中。

4. 木脂素类

木脂素类是双酚化合物，该结构由两个肉桂酸残基二聚化形成。木脂素中的亚麻木酚素是植物雌激素。木质素的食物来源包括亚麻籽、富蛋白质类食物、油籽、蔬菜、坚果、大蒜、水果、橄榄油、葡萄酒、茶、啤酒和咖啡。木脂素在人体系统中以肠二醇或肠内酯的形式存在。研究表明，木脂素对人体健康的益处取决于木脂素的确切种类。

二、植物多酚的分布

酚类化合物广泛存在于植物源食品中。许多水果都含有一定量的酚类物质。不同种类的水果中酚类物质的含量与分布不同。羟基肉桂酸类是各种水果中含量丰富的酚类物质之一，主要包括咖啡酸、阿魏酸、芥子酸和对香豆酸等。此外，在水果中，黄酮类化合物也很常见，其中分布范围广、含量多的主要是黄烷醇类、黄酮醇类和花色素苷类。

不同品种的水果所含的酚类物质的含量、种类差别较大。其中，柑橘类水果中的主要酚类物质为肉桂酸类，黄酮类物质为黄酮和黄烷酮[2]；红葡萄和樱桃中多酚类物质主要为花色素苷[3]；蓝莓中除了花色素苷外还含有酚酸[4]；梨中则含有较多的熊果苷、绿原酸和儿茶素[5]；石榴中含有大量的安石榴苷和鞣花酸[6]；山楂果实中原花青素和黄酮类的含量较高[7]。不同水果具有不同的特征酚，如根皮苷、杨梅酮、酒石酸和肉桂酸形成的酯分别是苹果、桃和葡萄的特征物质，在其他水果中检测不到[8]。

多酚类物质在植物的不同组织、细胞和亚细胞中分布水平各不相同，其中不溶性酚类物质主要分布在细胞壁中，可溶性酚分布在植物细胞的液泡中。某些酚类物质如槲皮素分布在所有的植物中，如水果、蔬菜、谷物、果汁、茶、酒等，而黄烷酮和异黄酮只分布在特定的食品中。植物的外部组织（如果皮）含有更多的酚类物质。目前，有关苹果多酚的研究表明，苹果多酚主要为酚酸（主要是绿原酸和咖啡酸）和黄酮类化合物（如黄酮醇、儿茶素、二氢查耳酮、黄烷醇和花色素苷），其中酚酸类物质占其总酚含量的三分之一，而黄酮类化合物则占总酚含量的三分之二。海棠中多酚类物质主要为绿原酸、表儿茶素、芦丁和根皮苷，主要多酚种类与苹果基本一致。

参考文献

［1］ Spencer J P, Abd El Mohsen M M, Minihane A M, et al. Biomarkers of the intake of dietary polyphenols: strengths, limitations and application in nutrition research ［J］. Br J Nutr, 2008, 99 (1): 12-22.

［2］ Wojdyło A, Teleszko M, Oszmiański J. Antioxidant property and storage stability of quince juice phenolic compounds ［J］. Food Chem, 2014, 152 (1): 261-270.

［3］ Gao L, Mazza G. Characterization, quantitation and distribution of anthocyanins and colorless phenolies in sweet cherries ［J］. J Agric Food Chem, 1995, 43 (2): 343-344.

［4］ 刘翼翔, 吴永沛, 陈俊, 等. 蓝莓不同多酚物质的分离与抑制细胞氧化损伤功能的比较 ［J］. 浙江大学学报, 2013, 39 (4): 428-434.

［5］ 姜喜, 唐章虎, 吴翠云, 等. 3 种梨果实发育过程中酚类物质及其抗氧化能力分析 ［J］. 食品科学, 2021, 42 (23): 99-105.

［6］ 刘振平, 陈祥贵, 彭海燕, 等. RP-HPLC 法测定石榴汁中的 4 种多酚类成分 ［J］. 中国食品学报, 2013, 13 (1): 183-187.

［7］ 高秀岩, 赵玉辉, 郭印山, 等. 利用反相高效液相色谱法检测山楂果实多酚含量的方法学研究 ［J］. 北方园艺, 2013 (23): 106-108.

［8］ Fernandez de simon B, Perez-Ilzarbe J, Hernandez T, et al. Importance of phenolic compounds of characterization of fruit ［J］. J Agric Food Chem, 1992, 40 (9): 1531-1535.

第三节 酚类物质的提取方法

酚类化合物的提取方法主要分为传统提取法和新型提取法。传统提取法包括固液萃取法、液液萃取法和浸提法等，这些方法操作简单，但大多需要使用大量的提取溶剂，并且提取效率较低；新型提取法包括超声波辅助提取法、微波辅助提取法、加压液体萃取法、超临界流体萃取法、超高压提取法、酶辅助提取法等，新型提取法具有耗时短、自动化程度高、得率高、节省原材料且环境友好等优势，在植物次生代谢产物的提取方面使用越来越广泛。

一、溶剂提取法

不同成分在溶剂中的溶解度差异是溶剂提取法的原理，提取过程包括渗透、溶解、分配和扩散等。植物多酚类物质通常为极性物质，其结构中的羟基、羧基通常与蛋白质或/和多糖以氢键或疏水键相连存在于植物体中，有机溶剂能够使氢键断裂，使多酚类物质溶出。甲醇、乙醇和丙酮以及与水的混合溶剂是常见的提取溶剂。提取温度、提取时间、提取溶剂以及溶剂的 pH 等能影响提取效果。此法操作简单、应用范围广，但不足之处为提取率低、耗时长、原料利用率低、耗时且需要大量溶剂。

戚向阳等[1] 用80%乙醇溶液提取苹果中的原花青素，最终提取率达到95.6%；刘通讯等[2] 用有机溶剂提取普洱茶中的多酚类物质，提取液具有较高的抗氧化活性；包辰等[3] 得出茶树菇多酚的最佳提取工艺，以50%乙醇为提取溶剂，80℃下提取3h，多酚提取率为14.96%。

二、超声波辅助提取法

超声波辅助提取是应用超声波辐射产生强大的空化效应、扰动效应、机械振动、搅拌和击碎等多种作用，增加物质中分子的运动频率和溶剂的穿透能力，进而使目标成分加速进入提取溶剂。

刁小琴等[4] 和袁玲等[5] 分别用超声波辅助法提取黑木耳和桑葚中的多酚，得到了简洁快速且得率高的提取方法，为其他植物多酚类物质的提取提供了参考依据。Alonso-Salces 等[6] 在超声波辅助条件下，用甲醇和乙酸的混合溶剂提取苹果多酚，结果发现，该方法的溶剂用量少，且易于回收再利用。

三、微波辅助提取法

微波辅助提取天然活性物质的原理为微波加热时细胞中的极性物质能够吸收微波能，使细胞内的温度升高，导致液体气化，其产生的压力会破坏细胞壁和细胞膜，使细胞表面形成孔洞，如果继续加热，则细胞收缩，导致表面出现裂纹，胞外溶剂极易从孔洞和裂纹中进入，因此使有效成分溶解。微波提取具有有效成分得率高、适于热不稳定性物质、溶剂耗量少和操作时间短等优点，克服了传统煎煮法物料易凝聚和焦化的缺点。

Cendresa 等[7] 利用微波提取不同水果中的多酚。赵博等[8] 用响应面分析微波辅助法提取荷叶中的多酚，得出的实测值和预测值的相对误差为 0.23%。

四、超临界流体萃取技术

超临界流体是介于气体和液体之间的流体，温度和压力接近或略高于临界温度和压力。该技术利用超临界流体对有效成分的溶解作用，将热敏性或高沸点成分从溶液或固体中萃取出来。超临界流体兼有液体和气体的特点，密度通常与液体相近，而黏度与气体相近，因此超临界流体既具有良好的溶解性，又具有较高的扩散系数和易渗透。二氧化碳具有临界条件适中、化学性质稳定、无色无味无毒、价格便宜、纯度高等优点，是目前最常用的萃取剂。

魏福祥等[9]采用超临界二氧化碳萃取苹果渣中多酚，各因素对苹果多酚得率影响的主次顺序是：萃取时间>萃取压力>萃取温度>料液比。采用此技术从苹果渣中萃取苹果多酚，相对于有机提取，苹果多酚生理活性保存较好，而且大大地缩短了生产周期。刘杰超等[10]用此技术萃取枣核多酚，提取物对 1,1-二苯基-2-苦基肼（DPPH）自由基具有较强的清除作用，并可有效抑制 α-淀粉酶、α-葡萄糖苷酶及透明质酸酶的活性，可以延缓人体对淀粉等物质的降解和对葡萄糖的吸收，从而抑制餐后血糖的快速升高。

五、超高压提取法

超高压技术主要用于果蔬加工、保藏以及食品工业中的杀菌，是食品加工领域新兴的一种技术。近年来超高压技术逐渐被用于天然产物中活性成分的提取，其原理为借助流体将 100MPa 以上的静压力作用在物料上，保压几分钟后迅速卸压，从而进行提取。此技术得率高、提出的杂质少、用时短、节能环保，具有很大的发展潜力。

杨小兰等[11]研究此技术对猕猴桃浆多酚的影响，结果表明多酚含量比空白对照显著升高。原因为在超高压力作用下，溶剂的渗透通量和速率增加。

六、酶辅助提取法

利用酶的催化能力来瓦解和损坏细胞壁，如纤维素酶和果胶酶等可水解细胞壁中的木质素，进而充分释放细胞内含物，有利于植物生物活性物质的提取，从而确保细胞质中的物质顺利进入提取溶剂。酶提取法也很容易与其他方法结合使用，从而增加提取物的活性成分及风味，如超声波辅助酶法可使生物活性成分提取过程更加简单有效，并能有效提高提取的安全性。

陈瑞喜等[12]以赤霞珠葡萄皮渣为原料，采用超声波辅助纤维素酶法提取多酚化合物。得到最佳工艺参数为超声时间 15min，超声功率 400W，酶解 pH 6.0，酶解温度 60℃，在此工艺条件下多酚得率最高为 1.493%。张悦怡等[13] 采用复合酶辅助法提取五味子果肉中的总酚类物质，通过正交试验，得到五味子果肉总酚提取的最佳条件为添加 1.0% 果胶酶、3.0% 纤维素酶、3.0% 中性蛋白酶、5.0% 漆酶，在此条件下五味子果肉总酚的提取率为 2.83%，高于单酶处理总酚提取率，是无酶工艺（1.19%）的 2.38 倍。

参考文献

[1] 戚向阳，黄红霞，巴文广. 苹果中原花青素提取工艺的研究 [J]. 食品工业科技，2003，24（3）：63-65.

[2] 刘通讯，谭梦珠. 不同储存时间对普洱茶有机溶剂萃取物清除自由基活性的影响 [J]. 现代食品科技，2013，29（10）：2372-2377.

[3] 包辰，郑宝东. 有机溶剂法提取茶树菇多酚工艺的研究 [J]. 热带作物学报，2012，33（11）：2070-2074.

[4] 刁小琴，关海宁. 超声辅助提取黑木耳多酚及其抑菌活性研究 [J]. 食品工业，2013，34（3）：69-72.

[5] 袁玲，李建华. 桑椹多酚超声波辅助水提工艺研究 [J]. 食品工业，2014，35（3）：115-118.

[6] Alonso-Salces R M, Barranco A, Corta E, et al. A validated solid-liquid extraction method for the HPLC determination of polyphenols in apple tissues comparison with pressurized liquid extraction [J]. Talanta, 2005, 65 (3): 654-662.

[7] Cendresa A, Hoerléa M, Chemata F, et al. Different compounds are extracted with different time courses from fruits during microwave hydrodiffusion: Examples and possible causes [J]. Food Chem, 2014, 154 (1): 179-186.

[8] 赵博，赵晓云，李志洲. 响应面分析法优化微波辅助提取荷叶多酚的工艺研究 [J]. 食品与发酵科技，2010，46（2）：85-88.

[9] 魏福祥，曲恩超. 超临界 CO_2 从苹果渣中萃取苹果多酚的工艺研究 [J]. 食品研究与开发，2006，27（7）：60-63.

[10] 刘杰超，张春岭，刘慧，等. 超临界 CO_2 萃取枣核多酚工艺优化及其生物活性 [J]. 食品科学，2013，34（22）：64-69.

[11] 杨小兰，袁娅，郭晓晖，等. 超高压处理对不同品种猕猴桃浆多酚含量及其抗氧化活性的影响 [J]. 食品科学，2013，34（1）：73-77.

[12] 陈瑞喜，王璐璐，陈德蓉，等. 超声波辅助酶法提取葡萄皮渣多酚工艺优化 [J]. 食品工业科技，2019，40（9）：198-201.

[13] 张悦怡，赵岩，蔡恩博，等．复合酶法提取五味子果肉中总酚的工艺研究［J］．西北农林科技大学学报（自然科学版），2016，44（2）：187-192.

第四节　影响植物多酚含量的因素

一、影响植物多酚含量的因素

植物中酚类物质含量取决于多种因素，如品种、栽培条件、地区、天气、成熟度、收获时间、存储时间和条件等。

环境因素会对植物中多酚含量产生很大影响，这些因素可能是气候因素（土壤类型、日照时间或降雨量）或农艺因素（在温室或田里栽培、生物培养、水培或每棵树的产量等）。日照时间对植物合成大多数黄酮物质会产生很大影响，成熟度对多酚的浓度和比例也会产生很大影响。一般情况下，在成熟期间，酚酸类物质的浓度降低，而花青素的浓度升高。许多酚类物质，尤其是酚酸等直接参与植物对不同类型压力的响应：它们有助于受损区域的木质化，具有抗菌性能，植物感染真菌或病毒后其浓度可能会增加。

贮存过程和条件也会影响植物中多酚类物质的含量。贮存过程中发生的氧化反应会使多酚形成更多或更少的聚合物，从而使食品的品质发生变化，特别是其色彩和感官特性。对消费者来说，这种变化可能是有益的（生产红茶），也可能是不利的（水果褐变）。研究发现，荸荠中多酚含量会在贮存过程中下降[1]，而冷藏条件不会影响苹果[2]和梨[3]中的多酚含量。

烹饪前的准备过程也会对植物中多酚含量产生显著影响。例如，水果和蔬菜去皮之后，多酚含量会明显减少，因为果皮中的多酚类物质含量往往高于果肉。烹饪过程也会对植物中的多酚含量产生影响，洋葱和西红柿中槲皮素含量在水煮15min后的损失量可达75%~80%，用微波炉烹饪损失量为65%，油炸为30%[4]。

工业化食品加工会降低植物中多酚含量。豆科植物脱皮和谷物筛选过程可能会损失一部分多酚类物质，加工过程中发生的褐变反应和聚合反应也会导致一部分多酚类物质的损失。果汁澄清和稳定的过程就是消除某些造成变色和混浊的多酚类化合物，因此相对于果实，果汁中多酚的含量变低[5]。在加工过程中使用酶制剂，可以增加混浊苹果汁中多酚的含量，抗氧化活性也会增强[6]。

二、植物多酚的生物利用度

不同物质具有不同的生物利用度，进而影响人体对物质的吸收。生物利用度是通过正常的吸收和代谢途径，被最终吸收和代谢。每种多酚的生物利用度不同，食物中多酚的数量与其在人体中的生物利用度也有关联。一般而言，糖苷配基可以被小肠吸收，但大多数多酚在食物中以酯类、苷或聚合物的形式存在，不能以天然形式被吸收[7]。被吸收前，酚类化合物必须被肠道酶或结肠菌群水解。在吸收的过程中，多酚经过大量修饰，它们在肠细胞中共轭，然后在肝脏中甲基化、硫酸化或葡萄糖醛酸化。最终，多酚到达血液和组织中的形式与其在食物中的形式并不相同，因此要准确地评价某种多酚的生物活性非常困难。更为重要的是，决定多酚在体内的吸收速度和程度，以及其在血液循环中代谢物性质的主要因素是多酚类物质的化学结构而不是其浓度。因此，每种多酚的生物学性能都不相同。研究表明，多酚通过肠屏障被吸收，摄入多酚含量丰富的食物以后，血浆中的抗氧化性能增强。

不同酚类物质在人体的不同部位被吸收，一些酚类物质容易在胃中被吸收，而另一些酚类物质则容易在小肠或消化道的其他部位被吸收。食品中除黄烷醇以外的其他类黄酮都是以糖基化的形式存在的。糖苷在胃中的代谢途径尚不清楚，大多数糖苷可以抵抗胃酸的水解，完整到达肠道。大鼠实验[8]表明，胃部可以吸收一些类黄酮，如槲皮素，但不吸收它们的糖苷。此外，有研究表明，在大鼠和小鼠中，胃能够吸收花青素，当羟基肉桂酸以游离的形式被摄入时，很快被小肠吸收，然后被共轭成黄酮类化合物[9]。

参考文献

［1］张国真，何建军，姚晓玲，等.冷藏和热处理对荸荠多酚氧化酶活性和多酚含量的影响［J］.湖北农业科学，2013，52（19）：4772-4775.

［2］魏敏，周会玲，徐义杰，等.贮藏温度对鲜切嘎啦苹果褐变的影响［J］.北方园艺，2011（17）：160-163.

［3］Stewart D，McDougall G L，Sungurtas J，et al. Metabolomic approach to identifying bioactive compounds in berries：Advances toward fruit nutritional enhancement［J］. Mol Nutr Food Res，2007，51（6）：645-651.

［4］Crozier A，Lean M E J，McDonald M S，et al. Quantitative analysis of the flavonoid content of commercial tomatoes，onions，lettuce，and celery［J］.J Agric Food Chem，1997，45（3）：590-595.

［5］赵慧芳，姚蓓，吴文龙，等.黑莓果浆酶解工艺研究［J］.食品工业，2013，34（5）：40-43.

［6］Zielinski A A F，Alberti A，Bragaa C M，et al. Effect of mash maceration and ripening stage of apples on phenolic compounds and antioxidant power of cloudy juices：A study using chemometrics［J］.LWT-Food Sci Technol，2014，57

（1）：223–229.

［7］D'Archivio M, Filesi C, Benedetto R D, et al. Polyphenols, dietary sources and bioavailability［J］. Ann Ist Super Sanità, 2007, 43（4）：348–361.

［8］Crespy V, Morand C, Besson C, et al. Quercetin, but not its glycosides, is absorbed from the rat stomach［J］. J Agric Food Chem, 2002, 50（3）：618–621.

［9］Clifford M N. Chlorogenic acids and other cinnamates：Nature, occurence, dietary burden, absorption and metabolism［J］. J Sci Food Agric, 2000, 80（7）：1033–1043.

第五节　多酚的生物活性

近年来，食品加工者和消费者对多酚表现出越来越大的兴趣，主要是因为多酚广泛存在于人们的日常饮食中，而且具有较强的抗氧化活性，以及预防与氧化应激有关的疾病等作用，如减少癌症的发生，预防情绪激动，降低血压，抗神经变性疾病，调节肠道微生物组成，防止肥胖，以及保护急性氧化损伤等。此外，在许多植物中都发现多酚类物质，其广泛调节细胞中的酶和细胞受体。

氧化系统失衡时，就会产生氧化应激反应，产生的活性氧自由基（ROS）有能力改变生物分子的完整性，从而破坏生物分子，如 DNA、蛋白质和脂类，进而引发各种慢性病，包括骨质疏松症、癌症、糖尿病和心脑血管疾病（图1-1）。氧化应激的特征是细胞的氧化还原状态失衡，形成高活性氧，所以要克服人类的抗氧化防御系统的还原能力，以消除产生过量的活性氧，从而避免这些物质的细胞成分（核酸、脂质、蛋白质或碳水化合物）被氧化和由此产生的不利影响。

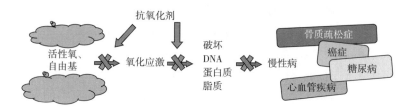

图1-1　多酚对人类疾病的保护作用

流行病学研究表明，人类患慢性疾病的风险与摄入多酚含量丰富的食品数量呈显著负相关。多酚中的酚羟基可以接受电子形成相对稳定的酚氧自由基，从而破坏细胞中的氧化反应链。食用富含多酚的食物和饮料可能会增加血浆的抗氧化能力，降低心血管疾病和癌症的发病率。越来越多的证据表明，多酚可以作为抗氧化剂，保护细胞成分免受氧化损伤，从而减少与氧化应激有关的各种退行性疾病的风险[1]。

一、对心脏的保护作用

心血管疾病主要由氧化应激和行为风险因素引起，如吸烟、酗酒、长时间静坐与热量水平较高的饮食习惯等。一些研究表明，食用多酚类物质可以降低冠心病的发病率[2]。动脉粥样硬化是一种慢性病，可能产生病变，如急性心肌梗死或心脏猝死。多酚类物质对于低密度脂蛋白的氧化是强效的抑制剂，这种类型的氧化对动脉粥样硬化的发展极为关键。多酚对心血管疾病的保护机制为抗氧化、抗炎作用，以及增加高密度脂蛋白和改善内皮细胞功能。

槲皮素是洋葱中含量丰富的多酚，其摄入量与冠心病的死亡率呈负相关，因为槲皮素能够抑制金属蛋白酶1的表达，从而中断动脉粥样硬化斑块的形成。茶叶中的儿茶素已被证明能够抑制动脉壁平滑肌细胞的侵袭和增殖，从而有助于减慢动脉粥样硬化病变。[3]原花青素可以减少血管中脂质沉积，保护血管内皮细胞，从而防止动脉粥样硬化。[4]多酚类物质能够通过抑制血小板聚集，起到一定的抗血栓作用，还能够改善内皮功能紊乱，减少动脉粥样硬化形成斑块之前的风险。

二、抗癌作用

大量的研究表明酚类化合物在不同类型的癌症中起着重要的作用。多酚类物质可以诱导肿瘤细胞数量减少或抑制其生长，[5]这些作用已在口腔、胃、十二指肠、结肠、肝、肺、乳腺或皮肤中得到验证。许多多酚类物质如槲皮素、儿茶素类、异黄酮类、木脂素类、黄烷酮、鞣花酸、红酒多酚、白藜芦醇和姜黄素，在一些实验模型中表现出一定的保护作用，但其作用机制并不相同。已经明确的酚类物质的化学预防作用机制有诱导细胞周期阻滞或凋亡、雌激素/抗雌激素活性、调节宿主的免疫系统、抗增殖、抗炎、抗氧化、诱导解毒酶和变化细胞信号的转导。

Agarwal 等[6]发现用一定浓度的葡萄籽提取物处理人乳腺癌细胞1~3天，基本上可以完全抑制癌细胞的增殖。茶多酚可抑制鼻咽癌细胞的增殖作用，[7]而青果多酚和猕猴桃多酚能促进人宫颈癌细胞的凋亡。[8,9]此外，含有酚类化合物的冻干草莓粉还能降低促炎介质诱导型一氧化氮合酶（iNOS）的表达水平，且无任何毒性作用。[10]

三、抗糖尿病作用

有研究报告指出，除抗氧化活性外，酚类化合物还在体外抑制脂肪酶、α-淀粉酶和α-葡萄糖苷酶活性方面发挥关键作用，如降低肠道对葡萄糖的消化和吸收，控制餐后血糖反应，从而在控制2型糖尿病中发挥重要作用。茶叶中的儿茶素已被证明具有抗糖尿病的潜力。多酚类物质可能通过不同的机制影响血糖，包括在肠道中抑制葡萄糖吸收或外周组织摄取葡萄糖。Hervert-Hernandez 等[11] 综述了膳食多酚和人类肠道菌群，认为膳食多酚是结肠微生物的底物，它们及其代谢产物可与上皮细胞产生相互作用，从而有助于维护肠胃健康，并在很大程度上调节肠道微生物组成。

槲皮素能够抑制糖尿病患者的脂质过氧化并抑制抗氧化系统。[12] 白藜芦醇也被证明能够降低血糖。[13] 玫瑰茄提取物中含有酚酸、黄酮、原儿茶酸和花青素，Lee 等[14] 进行的一项研究表明，玫瑰茄提取物中的酚类物质使糖尿病患者的肾病减弱，包括肾脏的病理学、血脂谱和氧化标记物。阿魏酸是在蔬菜和玉米麸中含量丰富的另一种多酚，一些证据表明，阿魏酸可作为一种有效的抗糖尿病剂，其降低血糖后，血浆胰岛素增加，血糖和血浆胰岛素呈负相关。[15]

四、抗衰老作用

衰老是随着年龄的增长，组织和细胞的各种有害物质改变积累的过程，从而导致疾病和死亡的风险增加。自由基-氧化应激理论是最广为接受的一个老化机制。即使在正常情况下，一定量的氧化损伤也会发生；然而，这种损伤率随着衰老过程以及抗氧化和修复机制的效率降低而上升。血浆的抗氧化能力和膳食摄入抗氧化剂的量相关；当摄入富含抗氧化剂的饮食后可减少衰老的有害影响。一些研究表明，水果和蔬菜中含有抗氧化多酚类物质，可以抗衰老。[16] 辣椒叶多酚具有抗炎活性以及很好的抗氧化能力。[17] 板栗总苞多酚可显著提高小肠黏膜上皮细胞（IEC-6）的增殖活力。[18]

黄酮类化合物含量丰富的水果和蔬菜，其抗氧化性能也高，如菠菜、草莓和蓝莓。据悉，饮用一定量的菠菜、草莓或蓝莓提取物的膳食补充剂（8周），能够有效扭转老年大鼠在大脑和行为功能方面与年龄有关的不良功能。[19] 一项研究表明，茶叶中的儿茶素具有很强的抗衰老活性，饮用儿茶素含量高的绿茶，可延缓衰老。[20]

通过摄入多酚可以延长寿命，提高或改善大脑的功能，如表没食子儿茶素可推迟神经系统症状，并在肌萎缩侧索硬化症小鼠模型中起到延长寿命的作用。[21] 转基因果蝇模型的研究结果表明，表没食子儿茶素可以延长寿命并增强运动能力。[22]

五、神经保护效应

氧化应激和损害大脑细胞是神经退行性疾病的重要过程。阿尔茨海默病（AD）是最常见的神经性疾病。多酚由于具有很强的抗氧化活性，摄入多酚可能会在一定程度上保护神经系统疾病。据报道，每天饮用3~4杯葡萄酒的人，比那些很少喝或根本不喝酒的人，患有阿尔茨海默病的概率下降80%。[23] 每周至少食用3次含有高浓度多酚的水果和蔬菜，也会延缓阿尔茨海默病的发生。水果和蔬菜中的多酚在神经保护方面，能够影响和调节多种细胞过程，如信号转导、增殖、凋亡和分化、氧化还原平衡等。儿茶素在阿尔茨海默病中存在多种神经保护机制，如抗炎、抗氧化、调节淀粉样前体蛋白分泌酶活性以及对代谢途径和信号转导途径的调节。[24]

六、其他功能

除上述病理事件，多酚还显示出其他一些对健康有益的功能。例如，增加大豆异黄酮的摄入量，可有效改善哮喘病患者的肺功能。[25] 丹参多酚注射液可改善慢性阻塞性肺疾病患者的血液高凝状态，改善机体氧合，从而降低平均肺动脉压。[26] 增加多酚的摄入量也有助于改善骨质疏松症[27]。茶多酚和迷迭香提取物在鲫鱼的冷藏保鲜过程中[28]，苹果枝条多酚在草鱼的保鲜过程中[29]，都可作为防腐剂。葡萄原花青素可降低鱼肉中的脂质氧化反应，改善内源性成分的氧化还原稳定性，修复被氧化的 α-生育酚，并延迟抗坏血酸的消耗。[30]

参考文献

［1］Pandey K B, Rizvi S I. Protective effect of resveratrol on markers of oxidative stress in human erythrocytes subjected to in vitro oxidative insult ［J］. Phytother Res, 2010, 24 (1): S11-14.

［2］Nardini M, Natella F, Scaccini C. Role of dietary polyphenols in platelet aggregation: A review of the supplementation studies ［J］. Platelets, 2007, 18 (3): 224-243.

［3］Maeda K, Kuzuya M, Cheng X W, et al. Green tea catechins inhibit the cultured smooth muscle cell invasion through the basement barrier ［J］. Atherosclerosis, 2003, 166 (1): 23-30.

［4］邓茂芳，廖丽娜，张敏敏，等. 葡萄籽原花青素及其组合物对家兔实验性动脉粥样硬化的抑制作用 ［J］. 中国现代应用药学，2013，30 (12): 1285-1289.

［5］Yang C S, Landau J M, Huang M T, et al. Inhibition of carcinogenesis by dietary polyphenolic compounds ［J］. Ann Rev Nutr, 2001, 21: 381-406.

［6］Agarwal C, Sharma Y, Zhao J, et al. A polyphenolic fraction from grape seeds causes irreversible growth inhibition of breast carcinoma MDA-MB468 cells by inhibiting mitogen-activated protein kinases activation and inducing G1 arrest and differentiation［J］. Clin Cancer Res, 2000, 6（7）: 2921-2930.

［7］ 袁东杰, 魏媛媛, 徐志文. 茶多酚抑制鼻咽癌及辐射防护作用的研究进展［J］. 临床耳鼻咽喉头颈外科杂志, 2014, 28（4）: 281-284.

［8］ 向丽, 叶迎春, 胡晓艳, 等. 青果多酚对人宫颈癌 Hela 细胞增殖与凋亡的影响［J］. 泸州医学院学报, 2013, 36（4）: 343-346.

［9］ 左丽丽, 王振宇, 樊梓鸾, 等. 三种猕猴桃多酚粗提物对 A549 和 Hela 细胞的抑制作用［J］. 食品工业科技, 2013, 34（15）: 358-361.

［10］ Chen T, Yan F, Qian J, et al. Randomized phase Ⅱ trial of lyophilized strawberries in patients with dysplastic precancerous lesions of the esophagus［J］. Cancer Prevention Research, 2012, 5（1）: 41-50.

［11］ Hervert-Hernandez D, Goni I. Dietary polyphenols and human gut microbiota: A review［J］. Food Rev Int, 2011, 27（2）: 154-169.

［12］ Rizvi S I, Mishra N. Anti-oxidant effect of quercetin on type 2 diabetic erythrocytes［J］. J Food Biochem, 2009, 33（3）: 404-415.

［13］ 沈利兰, 王晓敏, 何柏林. 白藜芦醇对糖尿病作用的实验研究进展［J］. 中国中西医结合杂志, 2013, 33（2）: 279-281.

［14］ Lee W C, Wang C J, Chen Y H, et al. Polyphenol extracts from Hibiscus sabdariffa Linnaeus attenuate nephropathy in experimental type 1 diabetes［J］. J Agric Food Chem, 2009, 57（6）: 2206-2210.

［15］ Barone E, Calabrese V, Mancuso C. Ferulic acid and its therapeutic potential as a hormetin for age-related diseases［J］. Biogerontology, 2009, 10（2）: 97-108.

［16］ Joseph J A, Shukitt-Hale B, Casadesus G. Reversing the deleterious effects of aging on neuronal communication and behavior: beneficial properties of fruit polyphenolic compounds［J］. Am J Clin Nutr, 2005, 81（1 Suppl）: 313-316.

［17］ 张友仁, 唐涛, 黄昀, 等. 辣椒叶多酚抗氧化及抗炎活性研究［J］. 食品工业科技, 2013, 34（8）: 346-349.

［18］ 石恩慧, 李红, 谷明灿, 等. 板栗总苞多酚纯化工艺优化及其对细胞活力的影响［J］. 中国食品学报, 2013, 13（6）: 134-140.

［19］ Shukitt-Hale B, Lau F C, Joseph J A. Berry fruit supplementation and the aging brain［J］. J Agric Food Chem, 2008, 56（3）: 636-641.

［20］ Maurya P K, Rizvi S I. Protective role of tea catechins on erythrocytes subjected to oxidative stress during human aging［J］. Nat Prod Res, 2009, 23（12）: 1072-1079.

［21］ Koh S H，Lee S M，Kim H Y，et al. The effect of epigallocatechin gallate on suppressing disease progression of ALS model mice ［J］. Neurosci Lett，2006，395（2）：103-107.

［22］ Ortega-Arellano H F，Jimenez-Del-Rio M，Velez-Pardo C. Life span and locomotor activity modification by glucose and polyphenols in Drosophila melanogaster chronically exposed to oxidative stress-stimuli：Implications in Parkinson's disease ［J］. Neurochem Res，2011，36（6）：1073-1086.

［23］ Scarmeas N，Luchsinger J A，Mayeux R，et al. Mediterranean diet and Alzheimer disease mortality ［J］. Neurology，2007，69（11）：1084-1093.

［24］ 刘彦霞，黄汉昌，常平，等. 儿茶素类物质在阿尔茨海默病中的神经保护作用机制 ［J］. 天然产物研究与开发，2013，25（11）：1607-1613.

［25］ Smith L J，Holbrook J T，Wise R，et al. Dietary intake of soy genistein is associated with lung function in patients with asthma ［J］. J Asthma，2004，41（8）：833-843.

［26］ 张双胜，胡紫光. 丹参多酚对慢性阻塞性肺疾病急性加重期肺动脉压及D-二聚体的影响 ［J］. 中医临床研究，2014，6（4）：24-25.

［27］ Nakajima D，Kim C S，Oh T W，et al. Suppressive effects of genistein dosage and resistance exercise on bone loss in ovariectomized rats ［J］. J Physiol Anthropol Appl Human Sci，2001，20（5）：285-291.

［28］ Li T T，Li J R，Hu W Z H. Shelf-life extension of crucian carp（Carassius auratus）using natural preservatives during chilled storage ［J］. Food Chem，2012，135（1）：140-145.

［29］ 张娟，郭玉蓉，陈玮琦，等. 苹果枝条多酚对草鱼保鲜效果的研究 ［J］. 食品工业科技，2014，35（3）：59-63.

［30］ Iglesias J，Pazos M，Torres J L，et al. Antioxidant mechanism of grape procyanidins in muscle tissues：Redox interactions with endogenous ascorbic acid and α-tocopherol ［J］. Food Chem，2012，134（4）：1767-774.

第二章　红枣与多糖

第一节　概述

枣（*Ziziphus Jujuba*）为鼠李目（Rhamnus）鼠李科（Rhamnaceae）中枣树的成熟果实，发源于中国，栽种历史悠久，又名中华大枣、干枣、美枣、良枣，以色红、肉厚、饱满、核小、味甜者为佳。我国作为红枣原产地，在全国各地皆有栽培，种植区主要涉及山东、河南、河北、山西、陕西、宁夏、甘肃、新疆等地。枣树是我国独具特色且经济价值、药用价值极高的树种，它不仅栽培技术简单，易成活，具有很强的抗盐碱、抗旱、抗寒等抗性，而且口感独特、医药保健价值高，深受广大群众的喜爱。在我国枣树的数百个品种中，著名的有乐陵无核枣、临泽小枣、新郑灰枣、灵宝大枣、赞皇大枣、运城相枣、交城骏枣、太谷壶瓶枣等。枣果因其营养丰富且全面，被称为"百果之王"，是一种天然的药食两用食品。《黄帝内经》中记载枣果是最宝贵的五种果实之一，且在《神农本草经》中记载枣还是一种有益的中草药，具有补气血、安神、促进睡眠及延年益寿等效果。

近年来，红枣以其出色的营养价值而闻名，其富含多种营养成分，包括多糖、酚酸、黄酮、维生素、矿物质、环磷酸腺苷、三萜类物质等，使其成为良好的药食同源食品。多糖是枣中含量最丰富的一种成分，也是枣中最具代表性的活性成分之一，红枣中的糖类主要为单糖和糖类衍生物组成的多糖，其分子结构较为复杂。多糖是由十个或十个以上的单糖通过糖苷键聚合而成的高分子化合物，在过去的研究中，被认为是结构材料或者作为能量贮存在动植物体内，然而随着多糖结构和功能性研究的进一步深入，大量的研究结果表明多糖还具备多种生物活性。红枣中的多糖分为水溶性酸性多糖和中性多糖。其中，平均分子量为 63000Da 的中性多糖由 L-阿拉伯糖、D-半乳糖和 D-葡萄糖组成；平均分子量为 263000Da 的酸性多糖由 L-鼠李糖、L-阿拉伯糖、D-半乳糖、D-甘露糖、D-半乳糖醛酸组成。红枣多糖具有提高免疫力和抗氧化的生理功能，可以补气养血、预防心血管疾病，还有抗补体活性、抗肿瘤活性和促进淋巴细胞增殖以及提高机体免疫力的作用。[1]

同时，枣中还含有丰富的酚酸和黄酮类物质，如没食子酸、原儿茶酸等酚酸类，儿茶素、表儿茶素、芦丁、槲皮素等黄酮类。酚酸类和黄酮类化合物是枣果中主要的抗氧化物质，具有较强的清除自由基的作用。环核苷酸是红枣中最突出的营养活性物质且性质稳定，在红枣的研究相关文献数量中居于首位，环磷酸腺苷（cAMP）为核苷酸衍生物，由核糖、磷酸和腺嘌呤组成。cAMP 为细胞内最重要的信使之一，参与细胞的分裂分化、脂肪分解、糖原降解等多种体内生理生化过程，广泛应用于临床和保健领域。红枣中主要的三萜类物质有白桦脂酸、齐墩果酸和熊果酸，这些三萜类物质细胞毒性低，是枣果中主要的抗癌活性成分。因此，红枣具有抗溶血、抗氧化、抗炎、抗菌、抗肿瘤、降血糖和降血脂等活性。[2]

除此之外，红枣中还含有苹果酸、酒石酸等有机酸类物质及磷、钾、镁、钙等微量元素，新鲜红枣被誉为"天然的维生素丸"，富含维生素 A、B_1、B_2、C、E 等，尤其维生素 C 含量是各种蔬果中最高的。红枣中富含人体必需氨基酸，作为人体中重要的活性物质，氨基酸既能调节代谢，也起到增强机体免疫力的功能。红枣具有很高的研究价值，受到日益广泛的关注。

参考文献

［1］刘琳. 临泽小枣基本营养成分分析及其多糖的分离纯化［D］. 兰州：兰州理工大学，2016.

［2］焦中高. 红枣多糖的分子修饰与生物活性研究［D］. 咸阳：西北农林科技大学，2012.

第二节　多糖的提取及分离纯化

多糖是一种水溶性或非水溶性的大分子有机物，由十个以上一种或多种单糖以 α-型或 β-型的糖苷键聚合连接而成，广泛存在于动植物和微生物中。植物多糖具有毒性低、来源广的特点，又因具有提高人体免疫力、抗癌、美容养颜、抗氧化等多种功效，还能够依据其添加剂特性广泛添加到食品中，用于开发新型食品。因此，近年来植物多糖成为人们研究的热点。

多糖的提取方法有很多，如热水提取法、碱提取法、酶提取法、微波辅助提取法和超声波辅助提取法等。热水提取法最为传统，操作较为简单，可以借助热力作用使目标成分扩散在溶液中，最大限度地保留红枣多糖原有的结构和活性。从样品中提取出的多糖粗提物中成分比较复杂，还含有多肽、色素和蛋白质等，其中蛋白质是其主要杂质，它的存在不仅会使多糖的纯度降低，而且会影响多糖性能的测定，需要在合适的条件下对多糖进行脱蛋白处理。因此，要充分利用多糖，就必须对其进行分离纯化，得到低分散性、电荷均一的多糖，以便后续其结构和相关活性功能的研究。

一、多糖的提取

提取植物多糖前需要对原料进行预处理，主要包括清洗、干燥、粉碎、过筛等。植物多糖的得率、结构和多糖的生物活性会受到植物品种、提取料液比、提取温度、提取时间、溶剂、pH、提取次数等提取条件的影响，不同提取方法如超声波辅助、微波辅助、酶辅助等因素也会对多糖得率及其生物活性产生影响。植物多糖的提取方法较多，主要包括溶剂浸提法（水浸提法、稀碱浸提法）、超声波辅助提取法、微波辅助提取法、酶水解法、超高压辅助提取法、亚临界辅助提取法等。

1. 溶剂浸提法

溶剂浸提法，也称液固萃取法，是通过溶剂将原料中的多糖转移到溶剂中，然后通过浓缩、醇沉得到相应的多糖，是提取多糖最常用的一种方法。常用的溶剂有水、稀酸和稀碱等强极性溶剂，由于水作为提取溶剂方便、环保、安全、可重复回收使用，较其他提取方式不会污染或者影响多糖的性质和结构，因此，水提醇沉法在植物多糖提取中普遍被使用，常被用于工业化生产。但热水浸提法耗时较长，提取的多糖纯度较低。由于酸性或碱性条件容易使多糖的糖苷键发生断裂，从而导致多糖水解，因此多糖的提取一般在中性环境下进行。有些多糖适合在酸性条件下提取，如酸性基团的多糖；壳聚糖易与蛋白质结合，一般在碱性条件下提取。

潘莹等[1]采用水提醇沉、脱蛋白脱色、DEAE-52纤维素柱和Sephadex G-100凝胶色谱柱分离纯化冬枣多糖，得到两个组分DPA和DPB。DPA的单糖组成为阿拉伯糖、甘露糖、葡萄糖、半乳糖；DPB的单糖组成为鼠李糖、阿拉伯糖、甘露糖、葡萄糖、半乳糖。DPA和DPB均具有一定的抗氧化活性，随着多糖质量浓度的增加，其抗氧化活性增强。王娜等[2]以金丝小枣为原料，采用碱提法提取多糖，得到最佳工艺：料液比为1∶35（g/mL），提取温度为80℃，提取时间为120min，NaOH浓度为0.2mol/L，在此条件下多糖的得率为11.44%，总糖含量为69.39%。梁静等[3]以新疆红枣干粉为原料，以水提醇沉法提取多糖，得出红枣多糖最佳提取工艺条件：料液比为1∶35、提取温度为80℃、提取时间为7h。提取温度对红枣多糖提取率的影响显著，其次是提取时间，而料液比对红枣多糖提取率的影响不显著。

2. 物理辅助提取法

物理辅助提取法是通过超声波或微波对植物细胞膜或细胞壁进行破坏，进而释放细胞中的多糖。超声波提取法是使超声波透过物料，使物料膨胀以产生机械振动、空化和热效应等效果，破坏细胞结构，允许溶剂渗透细胞并加速材料中所需成分的提取，进而提高产量的方法。其可加快细胞内的传质作用，有效地提高多糖提取速度，但超声波产生的能量会使多糖发生降解，使其空间结构改变，从而影响产品的纯度，经济效益较低。微波提取的原理是微射线的热效应和电磁波效应，使细胞内部温度迅速升高而膨胀破裂，将细胞内部的有效成分释放出来，从而达到提取效果。微波辅助提取技术操作时间短、提取率高，但是在提取过程中难以控制会使局部快速升温，对多糖有一定的降解作用，因此具有一定的局限性。与传统方法相比，物理辅助提取法更高效、节能、省时、安全，但对设备要求较高，设备运行成本较高。

王娜等[4]通过实验发现在提取温度为67℃，pH为7.05，超声功率为80W，液料比为10∶1（mL/g），超声时间为30min的工艺条件下，大枣多糖既可以保留良好的体外抗凝血活性，又可以获得较高的得率。黎云龙等[5]研究新疆阿克苏骏枣多糖的提取工艺条件，采用超声波预处理（功率120W、时间30min、温度60℃）辅助热水提取法提取骏枣多糖，以Box-Behnken试验设计结合响应面分析法优化了提取工艺条件，确定最佳工艺参数为热水提取温度83℃、液固比17∶1（mL/g）、提取时间4h。在此优化条件下，骏枣粗多糖得率为9.51%。李楠等[6]以柳罐枣为原料，采用响应面法优化超声波辅助提取多糖工艺，结果表明，柳罐枣多糖的最佳提取工艺条件为超声功率270W，提取时间20min，提取温度70℃。在此条件下多糖得率为15.33%，各单因素对多糖得率影响的先后顺序为超声功率>提取温度>提取时间。元树艳等[7]设计正交试验优化热水浸提、超声和微波等方法提取大枣多糖的工艺，在优化条件下，3种方法的大枣多糖提取率分别达到11.33%、12.40%、10.98%，进而说明提取方式不同会影响红枣多糖的得率。

3. 酶提取法

酶提取法是利用酶对多糖进行提取的一种方法，该法的关键是利用蛋白酶将蛋白水解，降低蛋白与多糖的结合力，从而使多糖溶出，提高多糖得率。酶具有专一性和高效性，可在较温和的条件下快速提取植物原料中的多糖，且不容易破坏多糖的生物活性。更重要的是，在提取多糖的过程中，酶提取法还可以利用酶的特性除去淀粉、蛋白等大分子杂质，提高多糖纯度。常用的生物酶有蛋白酶、纤维素酶、果胶酶等。此法具有许多优点，如专一性强、提取条件比较温和等，但成本较高。

叶文斌等[8]采用酶法辅助热水法提取拐枣多糖，以Box-Behnken试验设计结合响应面分析法优化了提取工艺条件，确定最佳工艺参数，结果显示，在酶解温度为50℃，酶解浓度为0.6mg/mL和pH为5.0的条件下，拐枣多糖的最高含量为19.79%。杨萍芳等[9]采用酶法提取板枣多糖，最佳工艺条件：液料比为30∶1（mL∶g），纤维素酶的使用量为0.05%，酶解时间为80min，提取液pH为5.2，酶解温度为55℃，此时多糖得率为3.61%。

4. 其他红枣多糖的提取方法

超临界流体萃取法是一种以超临界流体为萃取剂，从固体或液体中萃取出多糖的分离技术。超临界流体是指温度和压力均高于其临界状态的流体，同时表现出气体和液体的性质，具有特殊的物理性质和热力学性质。常见的超临界流体有很多，如超临界二氧化碳、乙烯、氨等，但最常使用的是超临界二氧化碳。超临界流体的密度接近于液体，黏度却接近于普通气体，而扩散能力又比液体大 100～1000 倍，因此超临界流体具有很高的溶解能力和很好的流动性及传质性能。物质的溶解能力与溶剂的密度直接相关，可通过调节超临界流体的温度和压力来快速调整流体的密度，进而调整其对多糖的溶解度，实现选择性地提取多糖[10]。

超高压提取法是常温下将 100～1000MPa 的流体作用于反应体系，使植物细胞内外产生较大的压差，从而促进植物多糖转移至提取溶剂中的方法。超高压提取技术为非热技术，不会对热敏性及小分子活性物质造成破坏，这种方法得率高、纯度高、省时节能，可有效保护提取物生物活性，并且在密闭环境下进行，没有溶剂挥发，不会对环境造成污染，符合绿色环保的要求，对多糖结构基本无影响。相对于传统的热水提取，超高压提取可明显提高多糖的提取率，较大程度保留多糖活性[11]。

亚临界水萃取法作为一种绿色高效的提取方法，被广泛应用于多糖、多酚、精油、植物蛋白等天然产物的提取。亚临界水是指将水温在一定压力下升至 100～374℃，仍能保持液体状态的水。此水的极性随着水温的升高而减弱，因此可实现目标成分的选择性提取。同时，高温也会破坏多糖和固体基质间的氢键，加快多糖溶出，缩短提取时间。亚临界水提供的能量可以通过降低解吸过程所需的活化能来中断黏合性（溶质-基质）和内聚性（溶质-溶质）的相互作用，而升高压力可以通过迫使水渗透到基质（孔隙）中来帮助提取。此外，亚临界水对分子结构具有一定的修饰和改性作用，有利于提高活性成分的生物功能[12]。

二、红枣多糖的分离纯化

上述方法所提取的红枣多糖均为粗多糖，可能还含有蛋白质、色素、低聚糖、多酚、无机盐等杂质，如要对多糖的结构进行准确的研究，必须对粗多糖进行纯化，一般首先会去除蛋白质杂质。蛋白质和多糖有许多相似的性质，都是亲水性大分子，结构复杂，除蛋白质的过程中多糖会或多或少损失，因此，提高红枣多糖的纯度率和降低红枣多糖的损失率是红枣多糖研究中最为重要的一个步骤。

1. 蛋白质的脱除

目前在实验中常用溶剂萃取法（Sevage 法）（氯仿：正丁醇＝4：1，*V/V*）、三氯乙酸法（TCA）、蛋白酶法等除去多糖中的蛋白质。Sevage 法是脱除多糖中蛋白质最常用的一种方法，利用蛋白质在有机溶剂中变性的特点，把 Sevage 试剂加入多糖溶液中，然后剧烈振摇 20～30min，Sevage 试剂会和蛋白质生成凝胶物，分离凝胶物可以除去变性蛋白质，此方法较温和，需反复多次，而且多糖损失率大、溶剂消耗多且费时。三氯乙酸法是将三氯乙酸加入多糖溶液中，室温搅拌 1h 或低温放置过夜，离心弃去沉淀即得脱蛋白多糖液，采用此方法，多糖损失率小但脱蛋白效果稍差。另外，三氯乙酸法反应较为剧烈，容易造成多糖降解。蛋白酶法是利用蛋白酶的专一性、高效性，使多糖中蛋白质在酶催化下水解而除去，该法对蛋白质的水解度高，而且能较好地保证多糖生物活性。也可以将酶和 Sevage 法结合使用，不仅多糖的损失小、蛋白脱除率高，还可减少反复次数，具有较好的应用前景。

胡会刚等[13] 以蛋白质脱除率和多糖保留率为评价指标，比较三氯乙酸法、三氯乙酸-正丁醇法、Sevage 法、HCl 法、木瓜蛋白酶法、三氯乙酸+Sevage 法、木瓜蛋白酶+三氯乙酸法、木瓜蛋白酶+ Sevage 法和木瓜蛋白酶+三氯乙酸-正丁醇法对芒果皮渣多糖的脱蛋白效果，结果表明：三氯乙酸-正丁醇法脱蛋白效果最佳，其条件为三氯乙酸-正丁醇与样液体积比 2∶1、三氯乙酸与正丁醇体积比 1∶20、振荡时间 2h，此时蛋白质脱除率为 90.08%，多糖保留率率为 94.40%。张萍等[14] 采用水提醇沉法提取石榴皮粗多糖，并采用 Sevage 法脱除粗多糖中的蛋白，最佳工艺条件：Sevage 试剂中氯仿与正丁醇的比例为 4∶1，试剂加入量为多糖溶液体积的 1/3，振摇时间为 25min，脱蛋白 1 次，蛋白脱除率达 88.46%，多糖损失率为 8.05%。

2. 色素的脱除

经过脱蛋白质的多糖提取液常常含有一定量的色素，颜色较深，常见的为黄色、红色或者褐色等，这些色素会影响后续的结构和生物活性的测定。因此，为了更深入地研究多糖，需要对其进行脱色处理。常用方法包括活性炭吸附脱色法、双氧水法、强碱性苯乙烯阴离子交换树脂法及树脂吸附脱色法等。

活性炭吸附脱色法操作方法较为简单，不会影响多糖的结构和生理活性，但脱色时间较长，活性炭的多孔结构也会吸附大量多糖，使多糖损失量较大，并且活性炭很难过滤除去；双氧水法脱色是利用双氧水的氧化性，不能直接除去多糖提取液中的色素，而将色素等有颜色的物质氧化成无色，所以双氧水也会破坏多糖的结构，进而影响多糖的生物活性；强碱性苯乙烯阴离子交换树脂法可以让中性的红枣多糖脱色成透明的颜色，让酸性多糖溶液从较深的颜色褪成比较淡的黄色溶液；目前应用较多的为树脂吸附脱色法，此法不仅脱色效果好，还具有一定的脱蛋白效果，且树脂脱色对多糖结构和活性影响不大，大孔树脂成本低、污染小，具有广阔的应用前景。

胡会刚等[15] 以菠萝皮渣多糖为原料，采用活性炭对脱蛋白后的多糖溶液进行脱色，最佳工艺条件为：活性炭添加量 3.0%，脱色温度 60℃，脱色时间 80min，样液 pH 4.0，此条件下脱色率和多糖保留率分别为 64.60% 和 83.97%。郭慧静等[16] 以蒲公英为原料，采用超声波辅助法提取蒲公英多糖，对其脱色工艺进行研究，结果表明大孔树脂 S-8 脱色效果最优，色素脱除率为 86.45%，多糖损失率为 18.9%。

赵子青等[17] 通过实验发现强碱性阴离子交换树脂静态吸附的最佳脱色工艺条件是：树脂用量是 7mL/50mL 原料，脱色的时间为 3h，在此实验条件下多糖的脱色率为 85%。

3. 低聚糖、无机盐等小分子杂质的去除

透析是将多糖中的低聚糖、无机盐等小分子杂质除去的一种方法。它是在常压下由于多糖分子量较大不能扩散而留在透析膜内，小分子会经过半透膜扩散到水里完成的，利用半透膜的透析作用可以除去多糖中的低聚糖、无机盐等小分子杂质。

4. 红枣多糖的分级纯化

经过脱色和脱蛋白后，粗多糖中的主要杂质基本被去除，但其还是由分子量不同的多种组分组成的混合物，因此需进行分离纯化，才能使结构研究如平均分子量、单糖组成、化学结构及构效关系等结果更加准确。常用方法主要有分步沉淀法、超滤法、柱层析法等。

分步沉淀法是根据不同分子量多糖在有机溶剂（常用的是甲醇或乙醇）中溶解性不同，从而分离获得多种多糖组分，其中分子量较大的多糖先沉淀出来。分级沉淀法分离多糖时，有机溶剂加入的速度不能太快，糖液的浓度也不能太高，溶液应呈中性，从而避免共沉淀的发生。这种方法适用于醇溶液中的溶解度相差较大的多糖组分的分离。

超滤法是用孔径已知大小的超滤膜对分子量不同的多糖组分进行分离的方法，此法不引入新的杂质，对多糖的结构和活性无影响，所得组分纯度很高，但分离效率较低。

柱层析法是一种主要利用离子交换层析柱或凝胶层析柱分离不同多糖组分的方法。利用物质在固定相和流动相的分配系数不同达到分离目的，适用于各种性质的多糖。常见的柱层析有薄层层析、吸附柱层析、离子交换层析和凝胶柱层析，其中离子交换层析和凝胶柱层析的应用最为广泛。

离子交换层析主要以二乙氨基乙醇（DEAE）为填料，洗脱液一般采用超纯水、不同浓度梯度的盐溶液（如氯化钠和氯化钠的磷酸缓冲液）或碱溶液。在离子交换层析中，填料必须带电荷（正或负），在多糖分子进入层析柱后，对其进行吸附，接着再通过强极性离子与其交换，结合力比较弱的分子最先被洗脱下来，逐步提高盐溶液浓度或适当提高洗脱液的 pH 可以实现不同多糖组分的分离。

凝胶柱层析是一种根据分子量大小分离物质的方法。多糖分子进入凝胶柱后，分子量较大的分子不能进入凝胶颗粒中，只能在凝胶颗粒间的流动相中，所以能最先被排出凝胶柱，而分子量较小的分子可以进入凝胶颗粒中，因此需要较长的时间才能被排出凝胶柱，这样就能分离不同分子量大小的多糖分子。

三、多糖含量的测定及理化性质

测定多糖含量最常用的方法包括苯酚-硫酸法、蒽酮-硫酸法和3,5-二硝基水杨酸比色法等。苯酚-硫酸法和蒽酮-硫酸法显色灵敏、操作简单、试验精度较高，因此这两种测定方法应用较广泛。上述两种方法测定的是总糖含量，其测定值往往偏高。3,5-二硝基水杨酸比色法适用于还原糖的测定，具有准确度高、重现性好、操作简单、快速等优点，其主要原理为在氢氧化钠和丙三醇存在下，还原糖能将3,5-二硝基水杨酸中的硝基还原为氨基，生成氨基化合物，此化合物在过量的氢氧化钠碱性溶液中呈橘红色，在540nm波长处有最大吸收，其吸光度与还原糖的含量有线性关系。

多糖的理化性质分为物理性质和化学性质。物理性质包括颜色、气味、形状、水溶性、有机溶剂溶解性等。化学性质包括莫氏（Molish）反应、苯酚-硫酸反应、斐林反应、碘-碘化钾反应、三氯化铁反应等。

参考文献

［1］潘莹，许经伟．冬枣多糖的分离纯化及抗氧化活性研究［J］．食品科学，2016，37（13）：89-94.

［2］王娜，刘玉叶，刘美玲，等．响应面优化金丝小枣碱提多糖工艺及其抗氧化活性研究［J］．食品工业科技，2023，44（7）：163-169.

［3］梁静，刘晓宇，邓碧云，等．红枣粗多糖的提取及抗氧化活性评价［J］．食品科技，2012，37（1）：177-181.

［4］王娜，冯艳风，潘治利，等．超声辅助提取对大枣粗多糖体外抗凝血活性及得率的影响［J］．中国食品学报，2014，14（4）：87-94.

［5］黎云龙，于震宇，郜海燕，等．骏枣多糖提取工艺优化及其抗氧化活性［J］．食品科学，2015，36（4）：45-49.

［6］李楠，李桂芬，刘亚琴，等．响应面法优化超声提取柳罐枣多糖及其光谱性质研究［J］．中国食品添加剂，2022，33（5）：57-63.

［7］元树艳，王荔，莫晓燕．大枣多糖的提取工艺及抗氧化作用研究［J］．食品与机械，2012，28（4）：117-120.

［8］叶文斌，樊亮．响应面与酶法优化拐枣多糖的提取工艺及其抗氧化活性研究［J］．安徽农业大学学报，2016，43（2）：182-189.

［9］杨萍芳，李楠．酶法提取稷山板枣多糖工艺条件优化［J］．食品工程，2018（1）：16-18，62.

［10］林夕梦．碱提枣渣多糖的结构表征及抗氧化活性研究［D］．咸阳：西北

农林科技大学, 2020.

[11] 李彦坡, 邹盈, 李群, 等. 超高压提取青钱柳多糖条件优化及抗氧化活性 [J]. 食品工业, 2020, 41 (3): 5-9.

[12] 杨冰洁, 张雨, 赵婧, 等. 亚临界水萃取、改性多糖的研究进展 [J]. 食品工业科技, 2023, 44 (1): 492-499.

[13] 胡会刚, 赵巧丽, 庞振才, 等. 芒果皮渣多糖脱蛋白脱色工艺研究 [J]. 食品工业科技, 2018, 39 (1): 183-188.

[14] 张萍, 贺茂萍, 殷力, 等. 石榴皮多糖的 Sevage 法除蛋白工艺研究 [J]. 食品科技, 2013, 38 (12): 219-222.

[15] 胡会刚, 赵巧丽, 庞振才. 菠萝皮渣多糖脱蛋白脱色方法研究及其抗氧化活性 [J]. 食品研究与开发, 2018, 39 (24): 12-20.

[16] 郭慧静, 张伟达, 陈国刚. 蒲公英多糖脱色脱蛋白方法及其降血糖活性研究 [J]. 食品研究与开发, 2020, 41 (3): 24-28.

[17] 赵子青, 原超, 林勤保. 大枣中 4 种功能性糖分的分离纯化及其单糖组成分析 [J]. 食品科学, 2012, 33 (23): 70-74.

第三节　多糖的结构特征

作为一种高分子化合物，多糖在过去的研究中一直被认为是生物体内的一种与纤维素和淀粉类似的结构材料或能量贮存物，随着研究的不断深入，发现其不仅具有许多生物学活性，还具有与核酸和蛋白类似的信息传递和储存功能，如糖蛋白可作为细胞信号受体发挥功能，而其活性与结构有直接联系。因此，如果要更好地研究其活性，就要对其结构进行分析。

多糖与核酸和蛋白质相似，也具有多级结构，一级结构为初级结构，指单糖组成、排列顺序、相邻单糖间的连接方式、异头碳构型及糖链有无分支、分支的位置与长短等。多糖的二、三、四级结构为高级结构，二级结构指多糖骨架链间以氢键形成有规则的构象，其主要依赖于一级结构的排布，无规则卷曲和有序的构象是多糖分子的两种构象；三级结构是多糖链的一级结构的重复顺序，由于糖单元的氨基、羟基、硫基、羧基间的非共价键作用，使二级结构在空间形成规则构象；四级结构是在三级结构的基础上，通过糖链聚集产生的空间构象形成的，既能在相同的分子间进行，也能在不同的多糖链间进行。

一、多糖的一级结构分析方法

研究多糖的结构，首先必须分析其一级结构。现有的分析方法主要包括三类，分别为化学分析法、仪器分析法和生物分析法。下面主要介绍前两种方法。

1. 化学分析法[1,2]

高碘酸氧化法是一种经典的结构研究的化学方法，高碘酸可选择性裂解糖分子中的连二羟基或连三羟基，每断裂一个 C—C 键需要消耗一分子高碘酸，通过测定高碘酸消耗量和甲酸的释放量，可确定糖苷键的位置、连接方式、支链多糖分支数目和聚合度等结构信息。

Smith 降解法是把被高碘酸氧化的产物进行酸水解或部分酸水解，用高效液相色谱或气相色谱法分析水解产物，进而推断糖苷键的位置，水解产物一般为甘油（丙三醇）、赤藓糖醇和葡萄糖或其他糖类。

甲基化分析法是一种确定多糖中单糖残基连接方式的方法，首先应用甲基化试剂将分子中所有的游离羟基完全甲基化，使之转化成醚，再将其完全水解产生不同的甲基化单糖，原来单糖残基的连接位点由羟基所在位置决定，经高效液相色谱或气相色谱分析，确定糖链的各单糖种类、比例和糖苷键的位置等。

酸水解法主要通过酸将多糖链分解成单糖来分析其组成，同种单糖或不同种单糖聚合而成的是多糖，分析多糖链中单糖组成对其理化性质、生理活性的研究十分重要。水解法常用的酸包括硫酸、盐酸、三氟乙酸等。所得水解液通过气相色谱、高效液相色谱、纸层析等方法确定其单糖组成及摩尔比。

2. 仪器分析法

红外光谱（infrared spectroscopy，IR）是一种广泛应用于各种化合物结构研究的简便技术，当分子被红外光照射的时候，其中的化学键或者官能团会产生振动并吸收一定波长的红光，检测并记录这些振动和吸收就可以得到其红外吸收光谱，从而分析得到分子中的化学键或官能团信息。红外光谱法可以鉴别呋喃糖和吡喃糖，确定多糖中各种单糖的糖苷键构型、定量分析取代多糖等。但由于多糖结构十分复杂，红外光谱只能提供一些基本的结构信息，而且有的特征基团的吸收峰会重叠，难以判断，因此必须结合其他手段进行分析以便得到较为准确的结构信息。

气相色谱（gas chromatography，GC）主要用于多糖的单糖组成及分子量的检测，由于多糖的单糖沸点高、气化难、挥发性低、热稳定性差，所以采用气相色谱分析单糖时需要经过衍生化处理来分析多糖水解后单糖组成及其摩尔比。

高效液相色谱（high performance liquid chromatography，HPLC）分析单糖组成不需要进行复杂的前处理，适合分析对热不稳定的样品。高效液相色谱主要应用于多糖的单糖组成及分子量大小等分子结构特征的测定，具有灵敏、快速、样品处理简单的特点。

质谱法是一种与光谱法类似的谱学方法，因其同时具备高特异性和高灵敏度而被广泛应用于化合物的分析鉴定。质谱分析是利用离子源使物质发生电离，产生质荷比不同的正电离子，再经电场和磁场的加速，这些离子形成离子束，经内置的分析器分析后，得到该物质对应的质谱图。通过气相质谱联用（GC-MS）分析，可以得到甲基化多糖的糖苷键连接方式及糖残基种类，从而推断出原糖链的结构，这在多糖的结构解析中非常关键。

核磁共振（nuclear magnetic resonance，NMR）技术不使用任何化学手段破坏样品，通过观察化学位移大致知道其所含官能团，由积分面积可推断其原子数量，由偶合常数、弛豫时间等参数可以分析多糖的单糖组成、糖苷键连接方式和糖基连接顺序等结构信息，常用于结构分析。核磁共振图谱有一维核磁共振谱如氢谱（¹H-NMR）和碳谱（¹³C-NMR），¹H-NMR 主要解决多糖结构中糖苷键的构型问题，¹³C-NMR 的化学位移比¹H-NMR 宽，信号清晰、分辨率高，比氢谱应用范围更广，主要确定测定分子的构型和构象等。

多糖的结构十分复杂，单一的分析方法不能得到较为准确的结构信息，因此需要使用多种分析方法和手段以得到更准确的结果。

二、多糖的高级结构分析方法[3]

扫描电子显微镜（scanning electron microscope，SEM）是根据电子与物质的相互作用，得到所测样品的物化性质的信息，如分子形态、晶体结构等。利用扫描电子显微镜可以很好地观察多糖分子的形态，通过其分子形态可以推测其结构信息，同时也可以为结构解析提供佐证。此法所需测试样品量少，且成像范围广、速度快，在大分子形态观察中广泛使用。

原子力显微镜（atomic force microscope，AFM）是用来观察多种固体物质表面结构的一种分析仪器。它在扫描待测样品时，利用传感器检测并记录样品表面和敏感元件之间微弱作用力的改变，以此获得样品的表观结构信息。与其他测试方法相比，具有待测样品无须处理、图像重复性好、操作方便、载体选择范围大等优点，在生物大分子结构研究中优势显著，利用原子显微镜能够观察到多糖分子的二级结构、凝胶网络、糖的亚细胞结构等。

X 射线衍射（X-ray diffraction，XRD）是利用 X 射线对样品进行衍射并分析样品的衍射图谱，得到有关样品内部原子或分子的结构或形态及成分等信息的一种仪器分析手段，经常被应用于确定晶体结构，因此可利用 XRD 对多糖的晶态结构进行分析。多糖不像淀粉，本身是无法结晶的，但在一定的条件下，多糖可以以微晶态存在，因此可利用 XRD 与计算机模拟技术，推测出多糖的键长、键角、构型等信息，从而获得更多有关多糖高级结构的信息。

参考文献

［1］王晓琴. 木枣多糖的理化特性及诱导 MKN-45 细胞凋亡作用研究［D］.

咸阳：西北农林科技大学，2016.

[2] 冯艳波. 阿拉尔骏枣多糖的提取及其生物活性研究 [D]. 阿拉尔：塔里木大学，2014.

[3] 林夕梦. 碱提枣渣多糖的结构表征及抗氧化活性研究 [D]. 咸阳：西北农林科技大学，2020.

第四节　多糖的生物活性

多糖是红枣中主要的活性成分之一，近年来随着研究的深入，大量实验证明多糖具有清除体内自由基、抗氧化、抗肿瘤、抑制酶活性、降血糖、降血脂、抗疲劳、免疫调节等生物活性。

一、清除体内自由基、抗氧化作用

现代医学认为，癌症、心脑血管疾病、炎症反应、免疫系统低下、糖尿病、类风湿、白内障等多种疾病的发生以及人体衰老等过程都与体内抗氧化水平和自由基代谢失调有关。因此，各种抗氧化剂和自由基清除剂在人类健康方面具有重要的作用。在不同抗氧化测定体系中，许多天然多糖都表现出一定的体内、体外抗氧化和自由基清除活性，因此可能作为潜在的生物抗氧化剂来源。

李楠等[1] 以稷山板枣为原料，采用水提醇沉、三氯乙酸脱蛋白、过氧化氢脱色等方法制备板枣多糖，当质量浓度为 1.0mg/mL 时，其对 DPPH 自由基、羟自由基和 2,2-联氨-二(3-乙基-苯并噻唑-6-磺酸)二铵盐(ABTS) 阳离子自由基清除率分别为 23.64%、21.01% 和 13.84%，说明板枣多糖有一定的抗氧化活性。赵建成等[2] 以骏枣为原料，对骏枣多糖（HZPC）进行分离纯化，并进行体外抗氧化实验，结果表明 HZPC-2 多糖对三种自由基清除活性最强的是 DPPH 自由基，其次是羟基自由基，最弱的是 ABTS 阳离子自由基，骏枣多糖可作为潜在抗氧化剂。

二、抗肿瘤作用

目前，医学界尚未发现癌症的成因及治疗的有效手段，主要依靠手术及放射性疗法，这会对人体产生严重损害，因此找出并利用具有抗肿瘤活性且低毒副作用的天然活性物质成为治疗肿瘤的热点。有研究表明，植物多糖具有抗肿瘤、免疫调节等多种生物活性，其抗肿瘤的作用机制主要是通过多糖的免疫调节作用激活免疫细胞，诱导多种细胞因子受体基因的表达，增强机体抗肿瘤的免疫功能，从而间接抑制或杀死肿瘤细胞。

通过热水浸提法得到的刺梨多糖，在灌胃剂量为 200mg/kg 时，对 S_{180} 肿瘤小鼠的抑瘤率为 50.61%，比超声辅助提取的刺梨多糖活性更强，并能显著提高肿瘤小鼠的白细胞计数、胸腺指数和脾脏指数，说明热水浸提法得到的刺梨多糖具有一定的提升肿瘤小鼠免疫能力和抗肿瘤作用[3]。对紫苏籽多糖（PFSP）进行分离纯化得到三个组分并进行抗肿瘤实验，结果表明 PFSP-2 抑瘤率显著高于 PFSP-1 和 PFSP-3；对 PFSP-2 进一步研究发现，与模型组相比，PFSP-2 可显著降低乳酸脱氢酶、醛缩酶和白细胞介素（interleukin，IL）-10 质量浓度，提高 IL-2、肿瘤坏死因子质量浓度，下调抗凋亡蛋白 Bcl-2 和上调促凋亡蛋白 Bax 表达，说明 PFSP-2 通过提高小鼠自身免疫能力抑制体内肿瘤细胞的生长[4]。

三、抑制酶活性作用

研究发现生物体合成黑色素的关键酶是酪氨酸酶，而酪氨酸酶广泛存在于生物体内，红枣的提取物对酪氨酸酶的活性有抑制作用，并且活性远远大于许多药材的提取物。临床证明阿卡波糖、伏格列波糖等对 2 型糖尿病有明显的降低餐后高血糖效果，是较好的治疗糖尿病药物，并且这些 α-葡萄糖苷酶抑制剂几乎不被机体吸收[5]。透明质酸的过度降解可导致关节疾病和过敏及其他类型的炎症反应，而且与肿瘤的发生、发展密切相关。焦中高[6] 的研究结果表明，红枣多糖对透明质酸酶具有较强的抑制作用，而且随着红枣多糖浓度的增加而增强，呈现出较好的量效关系。因此，红枣多糖可以阻止体内透明质酸的分解，有助于维持透明质酸的功能，对由于透明质酸过度降解造成的各种疾病可能具有一定的防治作用。

四、降血糖、降血脂作用

天然多糖对糖尿病的防治具有极其重要的作用。主要表现在降低肝糖原，促进外周组织器官对糖的利用，促进降糖激素和抑制升糖激素的作用，保护胰岛细胞及调节糖代谢酶活性等方面。研究表明[6]，红枣多糖对 α-淀粉酶和 α-葡萄糖苷酶活性的最高抑制率分别为 53.35% 和 62.65%，半抑制浓度（IC50）分别为 11.39mg/mL、16.61mg/mL。说明红枣多糖可能对淀粉酶促水解直至生成葡萄糖的整个过程的不同阶段产生影响，从而可有效延缓单糖的释放和吸收，抑制餐后高血糖。红枣多糖分子量为 300~600kDa 时表现出较强的 α-葡萄糖苷酶抑制活性，但分子量降低至 290kDa 以下时其 α-葡萄糖苷酶抑制活性大幅降低。

脂肪代谢出现异常导致血浆中的一种或多种脂质含量高于正常范围的症状被称为高脂血症。多糖作为大分子物质，可螯合胆固醇，从而抑制机体对胆固醇的吸收，并降低血浆胆固醇水平。红枣多糖能抑制高脂饲料所致小鼠血清甘油三酯（TG）、总胆固醇（TC）和动脉硬化指数（AI）的升高，抑制高密度脂蛋白胆固醇（HDL-C）的降低，表明红枣多糖能抑制高脂饲料所致小鼠血脂的升高，具有降血脂作用[7]。

五、抗疲劳作用

木枣多糖能提高肌糖原和肝糖原含量，减少力竭运动后血乳酸的堆积，维持血糖恒定，使血清酶呈现不同程度的良性变化，能延长小鼠力竭时间，说明木枣多糖能够延缓机体运动性疲劳的产生[8]。利用纤维素酶法从木枣中提取出两种多糖，以雄性小鼠为实验对象，从小鼠游泳力竭时间来看，服用木枣多糖的 JP2 小鼠游泳力竭时间较对照组提高了 17.4%，说明服用一定剂量 JP2 可明显延长运动至疲劳的时间[9]。王洪杰等[10]的研究表明，发酵前后的金丝小枣多糖均能延长小鼠力竭游泳时间（发酵前的高剂量组和发酵后的中剂量组的延长率分别为 32.01% 和 47.98%），提高肝糖原和肌糖原含量、谷胱甘肽过氧化物酶和超氧化物歧化酶活力，降低尿素氮和血乳酸含量、肌酸激酶活力，发酵多糖中剂量组小鼠各项指标的测定结果均有极显著差异。发酵前后的金丝小枣多糖均具有缓解小鼠体力疲劳的作用，而且发酵后中剂量多糖对小鼠体力疲劳的缓解作用更加明显。

六、免疫调节作用

免疫系统与人体各项生命活动息息相关，多数病毒和癌细胞能够严重破坏机体的免疫抵抗功能，而免疫系统可以抵御外来细菌、病毒等的侵入，维持机体内环境的稳态。多糖能够加速机体产生白细胞介素、干扰素和抗体，激活体内的巨噬细胞、T 细胞和 B 细胞，进而促使淋巴细胞快速增长繁殖，从而使机体特异性和非特异性免疫力增强，使宿主防御能力增强。

Zhu 等[11]从火参果果皮中分离得到两种新型多糖 CMPP-1 和 CMPP-2，发现二者均具有免疫增强活性，并能以剂量依赖的方式增强一氧化氮和细胞因子（TNF-α、IL-6）的分泌。其中，CMPP-1 的最低有效浓度分别为 0.78μg/mL、6.25μg/mL，免疫活性高于 CMPP-2。Bendjeddou 等[12]采用热水浸提法从红豆蔻根中提取分离多糖成分，并通过体内和体外试验证实红豆蔻多糖可显著激活小鼠的网状内皮系统，并增加腹腔渗出液巨噬细胞和脾细胞的数量，从而起到增强小鼠免疫功能的作用。研究表明[13]，低浓度的酸提茯茶多糖、水提茯茶多糖和碱提茯茶多糖均具有一定的免疫调节活性，主要表现在提高细胞活力，增强细胞吞噬功能，提高细胞内酸性磷酸酶活力和一氧化氮分泌水平等。

参考文献

[1] 李楠，张香飞，杨春杰. 板枣多糖初级结构表征及抗氧化活性 [J]. 食品与机械，2022，38（10）：24-28.

［2］赵建成，刘慧燕，方海田．骏枣多糖的分离纯化、结构表征及抗氧化活性研究［J］．食品工业科技，2022，43（23）：71-78．

［3］唐健波，吕都，潘牧，等．刺梨水溶性多糖提取工艺优化及其抗肿瘤活性评价［J］．食品科技，2021，46（7）：185-193．

［4］刘子坤，尹贺，杨安皓，等．紫苏籽多糖分离纯化及抗肿瘤活性［J］．食品科学，2022，43（15）：158-165．

［5］张钟，吴文婷，王萍，等．荔枝水溶性多糖作为α-葡萄糖苷酶抑制剂的活性测定［J］．食品科学，2013，34（13）：175-179．

［6］焦中高．红枣多糖的分子修饰与生物活性研究［D］．咸阳：西北农林科技大学，2012．

［7］李小平．红枣多糖提取工艺研究及其生物功能初探［D］．西安：陕西师范大学，2004．

［8］曹莽．木枣多糖抗小鼠运动疲劳的实验研究［J］．食品科学，2008，29（9）：571-574．

［9］池爱平，陈锦屏，熊正英．木枣多糖抗疲劳组分对力竭游泳小鼠糖代谢的影响［J］．中国运动医学杂志，2007，26（4）：411-415．

［10］王洪杰，张平平，欧可可，等．发酵对金丝小枣多糖缓解体力疲劳功效的影响［J］．食品与机械，2018，34（2）：46-49．

［11］Zhu M, Huang R, Wen P, et al. Structural characterization and immunological activity of pectin polysaccharide from kiwano（Cucumis metuliferus）peels［J］. Carbohydrate Polymers, 2021, 254: 117371.

［12］Bendjeddou D, Lalaoui K, Satta D. Immunostimulating activity of the hot water-soluble polysaccharide extracts of Anacyclus pyrethrum, Alpinia galanga and Citrullus colocynthis［J］. J Ethnopharmacol, 2003, 88: 155-160.

［13］袁旭霜，慕妍璐，王凡，等．茯茶多糖的消化特性和体外免疫调节活性比较研究［J］．陕西科技大学学报，2023，41（1）：45-51．

第三章　山楂与其主要成分

第一节　概述

山楂（*Crataegus pinnatifida Bge.*）是蔷薇科（Rosaceace）山楂属（*Crataegus* L.）植物，别名红果、山里红，是一种灌木或落叶乔木，全世界山楂属植物有 1000 多种，主要分布在东亚、欧洲和北美洲等北温带地区，我国是世界山楂栽培面积和产量最大的国家，已有 3000 多年的栽培历史，目前已形成山东、太行山、京津、辽冀、东北五大产区。山楂果是一种药食两用水果，形状为圆形或椭圆形，直径为 1.5~2.5cm，表皮为红色或黄色，且表面有浅黄色的斑点，气味微清香，味酸甜，以酸为主。山楂属植物作为传统的中药材，在我国已有 2000 多年的药用历史，最早记载于《神农本草经集注》，后被李时珍列入《本草纲目》，注曰：山楂性微温、健脾胃、行解气、消瘀血。山楂营养全面，已从山楂果实中鉴定出黄酮类、酚酸类、酯类、氨基酸及其衍生物、有机酸等 728 种代谢物[1]。山楂有助于分泌消化酶、降低血压、预防血脂升高，对总胆固醇、甘油三酯、低密度脂蛋白胆固醇水平的降低有良好的效果，且有利于高密度脂蛋白胆固醇水平的提高，对于高血压、高血脂有明显的预防作用。

山楂中含有柠檬酸、苹果酸、草酸、酒石酸、琥珀酸等多种有机酸，其中柠檬酸含量最高，经常食用山楂能刺激胃液分泌，增强胃蛋白酶的活性，从而促进消化，在增强食欲、帮助消化方面发挥重要作用。山楂中的有机酸还能够改善细胞内抗氧化酶的活性，对心肌细胞损伤有显著的保护作用[2]。山楂中的三萜类化合物包括熊果酸、科罗索酸、桦木酸和齐墩果酸等，在治疗心脑血管疾病方面具有重要作用，其中熊果酸具有诱导细胞分化和杀死癌细胞的作用[3]。

黄酮类化合物是山楂的主要生物活性成分，其在植物体中通常以 *O*-糖苷类化合物存在。植物体内均含有大量的黄酮类化合物，它们在植物的生长发育过程中以及抗菌防病等方面都起到重要的作用。黄酮类化合物具有很强的抗氧化能力，能阻断并减少自由基的生成，增强机体的免疫力，具有调节血脂、降低血糖、抗衰老以及预防心脑血管疾病等功效。

果胶是植物中普遍存在的多糖类物质，存在于所有高等植物的细胞壁中，是中间片层的重要组成部分，主要作用是保持植物组织的结构完整性并维持其硬度，是一种结构复杂、功能多样的天然植物多糖[4]。山楂的果胶含量在成熟期逐渐增加，有研究表明山楂果胶含有约67%（质量分数）的糖醛酸，从山楂中提取的果胶具有较高的半乳糖醛酸含量和甲基酯化度，易于形成凝胶。山楂中果胶含量丰富，鲜山楂中含量高达6.4%。果胶常以食品添加剂的形式应用于食品行业，如被制作成增稠剂、乳化剂和凝胶剂等，可以增强其凝胶强度、增加黏度，起到改善质构及乳化稳定的作用。山楂果胶具有抗氧化能力，可以起到降低血清胆固醇、预防心脏病等作用[5]。

参考文献

[1] Yang C J, Wang X, Zhang J, et al. Comparative metabolomic analysis of different-colored hawthorn berries（Crataegus pinnatifida）provides a new interpretation of color trait and antioxidant activity [J]. LWT-Food Science and Technology, 2022, 163: 113623.

[2] 权赫秀, 金鹏, 李露, 等. 山楂中有机酸对H_2O_2诱导H_9C_2心肌细胞损伤的保护作用 [J]. 中药材, 2018, 41（2）: 455-458.

[3] 陈秋虹, 黄岛平, 蒋艳芳. 大果山楂营养成分与功能成分分析及评价 [J]. 轻工科技, 2016, 32（11）: 3-4.

[4] 张婷. 山楂果胶改性、结构表征及抗氧化和益生活性研究 [D]. 泰安: 山东农业大学, 2022.

[5] 殷燕靖. 贮藏温度与干燥处理对山楂多酚、果胶及其凝胶品质的影响 [D]. 泰安: 山东农业大学, 2021.

第二节　山楂的主要成分

从山楂（果肉、核、叶和花）中发现且分离得到的化合物种类较多，主要包括黄酮类、三萜类、有机酸类、多糖类、挥发油、维生素和微量元素等，其中以黄酮类化合物为主。

一、黄酮类化合物

黄酮类化合物是天然植物的次生代谢产物，也是山楂的主要生物活性成分，有助于保护植物的颜色，使其免受活性氧的侵害，并能起到防御外界侵害的作用。根据结构不同，可将黄酮类化合物分成六类，分别为黄酮类、黄酮醇类、双氢黄酮类、黄烷-3-醇类、异黄酮类以及查尔酮类等。植物体内均含有大量的黄酮类化合物，黄酮是山楂发挥药理作用的重要成分。目前，从山楂中分离得到的黄酮类化合物大部分为以槲皮素、芹菜素和山奈酚类为苷元的糖苷类化合物，其中异槲皮苷、金丝桃苷、牡荆素和牡荆素-葡萄糖苷等黄酮苷类化合物是山楂中主要的黄酮类化合物。蒋娅兰等[1]建立了液相色谱-串联质谱（LC-MS-MS）同时测定山楂中常见的、功效明确的黄酮类物质的方法，测定发现山楂中含量较高的 6 个黄酮成分依次为金丝桃苷、槲皮素、芦丁、儿茶素、牡荆素和木犀草素。李博艺等[2]通过对高效液相色谱测定山楂黄酮方法的优化，建立了外标法定量测定山楂中牡荆素、芦丁和槲皮素含量的方法，结果表明，重复性试验相对标准偏差（RSD）为 1.73%，稳定性试验 RSD 为 1.04%，加标回收率为 99.63%~104.8%，说明此方法重复性高、稳定性好，具有较好的准确性。

此外，山楂中还含有大量的原花青素类化合物，如原花青素 B_2、原花青素 B_5、原花青素 C_1 和原花青素 A_2。原花青素也叫缩合鞣质，是一种由若干个儿茶素类化合物聚合而成，具有黄烷-3-醇结构的植物多酚类化合物[3]。山楂中原花青素抑制炎性因子的合成和释放，抗炎效果较好，是一类极有开发价值的天然药物原料。

二、三萜类化合物

三萜类化合物是一类基本母核由 30 个碳原子构成的基本碳架，大多数三萜类化合物由 6 个异戊二烯单体联结而成，三萜类化合物大多为四环三萜和五环三萜，少数有链状、单环和二环等结构。文国[4]采用高效液相色谱仪建立了一系列对山楂中的化学成分的 HPLC 分析方法，其中三萜类化合物的分析采用等梯度淋洗 HPLC 方法，实现了山楂酸、熊果酸与齐墩果酸的同时测定，并且山楂中熊果酸含量最高。山楂中的三萜类化合物通过阻滞细胞周期和诱导凋亡减少癌细胞增殖，具有较强的抗癌活性[5]，在动物体内具有镇静、抵抗炎症、保护肠胃、增强机体免疫力及降低血糖的特性。在山楂中发现的三萜类化合物成分还包括刺梨酸和科罗索酸[6]。寇云云[7]以山楂为原料，采用不同方法提取山楂中的三萜类化合物，主要结果为回流法提取山楂总三萜的最佳工艺条件：液料比 7mL/g、乙醇体积分数 85%、提取温度 85℃、提取时间 2h，在此条件下山楂总三萜得率为（2.57±0.4）%；超临界提取山楂总三萜的最佳工艺条件：萃取压力 30MPa、萃取温度 45℃、萃取时间 1.5h、夹带剂 15mL，在此条件下山楂总三萜得率为 0.97%；微波提取山楂总三萜的最佳工艺条件：液料比 17mL/g、甲醇体积分数 60%、微波功率 640W、微波时间 97s，在此条件下山楂总三萜得率为 4.08%。利用 GC-MS 分析山楂提取物的化学成分，确定山楂中存在三萜类、黄酮类、甾体类、烃类、醛类、醇类、酯类、酮类、酸类物质，其中角鲨烯和熊果酸为三萜类化合物，首次在山楂中检测到角鲨烯。

三、有机酸类化合物

山楂富含多种有机酸，是《中华人民共和国药典》规定的山楂质量控制的重要指标。有机酸是山楂健脾消食的主要活性成分，也是山楂风味的重要组成，不同产地山楂果中有机酸含量在 5%～11%，主要包括苹果酸、柠檬酸、琥珀酸、抗坏血酸、酒石酸、草酸，同时还有一些脂肪酸。其中山楂中的柠檬酸含量最高，苹果酸含量次之。有机酸能促进消化，加快胃肠蠕动，还能起到抗氧化的作用，保护植物免受活性氧的侵害，可预防与氧化应激相关的疾病，在癌症和心血管疾病方面发挥抗氧化和辅助治疗的作用。徐殊红等[8] 基于 33 批山楂和 10 批野山楂样品建立了山楂与野山楂强极性的有机酸的指纹图谱，发现山楂与野山楂所含有的有机酸类成分存在较大差异，山楂中柠檬酸、L-苹果酸的含量远高于野山楂，而野山楂中 D-奎宁酸含量远高于山楂。张文叶等[9] 采用气相色谱-质谱联用法检测出山楂中的多元酸主要为柠檬酸、苹果酸和丁烯二酸，还检测到有亚油酸、油酸和亚麻酸等多种不饱和脂肪酸。

四、多糖类化合物

除了黄酮类化合物和有机酸，山楂中还含有丰富的多糖，以果胶、粗纤维素和膳食纤维等为主，其中果胶含量最高，约为 9%。果胶是一类主要由半乳糖醛酸组成的杂多糖，具有良好的增稠性、凝胶性、稳定性，常作为天然食品添加剂广泛应用于果汁、果冻、果酱、酸奶等食品中。张全才等[10] 采用热水浸提法从山楂果中提取出粗多糖并进行纯化，共鉴别出 5 种单糖，分别为阿拉伯糖、木糖、甘露糖、葡萄糖、半乳糖，其中甘露糖相对含量较高。商飞飞等[11] 以山楂果为原料，采用热水浸提法提取山楂多糖，脱色和除蛋白后采用 DEAE-52 纤维素进行分离纯化，分别得到水洗中性多糖（water-washed polysaccharide，WPS）以及盐洗酸性多糖-1（salt-washed polysaccharide 1，SPS-1）、SPS-2 和 SPS-3，单糖组成分析发现，WPS 的主要单糖组成为半乳糖、鼠李糖、阿拉伯糖和葡萄糖，而 SPS-2、SPS-1 和 SPS-3 的单糖组成主要为半乳糖醛酸、半乳糖、鼠李糖和阿拉伯糖。邓旭坤等[12] 采用气相色谱法分析得出山楂多糖的单糖组成为木糖、核糖、阿拉伯糖、鼠李糖、果糖、葡萄糖、半乳糖，其中半乳糖含量最高。

参考文献

［1］ 蒋娅兰，毋福海，黄芳，等. 高效液相色谱-串联质谱法同时测定山楂中 6 个黄酮类功效成分 ［J］. 药物分析杂志，2018，38（7）：1139-1145.

［2］ 李博艺，谌柄旭，魏志阳，等. 高效液相色谱法测定山楂黄酮的研究 ［J］.

中国酿造，2018，37（3）：157-161.

［3］温玲荣．北山楂和大果山楂的活性成分及其抗氧化与抗增殖活性研究
　　　［D］．广州：华南理工大学，2016.

［4］支国．山楂中主要成分 HPLC 测定方法的研究［D］．秦皇岛：河北科技师
　　　范学院，2013.

［5］拓文娟，刘永琦，修明慧，等．山楂及其有效成分治疗代谢综合征的研究
　　　［J］．中国中医基础医学杂志，2022，28（5）：831-836.

［6］Park S W，Yook C S，Lee H K. Chemical components from the fruits of
　　　Crataegus pinnatifida var psilosa［J］. Korean Journal of Pharmacognosy，
　　　1994，25：328-335.

［7］寇云云．山楂中三萜类化合物提取与成分分析［D］．秦皇岛：河北科技师
　　　范学院，2012.

［8］徐殊红，周慧，王慧英，等．高效液相色谱指纹图谱结合一测多评的山楂
　　　与野山楂有机酸比较研究［J］．食品与发酵工业，2023，49（6）：
　　　261-267.

［9］张文叶，贾春晓，毛多斌，等．山楂果中多元酸和高级脂肪酸的分析研究
　　　［J］．食品科学，2003，24（6）：117-119.

［10］张全才，田文妮，罗志锋，等．山楂多糖提取工艺优化及其抗氧化活性
　　　研究［J］．中国食物与营养，2021，27（5）：19-24.

［11］商飞飞，祝儒刚，张鑫雨，等．山楂多糖的分离纯化及抗氧化和抗糖化
　　　活性研究［J］．现代食品科技，2019，35（9）：96-101.

［12］邓旭坤，江善青，穆俊，等．山楂多糖的成分测定及其单糖组分分析研
　　　究［J］．中南民族大学学报（自然科学版），2017，36（3）：52-56.

第三节　山楂的生物活性

中医认为，山楂有健胃消食、活血化瘀的药效，可用于治疗腹胀胃脘、积食纳滞、腹泻腹痛、瘀血经闭、心腹刺痛、产后瘀阻以及高脂血症等。国内外的大量研究表明，山楂具有很好的改善心肌功能、调节血压、增加冠状动脉血液流量、降低血脂、抗血栓等作用，还具有调节胃肠道、增加消化酶等方面的功效。随着研究的不断深入发现，山楂提取物还具有较强的抗氧化能力和清除机体自由基以及抗肿瘤等作用。

一、降血糖、降血脂作用

血脂异常、糖尿病等是导致心血管疾病的重要危险因素，且病程长、难以治愈、并发症多、致残率及死亡率较高。糖脂代谢病是由遗传、环境和精神状况引起的一种复杂疾病，其特点是糖、脂代谢紊乱，中医学称之为"消渴症"，随着生活水平的提高和社会压力的加大，该疾病呈现多龄化趋势。研究表明，山楂果、叶配伍给药能显著降低大鼠空腹血糖血脂水平，提高糖耐量水平，促进胰岛素分泌，减少脂肪堆积，缩小脂肪细胞，同时调节肝肾功能，增加肝脏 AMP 活化蛋白激酶 α（AMPKα）及其磷酸化水平，降低固醇调控元件结合蛋白-1（SREBP-1）、乙酰辅酶 A 羧化酶 α（ACCα）的蛋白表达[1]。采用高糖高脂饲料喂养和大鼠腹腔注射链脲佐菌素诱发糖尿病模型，大鼠伴有明显的甘油三酯、胆固醇、低密度脂蛋白等升高，高密度脂蛋白降低，经过山楂叶总黄酮给药 6 周治疗后，能明显降低血糖水平，且糖尿病大鼠血清中甘油三酯、胆固醇、低密度脂蛋白水平逐渐下降，而高密度脂蛋白水平逐渐升高，糖尿病大鼠的体重有所增加，在一定程度上纠正了糖尿病糖脂代谢紊乱[2]。

二、抗动脉粥样硬化作用

动脉粥样硬化是一种常见的动脉硬化的血管病，也是冠心病、脑梗死和外周血管病的主要发病原因。近年来我国心血管疾病患病率及致死率逐年攀升，严重危害人们的身体健康，山楂提取物可改善血液循环，增加冠状动脉血流量，有效降低生物体内的血脂浓度，并调节胆固醇含量，改善动脉粥样硬化的相关疾病。研究表明，山楂黄酮可抑制主动脉内皮动脉粥样硬化斑块的形成，降低小鼠动脉粥样硬化斑块的纤维化程度及炎症水平，达到抗动脉粥样硬化的目的，同时山楂黄酮具有调节血脂的作用[3]。山楂叶黄酮也可减轻动脉粥样硬化的发展，使主动脉粥样硬化病变面积减少 23.1%。与对照组相比，20mg/kg 山楂叶黄酮可使小鼠总胆固醇水平降低 18.6%，极低密度脂蛋白胆固醇+低密度脂蛋白胆固醇水平降低 23.1%，高密度脂蛋白胆固醇和甘油三酯水平基本相同[4]。

三、对消化系统的作用

消化不良是指一组慢性或复发性上腹疼痛或不适的症状，是临床上常见的功能性胃肠疾病，长期消化不良对人们的生理和心理健康都有不可忽视的影响。山楂助消化的机理主要包括三点[5]：山楂中的维生素 C 具有增加食欲的作用，有机酸等成分可以促进胃液及胰液的分泌，从而起到助消化作用；山楂中的有机酸和黄酮类物质可提高淀粉酶活性，起到助消化作用；山楂可以加快胃肠排空速度。有研究表明，山楂中的维生素和有机酸能提高胃中消化酶的活性以及蛋白酶活力，促进胃肠运动；

山楂水提物对大鼠无急性毒性，能显著增加大鼠摄食量，并使大鼠胃蛋白酶排出量增加[6]。小鼠体内试验表明[7]，山楂能有效提高小鼠胃内总酸，并提高小鼠肠胃兴奋性使肠胃蠕动增强，还能加速肠系膜血管的恢复。

四、抗氧化、抗肿瘤作用

山楂中的黄酮类化合物、多糖类化合物均有抗氧化活性，能够清除 DPPH 自由基、ABTS 自由基和羟基自由基等。赵岩岩等[8]发现山楂叶多糖对 DPPH 自由基和羟基自由基具有一定的清除能力，证实了其抗氧化活性。将山楂粉作为膳食纤维和生物活性物质的来源纳入小麦蛋糕配方中，与对照组相比，山楂粉蛋糕的总多酚和总黄酮的含量明显增加，抗氧化能力明显增强，极大地改善了小麦蛋糕的营养成分和抗氧化性[9]。欧阳资章等[10]研究了山楂酸对顺铂所致的氧化应激损伤的保护作用及机制，结果发现山楂酸减少了 HK-2 细胞内的丙二醛含量，增加了谷胱甘肽含量，还显著抑制了顺铂诱导的细胞内活性氧水平升高。山楂能有效遏制肿瘤细胞的生长，Guo 等[11]在体外用山楂提取物处理癌细胞，发现山楂提取物能明显地抑制癌细胞的生长，诱导癌细胞凋亡。山楂酸还可抑制鼻咽癌细胞增殖，诱导鼻咽癌细胞发生自噬，可作为治疗鼻咽癌的潜在药物[12]。

参考文献

[1] 周坤，王静静，李璐瑶，等．基于 AMPKα/SREBP-1/ACCα 信号通路调节糖脂代谢的山楂果叶配伍机制 [J]．西北大学学报（自然科学版），2023，53（1）：77-86.

[2] 朱柳莹，吴忠祥，李苗苗，等．山楂叶总黄酮对糖尿病大鼠血糖、血脂代谢的影响 [J]．湖北科技学院学报（医学版），2014，28（6）：469-474.

[3] 李军民，牛恒立，谢明全，等．山楂黄酮抗动脉粥样硬化及降血脂作用机制研究 [J]．中国临床药理学与治疗学，2023，28（3）：276-282.

[4] Dong P Z, Pan L L, Zhang X T, et al. Hawthorn (*Crataegus pinnatifida* Bunge) leave flavonoids attenuate atherosclerosis development in apoE knock-out mice [J]. J Ethnopharmacol, 2017, 198：479-488.

[5] 祁静，杨娟，汪启珍，等．南、北山楂提取液分别对人体内源淀粉酶作用研究 [J]．食品科学技术学报，2020，38（1）：80-87.

[6] 雷静，熊瑞，张秀，等．复方山楂水提物与醇提物有效成分及促消化效果的对比研究 [J]．现代食品科技，2019，35（11）：52-59.

[7] Gan Y. Synergistic hypolipidemic effects of lactobacillus plantarum PMO-fermented hawthorn juice on high-fat diet rats [J]. Revista Cientifica-Facultad

de Ciencias Veterinarias，2019，29（5）：1143-1150.

［8］赵岩岩，赵圣明，李帅，等．山楂叶多糖对发酵乳品质及抗氧化活性的影响［J］．食品科学，2020，41（2）：73-79.

［9］朱晓芮，杨晓宽.2 种山楂粉对小麦蛋糕品质、微观结构及抗氧化性的影响［J］．食品科学，2022，43（20）：117-124.

［10］欧阳资章，朱少华，邬淑红，等．山楂酸保护顺铂致人肾小管上皮细胞氧化应激损伤作用机制研究［J］．亚太传统医药，2014，10（24）：7-9.

［11］Guo R，Lin B，Shang X Y，et al. Phenylpropanoids from the fruit of Crataegus pinnatifida exhibit cytotoxicity on hepatic carcinoma cells through apoptosis induction［J］．Fitoterapia，2018，127：301-307.

［12］周芳亮，胡梅，胡晶，等．山楂酸通过 PI3K／Akt／mTOR 通路诱导鼻咽癌 CNE2 细胞自噬研究［J］．中草药，2020，51（9）：2481-2485.

第四章　杂粮与其消化特性

第一节　概述

《黄帝内经》指出，"五谷为养，五果为助，五畜为益，五菜为充"，并将"粳米、小豆、麦、大豆、黄黍"称为五谷，现在人们所说的五谷一般是指稻类、麦类、豆类、玉米、薯类。从广义上讲，除了水稻和小麦外的所有粮食作物都称为杂粮，而狭义上杂粮是小宗作物的统称，包括粟类（谷子、糜子等）、麦类（大麦、燕麦、青稞等）、杂豆类（绿豆、小豆、豌豆、蚕豆、芸豆等）、荞麦类（甜荞、苦荞）和薯类（甘薯、马铃薯等）。

我国杂粮资源丰富、品种繁多，在世界杂粮生产中占有举足轻重的地位。由于杂粮具有生育期短、种植面广、生长适应性强、栽培方法特殊、实用价值高以及富含独特的活性成分等特点，普遍受到国内外生产者、经营者和消费者的青睐和关注。我国地域广阔，杂粮种植适应性强，主要分布在高原、干旱、高寒地区，绝大部分农户都是利用田边地角、小块山坡地或与大宗粮食作物间作套种等方式分散种植，生产成本相对较低，而收益略高于大宗粮食作物。[1]

杂粮营养丰富，其蛋白质、脂肪、碳水化合物、维生素、矿物质等营养成分接近人体每天需要量，具有优质、营养、保健等特点。杂粮的 B 族维生素含量丰富，特别是维生素 B_1、维生素 B_2 和维生素 B_3，其中维生素 B_1 能作为辅酶参加碳水化合物代谢，还能增进食欲，促进消化，维护神经系统的正常功能。水稻、小麦本身的维生素 B_1 含量并不比杂粮少，但是加工成精米后维生素 B_1 大量损失，薯类中维生素 C 含量较其他粮食作物高，维生素 C 还原性很强，可直接与氧化剂产生作用，防止其他物质被氧化，如对维生素 A、维生素 B 等的保护作用。维生素 C 还能将红细胞中的高铁血红蛋白还原为血红蛋白，使其恢复对氧的运输。荞麦、燕麦蛋白质含量高，且氨基酸配比合理，被誉为"美容、健身、防病"的保健食品原料。绿豆、小豆、豌豆、蚕豆、黑豆等食用豆类蛋白质含量高，是禾谷类的 1~2 倍，其氨基酸种类齐全，是理想的食品。[2] 淀粉是杂粮的主要营养成分，一般占 70% 左右，荞麦、藜麦等杂粮还具有较高含量的抗性淀粉和慢消化淀粉，食用后可以在一定程度上降低机体的血糖浓度，杂粮中也含有大量人体所需的矿物质，是钾元素的良好来源，其中燕麦还具有相对较高的钙含量，高粱具有相对较高的铁含量。

荞麦、燕麦、薯类等杂粮中还含有大量对人体健康有益的膳食纤维，可被大肠中益生菌群利用，从而降低肠道的 pH，改善肠道的微环境；膳食纤维还可以延缓食物的消化速率，降低人体餐后的血糖上升水平，起到调节血糖的作用；膳食纤维能带走肠道中多余的脂肪和胆固醇等毒素，有利于降低直肠癌、肥胖和脂肪肝等发病率。燕麦的可溶性膳食纤维主要是 β-葡聚糖，这种黏性非淀粉多糖，食用后不易被胃肠中的消化酶降解，能够增加机体的饱腹感，降低机体摄食量，延缓餐后血糖上升，有助于糖尿病患者控制血糖。[3]

除了常规营养物质，杂粮中还包括大量功能活性物质，如多酚类物质。苦荞中的植物多酚成分主要是芦丁、槲皮素、山奈酸、芸香糖苷等，其中芦丁约占总量的85%。苦荞多酚具有消除氧自由基、羟基自由基、DPPH 自由基的能力，特别是芦丁、槲皮素消除 DPPH 自由基的能力较强；能够通过阻断自由基导致的链式反应延缓或抑制脂质及其他生物膜氧化的过程，起到预防衰老和辅助治疗慢性疾病的保健作用。[4]

"世界杂粮看中国，中国杂粮看山西"，山西杂粮生产在我国乃至世界都占据重要地位。山西省地处黄土高原，以旱地为主，但是光照充足，气候温和，热量资源丰富，非常适宜小杂粮的生长，拥有高粱、谷子、大麦、荞麦、绿豆、豌豆、芸豆等 100 多个特色品种，其中种植面积较大的杂粮作物有 30 多个品种。近年来，小米、燕麦、苦荞、绿豆等品种受到国内外市场的青睐，汾州香小米、沁州黄小米、黑小米等传统小杂粮优质品种多次在国内各项博览会上获得较高声誉，红芸豆、红小豆等品种更是出口创汇的主要杂粮品种。作为我国杂粮的主要产区之一，山西杂粮有着无限的潜力。[5]

参考文献

［1］李桂霞，王凤成，邬大江. 我国杂粮的营养与加工［J］. 粮食与食品工业，2009，16（5）：12-14.

［2］孙桂华，崔天鸣，付雪娇，等. 特色杂粮营养成分及保健功能［J］. 杂粮作物，2005，25（6）：399-402.

［3］郑宝东. 改善人们膳食结构的谷物杂粮［J］. 农产品加工，2009（1）：18-19.

［4］夏建新，王海滨. 几种主要杂粮的功能特性及其食品应用研究进展［J］. 粮食加工，2009，34（2）：59-64.

［5］李辉尚，翟雪玲，沈贵银，等. 浅议我国杂粮产业发展现状及对策——以山西省杂粮产业发展为例［J］. 农产品加工，2013（8）：40-43.

第二节 杂粮消化特性

近年来，随着人们对杂粮的营养健康价值的深入认识，杂粮产品得到了人们的广泛关注，发展潜力巨大。杂粮食物中的营养物质需要在消化过程中转化为能够被吸收的小分子成分才能充分发挥其价值，而食物在人体内的消化、吸收与利用是一个极其复杂的过程。因此，越来越多的研究者通过体外模拟消化来研究杂粮中营养物质的消化特性，针对的营养物质主要有碳水化合物、蛋白质、脂质和多酚类物质等。

一、碳水化合物

淀粉是人类饮食中的主要碳水化合物，在人体内的消化过程主要分为两个部分：第一部分在口腔进行，口腔内的唾液淀粉酶将少量的淀粉水解成麦芽糖等；第二部分在人体小肠进行，也是淀粉消化最主要的阶段，在小肠中，大量的淀粉在胰淀粉酶和肠淀粉酶的作用下被水解成麦芽糖和葡萄糖，麦芽糖需要经过胰麦芽糖酶和肠麦芽糖酶等的作用再分解成葡萄糖，最后被小肠吸收进入血液。

依据淀粉消化特性的不同，将淀粉分为快消化淀粉（rapidly digestible starch，RDS）、慢消化淀粉（slowly digestible starch，SDS）和抗性淀粉（resistant starch，RS）。RDS 是指在口腔与小肠内能够在 20min 内被消化吸收的淀粉，食用后可快速释放能量，易引起人体血糖剧烈波动，不适合长期食用。SDS 指在 20~120min 于小肠中被完全消化吸收但消化速率较慢的淀粉。RS 指在人体小肠内不能被消化吸收的淀粉，但在结肠中可以被肠道菌群发酵利用，产生对人体有益的短链脂肪酸，在控制血糖、预防结肠癌、改善肠道健康方面有重要作用。[1]

淀粉消化速率决定了血糖反应，因此，测定食物的估计血糖生成指数（expected Glycemic Index，eGI）尤为重要。韩玲玉等[2] 的结果表明蛋白质含量与估计血糖生成指数值呈极显著负相关，主要原因为杂粮淀粉与蛋白质结合较紧密，淀粉被蛋白质紧密包裹，蛋白酶等首先要对淀粉外层的蛋白质进行分解，延缓了酶对淀粉的水解作用，从而使双糖和单糖释放速度减慢，估计血糖生成指数值下降。估计血糖生成指数值与膳食纤维呈显著负相关，膳食纤维可以通过抑制淀粉酶的作用，降低淀粉的消化率，从而使葡萄糖的释放速率降低。高粱、玉米、燕麦、荞麦、黑米和小米 6 种杂粮的抗性淀粉含量为 5.48%~2.44%，其中荞麦的抗性淀粉含量最高，燕麦、黑米、高粱次之，玉米、小米相对含量较低，但均高于主粮大米，抗性淀粉含量较高的杂粮，其估计血糖生成指数值较低。[3]

　　杂粮由于口感粗糙、冲调性差、营养消化利用度低，给加工带来了困难，也降低了人们的接受程度。膨化、挤压、过热蒸汽处理、烘烤等加工方式对淀粉的消化率有一定影响，因而受到了食品领域科技工作者的关注。将混合杂粮粉（蚕豆粉：荞麦粉：魔芋精粉质量比为10：9：1）进行膨化，发现杂粮粉原有的致密结构受到破坏，并且挤压、膨化可以促进不溶性膳食纤维向可溶性膳食纤维转变，从而有效改善高膳食纤维产品的口感和消化吸收率，提高了消费者的接受程度。结果表明，膨化营养粉的估计血糖生成指数和估计血糖负荷指数等均显著低于杂粮原料粉，达到了低血糖生成指数产品标准。[4] 将5种杂粮按不同比例添加到非当季籼米中，通过双螺杆挤压技术制备杂粮重组米，结果表明，添加杂粮粉均能提高挤压重组米抗性淀粉和慢消化淀粉含量，降低快消化淀粉含量和淀粉消化水解率，并能显著降低挤压重组米的血糖生成指数值。[5] 过热蒸汽处理之后的苦荞粉中快速消化淀粉和慢性消化淀粉的含量显著减少，抗性淀粉的含量显著增加，另外，过热蒸汽处理显著增加了苦荞粉中可溶性共轭多酚和结合多酚的含量，说明过热蒸汽能显著改变苦荞粉的理化性质，显著降低苦荞粉的体外消化能力，提高其营养价值，为其在健康功能食品的应用提供新的可能。[6]

二、蛋白质

　　蛋白质是人体所需的宏量营养素之一，具有增强身体抵抗力、形成新的组织、参与物质代谢与能量代谢、提供能量等特性，在消化的过程中需水解为氨基酸或小分子肽后才能被吸收利用，而未消化的蛋白质不易被人体吸收。由于唾液中不含水解蛋白质的酶，蛋白质的水解主要发生在胃和小肠，在胃蛋白酶、胰蛋白酶和肽酶的作用下发生水解。

　　采用蒸制、煮制和挤压方式处理小米，其体外蛋白消化率分别较未处理小米降低31.00%、17.15%和11.02%，分析原因可能为小米中醇溶蛋白经过热处理后二硫键作用增强，小分子蛋白质发生聚集，造成蛋白质溶解性降低、疏水作用增强，影响蛋白酶对蛋白质的水解。[7]

　　近年来，基于组织化植物蛋白的植物肉受到越来越多的关注，有关植物肉的蛋白质消化特性还不明确，而碳酸氢钠是组织化蛋白制备中常用的添加剂。桑梦丽等[8] 为了探究碳酸氢钠对组织化蛋白的纤维结构和蛋白质消化特性的影响，制备了含碳酸氢钠的组织化小麦蛋白。结果表明，随着碳酸氢钠质量分数的增大，组织化小麦蛋白中蛋白质的消化速度和程度逐渐增大，消化结束后，组织化小麦蛋白释放的游离氨基酸总质量分数较高。

　　麦胚球蛋白为麦胚蛋白的重要成员之一，具有较好的免疫调节功能，作为植物源蛋白家族中的一员，相较于动物源免疫球蛋白具有更好的安全性。发酵麦胚球蛋白经胃消化 2h 后，总游离氨基酸释放量达到原始样品的 2.05 倍，芳香族氨基酸和支链氨基酸含量显著增加，总氨基酸释放量增加了 1.05 倍。研究初步表明，发酵麦胚球蛋白在体内可能主要通过小肽和功能性氨基酸的释放来发挥其调节免疫、改善机体机能等机理。[9]

三、脂质

脂质是人体能量的来源之一，也是脂溶性维生素和某些生理活性物质的载体。脂质的消化、吸收主要在小肠中进行（口腔和胃部仅水解 10%~30%），主要分为三个步骤：乳化、酶水解和吸收利用。由于小肠中含有水，脂肪通常先被肝脏分泌的胆汁分解为较小微粒而悬浮于肠液中，该过程叫作乳化。乳化后的脂肪表面积增大，在小肠中易被胰脂肪酶酶解，生成游离脂肪酸和甘油等水解产物，最后通过小肠吸收利用。[10]

近年来，国内外关于杂粮中脂肪的体内、体外消化的研究比较少，杂粮中的淀粉、酚类含量都会对脂肪的分解产生影响。单甘油酯会与直链淀粉形成络合物，这种络合作用会随着脂肪酸的链长和饱和度的增加而增加，进而降低淀粉的消化率，因此含有高直链淀粉的食物可以降低血糖和胰岛素水平。[11]

刘念等[12]将熟化高粱与大米按质量比 1∶4 和 1∶1 复配模拟体外消化，研究高粱复配米脂肪体外消化产物及其氧化稳定性。结果表明，1∶4 和 1∶1 复配米经胃肠液消化后含有 25 种脂肪酸，主要为棕榈酸、硬脂酸和亚油酸，不饱和脂肪酸、必需脂肪酸亚油酸和 α-亚麻酸含量均高于大米组，且复配米消化后肠液过氧化值、丙二醛含量、总氧化程度均低于高粱组，因而相比单纯食用大米，食用高粱复配米改善了摄入的脂肪酸组成，而且比单纯食用高粱减少了人体对脂质氧化产物的吸收积累。

四、多酚类物质

多酚类物质是其分子中具有多个酚羟基的一类化合物的总称，是植物的次生代谢产物。多酚是谷物食品中重要的抗氧化活性成分，可以通过阻断自由基导致的链式反应延缓或抑制脂质及其他生物膜氧化的过程，起到预防衰老和辅助治疗慢性疾病的保健作用。多酚根据其存在形式可分为自由酚与结合酚，杂粮中的酚类物质主要以结合酚形式存在，杂粮中常见的黄酮类化合物如类黄酮、黄烷酮、黄酮等也属于多酚类物质。自由酚和结合酚在人体中发挥抗氧化功能的部位不同，自由酚主要在胃和小肠中被消化吸收，而结合酚以糖苷的形式通过胃肠完整地抵达结肠，被结肠细菌发酵分解后在结肠中进行吸收，发挥抗氧化功效。[13]

向卓亚等[14]对 3 种品系藜麦（黑藜麦、红藜麦和黄藜麦）进行体外模拟消化，结果表明,总多酚含量为黑藜麦>红藜麦>黄藜麦,总多酚含量与种子的颜色有关,即颜色越深,总多酚含量越高。经体外模拟消化后,口腔、胃和小肠能显著促进多酚类物质释放,且藜麦中结合型多酚类化合物(没食子酸、阿魏酸等)被显著释放,生物活性和营养价值得以提高。在模拟消化过程中,紫米中的酚类物质和抗氧化活性逐渐被释放,且在肠消化过程中释放量高于胃消化过程,在模拟消化结束后,色氨酸和原儿茶酸仍具有较高的清除自由基的能力。[15]

酚类物质通常以糖苷配体或者酯的形式存在,经过胃液的酸性环境会水解释放大量的多酚,使样品的多酚含量在模拟胃肠消化后显著增加。汽爆处理后苦荞麸皮胃、肠消化液的细胞抗氧化性增强,且苦荞麸皮胃消化液对人肝癌细胞 HepG2 有抑制效果。[16] 姚轶俊等[17] 对 4 种常见杂粮(薏米、荞麦、青稞、红豆)在体外模拟消化过程中酚类物质的变化及其降脂活性进行了研究,结果表明,经模拟体外消化后,荞麦具有最高的总酚含量及黄酮增长率,荞麦多酚表现出了最佳的生物利用度及降脂活性。朱仁威等[18] 采用体外模拟消化的方法对黑米、黑麦、黑豆、紫米、红米及其以不同比例搭配熬制的复合米粥进行处理,检测其黄酮、多酚及花青素含量的变化及对 DPPH 自由基的清除活性。结果表明,经过体外模拟消化处理后,5 种单一食材粥和 4 种复配粥的多酚、黄酮含量均显著提高,但花青素含量呈下降趋势,对 DPPH 自由基的清除能力显著提升。因此,食用杂粮比主粮可能摄入更多的营养和功能成分,有益机体健康。

参考文献

[1] 燕子豪. 原料物化性质对挤压杂粮粉体外消化特性影响研究 [D]. 哈尔滨:东北农业大学,2021.

[2] 韩玲玉,汪丽萍,谭斌,等. 7 种杂粮抗氧化活性及其挤压杂粮粉体外消化特性研究 [J]. 中国食品学报,2019,34(6):45-52.

[3] 王鹏,程志强,祖亿,等. 杂粮淀粉体外消化特性的分析 [J]. 粮食与油脂,2017,42(10):170-174.

[4] 冯进,丁秋霞,柴智,等. 杂粮膨化营养粉制备工艺优化及其消化特性研究 [J]. 江苏农业科学,2020,48(11):217-223.

[5] 邓慧清,吴卫国,廖卢燕,等. 挤压杂粮重组米体外消化特性研究 [J]. 中国粮油学报,2022,37(6):10-17.

[6] 吴晓江,范浩伟,付桂明,等. 过热蒸气处理对苦荞粉理化性质的影响 [J]. 食品与发酵工业,2021,47(11):89-97.

[7] 范冬雪,李静洁,杨金芹,等. 热处理对小米蛋白体外消化率的影响 [J]. 中国食品学报,2016,16(2):56-61.

［8］桑梦丽，黄德奕，邓宁华，等．碳酸氢钠对组织化小麦蛋白体外消化特性的影响［J］．食品与生物技术学报，2023，42（3）：102-111.

［9］苑永建，宇光海，廖爱美，等．发酵麦胚球蛋白体外模拟消化［J］．中国食品学报，2023，23（5）：49-58.

［10］张珊珊．八种杂粮煮制前后营养组分变化及其体外消化酵解特性［D］．南昌：南昌大学，2019.

［11］姜鹏，刘念，戴凌燕，等．杂粮营养物体内和体外消化研究现状及其产物的功能性［J］．中国粮油学报，2022，37（5）：185-194.

［12］刘念，姜鹏，戴凌燕，等．高粱复配米脂肪体外消化产物及其氧化稳定性［J］．食品工业科技，2023，44（6）：16-23.

［13］徐元元．常见杂粮体外消化性能及抗氧化活性的研究［D］．咸阳：西北农林科技大学，2012.

［14］向卓亚，邓俊琳，陈建，等．藜麦体外模拟消化过程中酚类物质含量及抗氧化活性的变化［J］．中国食品学报，2021，21（8）：283-290.

［15］Borkwei Ed Nignpense，Sajid Latif，Nidhish Francis，et al. The impact of simulated gastrointestinal digestion on the bioaccessibility and antioxidant activity of purple rice phenolic compounds［J］. Food Bioscience，2022，47：101706.

［16］唐宇，张小利，何晓琴，等．体外模拟胃肠消化过程中蒸汽爆破处理的苦荞麸皮的抗氧化及抗增殖活性［J］．食品与发酵工业，2019，45（3）：103-111.

［17］姚轶俊，李枝芳，王立峰，等．体外模拟消化对四种杂粮中酚类物质及其降脂活性的影响［J］．中国粮油学报，2020，35（5）：30-36.

［18］朱仁威，敦惠瑜，刘婷，等．体外模拟消化对黑米复配粥多酚、黄酮、花青素及协同抗氧化活性的影响［J］．食品与发酵工业，2021，47（20）：133-140.

下　篇

第五章　海棠功能性研究与应用

第一节　海棠多酚的含量与种类

目前，可用于植物中多酚提取的溶剂很多，而且各不相同。分析其中的规律可以发现，甲醇、丙酮或其水溶液能够从水果和蔬菜副产物中提取出更多的酚类化合物；相比于甲醇、丙酮或水，菝葜（Smilax china L.）叶的乙醇提取物具有较高的抗氧化活性和总酚含量[1]；乙醇可以提取出更多种类的植物多酚。从毒理学的观点来看，乙醇水溶液比其他有机溶剂更安全。

然而，在使用反相高效液相色谱检测单体酚的种类时，通常以乙酸乙酯为溶剂来直接提取或萃取植物中的酚类化合物[2,3]。此外，苹果中类胡萝卜素含量丰富，相比于乙醇水溶液，乙酸乙酯能够更有效地提取出类胡萝卜素。更重要的是，乙酸乙酯的沸点低，可以更容易地蒸发出去，从而得到酚类物质的萃取物，增加酚类物质应用于食品、药品或化妆品的机会。另外，有关有机溶剂的极性对提取物中单体酚类物质种类的影响并无系统报道。

本节分别采用两种不同极性的有机溶剂，即80%乙醇水溶液和乙酸乙酯来提取10种海棠果中的活性成分，并用紫外分光光度计法分析每种提取物中多酚和黄酮的含量，用高效液相色谱（HPLC）分析每种提取物中的单体酚和单体黄酮的种类与含量，从而为海棠果中多酚资源的加工与利用提供理论指导。

一、材料与方法

1. 实验材料

海棠果实：供试的10种海棠（野生型苹果属物种）由位于辽宁省兴城市的中国农业科学院果树研究所提供。果实自然生长，没有人为因素干扰。所有果实手工采摘于2012年9月，然后立即贮存于−20℃环境，备用。横截面直径的测量采用游标卡尺，海棠果实的主要特征如表5-1所示。

彩图

表 5-1　实验用海棠果的照片、直径大小和单果重[a]

编号	中文名称	野生型苹果属物种	果实照片	直径/mm	单果重/g
S1	丽江山荆子	*Malus rockii* Rehder		21.8±0.5	4.3±0.3
S2	小金海棠	*Malus xiaojinensis* Cheng et Jiang		21.0±0.7	3.9±0.5
S3	花冠海棠	*Malus coronaria*（L.）Mill.		24.2±0.3	7.3±0.6
S4	冬红果	*Malus prunifolia*（Wild）Borkh.		42.7±0.9	39.1±1.1
S5	三块石海棠01	*Malus robusta*（Carr.）Rehd.		33.3±0.7	12.8±0.6
S6	三块石海棠02	*Malus robusta*（Carr.）Rehd.		33.4±0.5	16.0±0.4
S7	小矾山海棠	*Malus robusta*（Carr.）Rehd.		32.0±0.4	13.5±0.5

续表

编号	中文名称	野生型苹果属物种	果实照片	直径/mm	单果重/g
S8	八棱海棠	*Malus micromalus*（Carr.）Rehd.		32.5±0.5	14.7±0.4
S9	平顶海棠	*Malus robusta*（Carr.）Rehd.		29.8±0.7	11.9±0.6
S10	红海棠	*Malus prunifolia* Mill.		27.2±0.9	9.4±0.5

注：a 平均值±标准差；$n=3$。

2. 实验方法

（1）海棠提取物的制备

海棠果实的前处理方法参考 Mcghie 等[4] 和 Lin 等[5] 的方法，并稍作修改。随机选取约 100g 海棠果实（带皮），切片（厚约 3mm）后，用蒸汽处理 1min，使多酚氧化酶和过氧化物酶失活，然后立即放入 4℃冰箱中冷藏，待用。

海棠果实中活性物质的提取参考 Zhao 等[6] 和 Kong 等[7] 的方法，并稍作修改。提取溶剂包括两种：80%（体积分数）乙醇溶液和乙酸乙酯。取经过灭酶处理并已经冷却的海棠果片，用组织捣碎机打成匀浆，准确称取 5g，加入 25mL 80%乙醇或乙酸乙酯超声（250W）提取 30min，8000r/min 离心 10min 后收集上清液。用相同提取工艺再次提取滤渣 2 次。滤液合并后于 38℃减压蒸干。然后用 50%甲醇水溶解并定容至 10mL，−20℃密封避光保存，用来测定多酚含量、黄酮含量以及用 HPLC 测定单体酚与单体黄酮的种类与含量。

（2）海棠提取物中多酚含量的测定

多酚含量的测定参考 Yi 等[8] 的方法，在 765nm 下测定吸光度值，并稍作修改。将 0.2mL 样品加到盛有 1mL 蒸馏水的试管中，再加入 1mL 稀释 10 倍的福林酚（Folin-Ciocalteu）试剂，混匀，5min 后加入 0.8mL 7.5%（质量分数）Na_2CO_3 溶液，充分混匀，25℃避光反应 30min 后测定。如果样品提取液浓度过大，则进一步稀释。配制 0~200μg/mL 的没食子酸溶液代替样品作标准曲线。结果以每 100g 鲜果中没食子酸当量（mg GAE/100g 鲜果）表示。

（3）海棠提取物中黄酮含量的测定

黄酮含量的测定以 Wolfe 等[9] 的测定方法进行，并稍作修改。取 0.5mL 样品置于盛有 1mL 蒸馏水的试管中，加入 0.15mL 5%（$NaNO_2$）溶液，振荡匀后静置 5min，加 0.3mL 10%（$AlCl_3$）溶液，摇匀，静置 6min，加入 1mol/L NaOH 溶液 1mL，25℃水浴 15min，510nm 下测定吸光度值。如果样品浓度过大，则进一步稀释。配制 0~500μg/mL 的芦丁溶液代替样品作标准曲线。结果以每 100g 鲜果中芦丁当量（mg RE/100g 鲜果）表示。

（4）HPLC 法测定单体酚和单体黄酮的种类和含量

取上述 150mL 80%乙醇提取液或乙酸乙酯提取液，38℃减压蒸干，用 50%（体积分数）甲醇溶解并定容至 12.5mL，−20℃保存备用。进样前用 0.45μm 滤膜过滤。如果色谱峰太高，则用 50%甲醇稀释至合适浓度。标准品同样用 50%甲醇配制，浓度为 50μg/mL，如果色谱峰超出检测线则稀释至合适浓度。

色谱柱：Waters Symmetry C18（4.6mm×250mm，5μm）；进样量 5μL，柱温 30℃，流速 1mL/min，紫外检测波长 280nm，流动相 A 为甲醇，流动相 B 为超纯水（pH 2.6，磷酸调节）。梯度洗脱程序：0~15min 15%~25% A；15~25min 25% A；25~65min 25%~75% A；65~70min 75%~15% A；梯度均为线性变化。样品中活性物质的定性根据其与标品的出峰时间相一致，根据标品的峰面积定量。

二、结果与分析

1. 提取溶剂对提取物中多酚与黄酮含量的影响

提取溶剂极性不同，对植物中活性物质的提取效果不同。从图 5-1 中可以看出，乙醇提取物中多酚和黄酮的含量显著（$P<0.01$）高于乙酸乙酯提取物。特别是小金海棠，乙醇提取物中测得的多酚的含量是乙酸乙酯提取物的近 14 倍。NurulMarian 等[10]在测定王蕊（B. racemosa）叶子中多酚的含量时，也得到了类似的趋势。理论上，不同的提取溶剂具有不同的极性，因此在提取不同种类化合物时具有不同的提取能力。由于含有多羟基基团，多酚和黄酮类化合物都是极性化合物。通常情况下，极性较小的溶剂（乙醚、苯、氯仿）能够有效地提取具有糖苷配基的黄酮类化合物，而极

性更强的溶剂（丙酮、乙酸乙酯、乙醇和水）能够有效提取含有糖苷的黄酮类化合物。此外，酚类化合物在极性较强的溶剂（如乙醇）中具有较高的溶解度。而在提取类胡萝卜素时，乙酸乙酯比乙醇水溶液更有效。乙醇提取物中得到的多酚和黄酮类物质的含量高于乙酸乙酯提取物，说明海棠中含有的多酚和黄酮类化合物具有较高的极性。

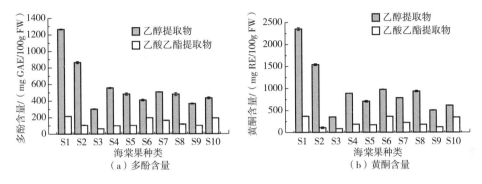

图 5-1　10 种海棠的多酚含量和黄酮含量

（图中数据为平均值±标准差；$n=3$）

具体分析可以发现，乙醇提取物中的多酚含量为 302.83～1265.94mg GAE/100g［图 5-1（a）］，10 种海棠的平均值为 566.58mg GAE/100g；而乙酸乙酯提取物中多酚的含量为 62.96～215.21mg GAE/100g［图 5-1（a）］，平均值为 135.97mg GAE/100g。乙醇提取物中黄酮的含量为 352.45～2351.74mg RE/100g［图 5-1（b）］，平均值为 965.05mg RE/100g；乙酸乙酯提取物中黄酮的含量为 83.77～369.21mg RE/100g［图 5-1（b）］，平均值为 214.90mg RE/100g。就平均值而言，乙醇提取物的多酚和黄酮含量分别是乙酸乙酯提取物的 4.17 倍和 4.49 倍（表 5-2）。无论使用乙醇还是乙酸乙酯作为提取溶剂，丽江山荆子提取物中的多酚和黄酮含量在 10 种海棠样品中均为最高，花冠海棠则最低。

此外，在测定多酚含量时，我们发现，用 HPLC 测得的数据普遍低于采用福林酚比色法测得的数据，这是因为采用福林酚比色法会受来自其他化学成分，如糖和抗坏血酸的干扰，使比色数据增加，从而使表观检测值偏大。同时，福林酚比色法在测定多酚含量时，根据提取物中多酚的种类不同，所得结果也不同。但是，福林酚比色法的优点是可以快速地对多酚含量做出整体的评价。

应当指出的是，供试的 10 种海棠的乙醇提取物中多酚含量均远远高于苹果栽培品种，如富士（167.11mg GAE/100g 鲜重），Epagri COOP24（180.39mg GAE/100g）和 Epagri F5P283（233.57mg GAE/100g）。[11] 这一点很容易理解，因为不同的水果品种积累的多酚种类和数量都会有所不同。另外，环境因素也会影响植物多酚含量。据报道，土壤类型、日照时间、降雨量、在温室或田里栽培、生物培养、水培等都会影响多酚类物质的含量及比例。在苹果汁[12]和苹果果实[13]中，采用主成分分析（PCA）可以分析农艺因素对多酚类物质的影响。真菌感染可以增加植物中酚类化合物如白藜芦醇的含量，白藜芦醇含量的增加可以增强植物的抗病性[14]。实验用海棠生长在没有人为因素干扰的自然环境中，没有喷洒农药或其他任何人工保护。因此，暴露于恶劣的环境和真菌感染都是导致海棠中多酚和黄酮类物质含量高的重要原因。

综上所述，海棠是用以制备植物多酚的较好材料。

2. 提取溶剂对单体酚种类的影响

图5-2显示了在280nm下，多酚标品（a）以及丽江山荆子的乙醇提取物（b）和乙酸乙酯提取物（c）的高效液相色谱图。表5-2为HPLC检测到的80%乙醇和乙酸乙酯分别作为提取溶剂时，每种海棠品种中单体酚和单体黄酮的含量。从表5-2可以看出，采用不同提取溶剂得到的提取物中多酚物质的种类和含量都会有所差别。在10种野生型海棠中，无论使用乙醇还是乙酸乙酯作为提取溶剂，都检测到了根皮苷、芦丁、绿原酸、金丝桃苷和表儿茶素。只在部分海棠品种中检测到了咖啡酸、对香豆酸和阿魏酸，且含量较低。就所有测试样品而言，绿原酸和芦丁在乙醇提取物中的含量都要远远高于乙酸乙酯提取物。

值得一提的是，用HPLC测定多酚时，影响多酚类物质的种类和含量的不仅是提取溶剂的种类，还包括检测波长。280nm的检测波长完全适合于测定原花青素，如儿茶素和表儿茶素，但并不适合于最大吸收波长为369nm（槲皮素）和其他最大吸收波长为320~340nm的化合物（咖啡酸、对香豆酸和阿魏酸）。Valavanidis等[15]将HPLC的检测器波长设为280nm、320nm和350nm，发现绿原酸、儿茶素、根皮苷、原花青素B_1和B_2同为有机苹果和栽培苹果中重要的多酚类化合物。目前在植物多酚检测中将检测波长设为280nm，利用外标法定量的有Bhaskar[16]测定香蕉花、Łata等[17]测定苹果、Du等[18]测定梨枣中多酚类物质的种类与含量。本实验得出海棠中咖啡酸、对香豆酸和阿魏酸的含量偏低，可能是因为280nm不是这些化合物的最大吸收波长。这也就解释了为什么这些化合物在所检测的海棠样品中很少或只能偶尔检测到。应该在不同的波长下进行更为精确的分析，使每种物质都在其最大吸收波长下予以检测。

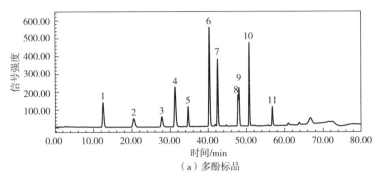

（a）多酚标品

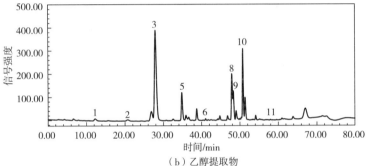

（b）乙醇提取物

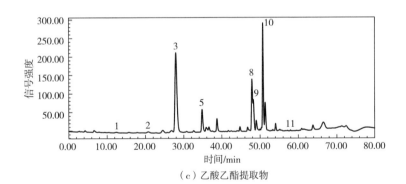

（c）乙酸乙酯提取物

图 5-2　280nm 下多酚标品以及丽江山荆子的乙醇提取物和
乙酸乙酯提取物的高效液相色谱图

1—原儿茶酸　2—儿茶素　3—绿原酸　4—咖啡酸　5—表儿茶素　6—对香豆酸
7—阿魏酸　8—芦丁　9—金丝桃苷　10—根皮苷　11—槲皮素

表 5-2 不同海棠样品中的单体酚含量ª

参数		S1/(mg/kgFW)	S2/(mg/kgFW)	S3/(mg/kgFW)	S4/(mg/kgFW)	S5/(mg/kgFW)	S6/(mg/kgFW)	S7/(mg/kgFW)	S8/(mg/kgFW)	S9/(mg/kgFW)	S10/(mg/kgFW)
原儿茶酸	乙醇	2.00±0.08	3.19±0.14	NDᵇ	13.36±0.33	1.81±0.03	5.73±0.09	1.41±0.10	2.01±0.11	ND	4.96±0.13
	乙酸乙酯	0.41±0.01	0.76±0.00	0.21±0.01	0.08±0.00	ND	0.36±0.02	2.38±0.27	ND	0.03±0.00	ND
儿茶素	乙醇	2.36±0.06	6.34±0.54	ND	33.94±0.55	3.10±0.20	10.74±0.31	2.72±0.02	2.95±0.33	ND	7.30±0.15
	乙酸乙酯	4.01±0.03	ND	ND	17.90±1.22	3.61±0.46	7.29±0.41	6.46±0.14	2.77±0.47	0.72±0.01	4.57±0.27
绿原酸	乙醇	160.35±3.47	25.02±0.47	337.84±4.68	72.34±2.04	129.39±2.61	76.00±2.13	84.56±3.37	89.75±2.22	65.97±1.12	93.83±2.28
	乙酸乙酯	97.51±1.07	13.69±0.93	17.23±0.32	3.12±0.16	43.53±0.88	34.73±4.95	42.89±1.23	37.20±0.29	10.62±0.32	21.16±0.31
咖啡酸	乙醇	ND	ND	ND	0.14±0.01	ND	ND	ND	ND	ND	0.28±0.01
	乙酸乙酯	ND	ND	ND	ND	ND	ND	0.94±0.00	ND	ND	ND
表儿茶素	乙醇	110.49±2.13	7.67±0.44	12.94±0.15	111.80±3.35	60.89±0.69	175.93±3.38	39.94±2.30	59.25±1.42	71.52±1.38	123.18±2.99
	乙酸乙酯	55.71±2.18	12.52±0.72	5.01±0.15	50.94±1.76	41.36±0.51	144.10±7.36	35.45±0.63	38.89±1.40	40.34±2.20	78.12±1.25
对香豆酸	乙醇	0.09±0.00	ND	ND	0.14±0.00	0.08±0.01	0.36±0.00	0.06±0.00	0.07±0.00	0.02±0.00	ND
	乙酸乙酯	ND	0.67±0.04	0.59±0.07	ND	0.72±0.04	0.09±0.01	1.58±0.03	0.49±0.01	ND	ND

续表

参数		S1/ （mg/kgFW）	S2/ （mg/kgFW）	S3/ （mg/kgFW）	S4/ （mg/kgFW）	S5/ （mg/kgFW）	S6/ （mg/kgFW）	S7/ （mg/kgFW）	S8/ （mg/kgFW）	S9/ （mg/kgFW）	S10/ （mg/kgFW）
阿魏酸	乙醇	ND	0.30±0.01	0.46±0.03	ND	ND	ND	ND	ND	ND	0.88±0.01
	乙酸乙酯	ND	0.36±0.02	0.78±0.02	ND	ND	ND	1.27±0.17	ND	ND	0.05±0.00
芦丁	乙醇	217.60±6.72	184.73±2.75	147.38±3.30	81.89±3.31	237.62±2.00	112.59±2.74	163.55±3.48	222.12±3.38	95.00±2.55	303.72±5.29
	乙酸乙酯	103.70±4.41	91.64±5.17	12.87±1.23	5.06±0.09	72.81±3.98	59.59±1.35	51.29±6.68	54.56±2.78	0.71±0.04	41.69±1.97
金丝桃苷	乙醇	17.59±0.83	2.83±0.21	23.10±0.83	8.33±0.21	14.44±0.68	20.22±0.66	12.27±0.62	8.24±0.35	2.77±0.05	10.09±0.62
	乙酸乙酯	10.39±0.48	5.00±0.04	5.53±0.01	2.68±0.01	6.80±0.13	17.19±0.35	3.78±0.07	3.71±0.25	0.42±0.03	4.61±0.31
根皮苷	乙醇	115.09±1.92	35.11±1.96	71.77±1.13	31.17±1.04	31.84±1.46	42.36±0.44	30.69±1.20	36.19±1.50	17.63±0.84	30.59±0.84
	乙酸乙酯	110.85±1.29	41.74±0.93	51.08±1.47	12.54±0.66	44.12±0.16	68.55±2.04	36.38±1.29	30.70±0.99	10.66±0.41	34.77±1.59
槲皮素	乙醇	34.66±1.37	12.92±0.68	3.21±0.17	4.74±0.13	5.29±0.52	1.88±0.09	9.83±0.28	6.52±0.32	14.32±0.75	2.59±0.08
	乙酸乙酯	11.16±0.20	9.46±0.22	11.34±0.06	ND	4.44±0.16	13.75±0.98	15.05±0.50	3.00±0.16	ND	2.68±0.07

注：[a] 平均值±标准差；$n=3$。[b] ND：没有检测到。

Łata 等[17] 在测定苹果中酚类物质的含量时用的也是 280nm。因此，其研究结果与本研究结果具有可比性。Łata 等的结果表明，绿原酸、黄烷-3-醇、芦丁和根皮苷是苹果中含量最高的酚类物质。这与本研究的结果一致。根皮苷是一种二氢查耳酮衍生物，是苹果树皮、树叶和苹果果实中的特征性酚类物质。本研究发现，海棠中根皮苷含量也比较高，其原因可能是它与苹果都属于蔷薇科植物。另外，绿原酸在海棠中的含量较高也与之前的报道结果一致。[19] 相对而言，绿原酸、芦丁和根皮苷在海棠中的含量要高于栽培苹果。

咖啡酸、对香豆酸和阿魏酸在小麦[20]、燕麦[21] 和水稻[22] 中含量丰富，但是在对海棠进行分析时发现，用不同溶剂分别提取时，海棠中是否存在这些物质的检测结果出现了分歧，这可能是由于这些酚类物质不是蔷薇科植物的主要酚类物质，也可能是因为蔷薇科和禾本科具有不同的酚类物质代谢途径。

三、结论

分别对 10 种海棠的 80%（体积分数）乙醇和乙酸乙酯提取物中的多酚和黄酮含量以及其中的单体酚组成进行了检测与分析，结果发现：

（1）10 种海棠的乙醇提取物中多酚含量为 302.83~1265.94mg GAE/100g，平均值为 566.58mg GAE/100g；乙酸乙酯提取物中多酚含量为 62.9~215.21mg GAE/100g，平均值为 135.97mg GAE/100g。

（2）10 种海棠的乙醇提取物中黄酮含量为 352.45~2351.74mg RE/100g，平均值为 965.05mg RE/100g；乙酸乙酯提取物中黄酮含量为 83.77~369.21mg RE/100g，平均值为 214.90mg RE/100g。

（3）乙醇提取物中多酚和黄酮含量的平均值分别是乙酸乙酯提取物的 4.17 和 4.49 倍。

（4）在 10 种海棠的乙醇提取物和乙酸乙酯提取物中都检测到了根皮苷、芦丁、绿原酸、金丝桃苷和表儿茶素。只在部分海棠品种中检测到了咖啡酸、对香豆酸和阿魏酸。所有样品的乙醇提取物中绿原酸和芦丁含量均远远高于其乙酸乙酯提取物。

参考文献

[1] Seo H K, Lee J H, Kim H S, et al. Antioxidant and antimicrobial activities of *Smilax china* L. leaf extracts [J]. Food Sci Biotechnol, 2012, 21 (6): 1723-1727.

[2] Erol N T. Determination of phenolic compounds from various extracts of green tea by HPLC [J]. Asian J Chem, 2013, 25: 3860-3862.

[3] Hosseinzadeh R, Khorsandi K, Hemmaty S. Study of the effect of surfactants on

extraction and determination of polyphenolic compounds and antioxidant capacity of fruits extracts ［J］. PloS one, 2013, 8: e57353.

［4］ Mcghie T K, Hunt M, Barnett L E. Cultivar and growing region determine the antioxidant polyphenolic concentration and composition of applesgrownin New Zealand ［J］. J Agric Food Chem, 2005, 53 (8): 3065-3070.

［5］ Lin L Z, Lei F F, Sun D W, et al. Thermal inactivation kinetics of *Rabdosia serra* (Maxim.) Hara leaf peroxidase and polyphenol oxidase and comparative evaluation of drying methods on leaf phenolic profile and bioactivities ［J］. Food Chem, 2012, 134 (4): 2021-2029.

［6］ Zhao B, Hall C A. Antioxidant activity of raisin extracts in bulk oil, oil in water emulsion, and sunflower butter model systems ［J］. J Am Oil Chem Soc, 2007, 84 (12): 1137-1145.

［7］ Kong K W, Mat-Junit S, Aminudin N, et al. Antioxidant activities and polyphenolics from the shoots of Barringtonia racemosa (L.) Spreng in a polar to apolar medium system ［J］. Food Chem, 2012, 134 (1): 324-332.

［8］ Yi O S, Meyer A S, Frankel E N. Antioxidant activity of grape extractsin a lecithin liposome system ［J］. J Am Oil Chem Soc, 1997, 74 (10): 1301-1307.

［9］ Wolfe K, Wu X Z, Liu R H. Antioxidant activity of apple peels ［J］. J Agric Food Chem, 2003, 51 (3): 609-614.

［10］ Nurul Marian H, Radzali M, Johari R, et al. Antioxidant activities of different aerial parts of putat (*Barringtonia racemosa* L.) ［J］. Malays J Biochem, 2008, 16 (2): 15-19.

［11］ Vieira F G, Borges Gda S, Copetti C, et al. Activity and contents of polyphenolic antioxidants in the whole fruit, flesh and peel of three apple cultivars ［J］. Arch Latinoam Nutr, 2009, 59 (1): 101-106.

［12］ Guo J, Yue T, Yuan Y, et al. Chemometric classification of apple juices according to variety and geographical origin based on polyphenolic profiles ［J］. J Agric Food Chem, 2013, 61 (28): 6949-6963.

［13］ Cuthbertson D, Andrews P K, Reganold J P, et al. Utility of metabolomics toward assessing the metabolic basis of quality traits in apple fruit with an emphasis on antioxidants ［J］. J Agric Food Chem, 2012, 60 (35): 8552-8560.

［14］ Chang X L, Heene E, Qiao F, et al. The phytoalexin resveratrol regulates the initiation of hypersensitive cell death in vitis cell ［J］. Plos ONE, 2011, 6 (10): e26405.

［15］ Valavanidis A, Vlachogianni T, Psomas A, et al. Polyphenolic profile and antioxidant activity of five apple cultivars grown under organic and conventional agricultural practices ［J］. Int J Food Sci Tech, 2009, 44 (6): 1167–1175.

［16］ Bhaskar J J, Mahadevamma S, Chilkunda N D, et al. Banana (*Musa* sp. var. elakki bale) flower and pseudostem: dietary fiber and associated antioxidant capacity ［J］. J Agric Food Chem, 2012, 60 (1): 427–432.

［17］ Łata B, Trampczynska A, Paczesna J. Cultivar variation in apple peel and whole fruit phenolic composition ［J］. Sci Hortic, 2009, 121 (2): 176–181.

［18］ Du L J, Gao Q H, Ji X L, et al. Comparison of flavonoids, phenolic acids, and antioxidant activity of explosion-puffed and sun-dried jujubes (*Ziziphus jujuba* Mill.) ［J］. J Agric Food Chem, 2013, 61 (48): 11840–11847.

［19］ Huber G M, Rupasinghe H P V. Phenolic profiles and antioxidant properties of apple skin extracts ［J］. J Food Sci, 2009, 74 (9): C693–C700.

［20］ Arranz S, Saura-Calixto F. Analysis of polyphenols in cereals may be improved performing acidic hydrolysis: A study in wheat flour and wheat bran and cereals of the diet ［J］. J Cereal Sci, 2010, 51 (3): 313–318.

［21］ Xu J G, Tian C R, Hu Q P, et al. Dynamic changes in phenolic compounds and antioxidant activity in oats (*Avena nuda* L.) during steeping and germination ［J］. J Agric Food Chem, 2009, 57 (21): 10392–10398.

［22］ Park S Y, Ha S H, Lim S H, et al. Determination of phenolic acids in Korean rice (*Oryza sativa* L.) cultivars using gas chromatography-time-of-flight mass spectrometry ［J］. Food Sci Biotechnol, 2012, 21 (4): 1141–1148.

第二节　海棠提取物的抗氧化活性

活性氧是需氧有机体细胞生物化学反应的中间产物，当其在体内消除过慢或产生过多时，就会造成机体氧化应激，从而损伤生物大分子，如蛋白质、核酸和脂质等。在化妆品和食品加工领域，越来越多的研究人员开始关注多酚类化合物，原因在于多酚类化合物能够预防与氧化应激有关的疾病，并且具有较强的清除自由基能力和较高的抗氧化活性。

本节以 10 种海棠为原料，利用对 DPPH·、ABTS⁺·清除能力和对铁离子还原能力的测定，以及对牛血清白蛋白氧化损伤的保护作用研究，来评定海棠多酚提取物的体外抗氧化活性强弱，旨在为海棠的深加工及其综合利用提供更好的理论依据。

一、材料与方法

1. 海棠提取物的制备

同第五章第一节中海棠提取物的制备。其中多酚对牛血清白蛋白氧化损伤的保护作用只采用80%乙醇提取物，待样品（海棠品种：丽江山荆子）提取液旋转蒸干后用甲醇定容到一定浓度，密封避光，-20℃保存备用。

2. DPPH·清除能力

DPPH·的清除能力参考 Ma 等[1] 的方法并稍作修改。将 25μL 样品加入 2mL $6.0×10^{-5}$ mol/L 的 DPPH 乙醇溶液中，混匀，25℃水浴 30min，517nm 测定吸光度值。如果样品浓度过大，则需稀释。配制 0～2000μmol/L 的 Trolox 溶液代替样品作标准曲线。结果以每 100 g 鲜果中 Trolox 当量（μmol TE/100g 鲜果）表示。

3. ABTS⁺·清除能力

ABTS⁺·清除能力参考 Tai 等[2] 的方法并稍作修改。7mmol/L ABTS 工作液的配制方法：准确称取 0.0576g ABTS，用蒸馏水定容至 15mL，使用前加 0.264mL 140mmol/L 过硫酸钾水溶液，室温避光放置 12～16h，用无水乙醇将吸光值调整至（0.700±0.005）后备用。将 25μL 样品加入 3.0mL ABTS 工作液中，25℃水浴 30min，734nm 下测定吸光值。如果样品浓度过大，则需稀释。配制 0～2000μmol/L 的 Trolox 溶液代替样品作标准曲线。结果以每 100g 鲜果中 Trolox 当量（μmol TE/100g 鲜果）表示。

4. 铁还原能力（FRAP）

铁还原能力的测定参考 Ma 等[1] 的方法，在 593nm 处测定吸光值。储备液：300mmol/L 醋酸盐溶液，pH 3.6；用 40mmol/L HCl 配制的 10mmol/L TPTZ 溶液；20mmol/L $FeCl_3$ 溶液。临用前将三者按体积比 10：1：1 混合得到 TPTZ 溶液。将 25μL 样品加到 3.0mL TPTZ 工作液中，混匀，37℃反应 10min 后测定。如果样品浓度过大，则需稀释。配制 0～2000μmol/L 的 Trolox 溶液代替样品作标准曲线。结果以每 100g 鲜果中 Trolox 当量（μmol TE/100g 鲜果）表示。

5. 对牛血清白蛋白（BSA）氧化损伤的保护作用

（1）AAPH 诱导 BSA 氧化损伤

参考乔燕等[3] 的方法并略有改动。向 0.5mL 离心管中加入 50μL BSA（1.2mg/mL）溶液，5μL 不同浓度的海棠多酚醇提液（终浓度为：30μg GAE/mL、60μg GAE/mL、120μg GAE/mL、180μg GAE/mL、240μg GAE/mL）和 25μL 磷酸盐缓冲液，

混匀，25℃水浴30min，再分别加入20μL AAPH溶液，37℃水浴6h；同时以50μL BSA溶液，5μL甲醇和45μL磷酸盐缓冲液作为阳性对照；以50μL BSA溶液、5μL甲醇、25μL磷酸盐缓冲液和20μL AAPH的混合液作为阴性对照。

（2）聚丙烯酰胺凝胶（SDS-PAGE）电泳

①分离胶和浓缩胶的配置方法见表5-3。

表5-3　分离胶和浓缩胶配置方法

5%浓缩胶		10%分离胶	
H_2O	6.8mL	H_2O	4.0mL
30%丙烯酰胺	1.7mL	30%丙烯酰胺	3.3mL
1.0mol/L Tris-HCl（pH 6.8）	1.25mL	1.5mol/L Tris-HCl（pH 8.8）	2.5mL
10% SDS	0.1mL	10% SDS	0.1mL
10%过硫酸铵	0.1mL	10%过硫酸铵	0.1mL
TEMED	0.01mL	TEMED	0.004mL

②取20μL上述反应液到新的离心管中，同时加入20μL加样缓冲液（loading buffer），100℃沸水浴5min，使蛋白充分变性。

③电泳时，从第二个泳道开始加样品，七个泳道从左向右依次为：阳性对照组，阴性对照组和5个实验组，电泳条件：S1，80V，20min；S2，120V，60min。

④电泳结束后，小心剥出胶片，先用超纯水漂洗2遍，再加入0.15%考马斯亮蓝R-250染色30min。

⑤倒出染色液，用超纯水漂洗2遍，加入脱色液，放置过夜。

⑥使用Chemidoc-XRS伯乐凝胶成像系统对胶片照相，蛋白含量由Quantity One 4.6.2软件分析。

二、结果与分析

1. 自由基清除能力

图5-3（a）（b）分别是10种海棠提取液清除DPPH·和ABTS⁺·的结果。与多酚和黄酮的结果一致，10种海棠乙醇提取物的DPPH·和ABTS⁺·清除能力的平均值分别是乙酸乙酯提取物的6.55倍和4.99倍（表5-4）。对同一种海棠品种而言，乙醇提取物的自由基清除能力也分别高于乙酸乙酯提取物。此外，丽江山荆子具有最高的DPPH·和ABTS⁺·清除能力，分别为3789.25μmol TE/100g和13056.68μmol TE/100g。

2. 铁还原能力（FRAP实验）

图5-3（c）显示，每种海棠的乙醇提取物的FRAP值均显著（$P<0.01$）高于其

乙酸乙酯提取物，乙醇提取物的平均 FRAP 值是乙酸乙酯提取物的 6.58 倍（表 5-4）。小金海棠的乙醇提取物的 FRAP 值为 6671.79μmol TE/100g，是乙酸乙酯提取物的近 54 倍。丽江山荆子仍然具有最高的三价铁还原能力，其乙醇提取物的 FRAP 值为 9356.14μmol TE/100g，乙酸乙酯提取物的 FRAP 值为 1181.94mg TE/100g。

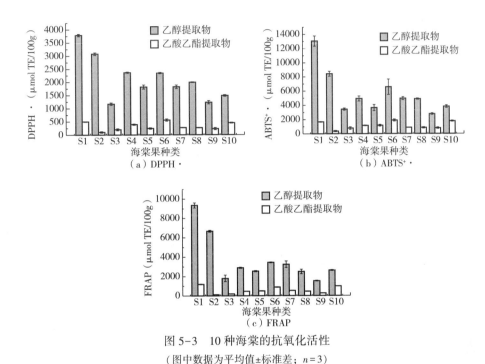

图 5-3　10 种海棠的抗氧化活性

（图中数据为平均值±标准差；$n = 3$）

表 5-4　不同溶剂提取物的多酚含量和抗氧化能力分析结果

参数	乙醇提取物[a]/（μmol TE/100g）	乙酸乙酯提取物[b]/（μmol TE/100g）	比率[c]
多酚含量	566.58±91.19	135.97±16.36	4.17
黄酮含量	965.05±184.70	214.90±34.25	4.49
DPPH·[d]	2110.07±260.58	321.98±46.33	6.55
ABTS+·[e]	5657.71±974.14	1133.73±157.30	4.99
FRAP·[f]	3665.22±773.60	556.74±111.36	6.58

注：[a]：10 种海棠的乙醇提取物的含量，平均值±标准误，$n = 3$；乙酸乙酯提取物[b]：10 种海棠的乙酸乙酯提取物的含量，平均值±标准误，$n = 3$；比率[c]：乙醇提取物的平均值/乙酸乙酯提取物的平均值；DPPH·[d]：DPPH·清除能力；ABTS+·[e]：ABTS+·清除能力；FRAP·[f]：铁离子还原能力。

相对于苹果果实的其他部位，苹果皮是苹果中抗氧化能力最强的部位[4,5]。对于大多数海棠品种而言，其全果的抗氧化活性均高于文献中已报道的苹果皮的抗氧化活性。已报道的苹果皮提取物的 DPPH·清除能力为 $1004.00 \sim 3877.73\mu mol\ TE/100g$，$ABTS^+$·清除能力为 $1225.53 \sim 4144.97\mu mol\ TE/100g$，FRAP 值为 $520.71 \sim 1160.58\mu mol\ TE/100g$[5]。本研究中，海棠全果的抗氧化能力，特别是丽江山荆子的抗氧化能力远远高于苹果皮。由此说明，海棠是制作抗氧化活性产品的丰富来源。

3. 多酚物质含量与提取物抗氧化值的相关性

对 10 种海棠的多酚和黄酮含量，以及 DPPH、ABTS 和 FRAP 值进行了相关性分析，所得线性相关系数见表 5-5。乙醇和乙酸乙酯提取物中，多酚、黄酮含量和抗氧化能力值（DPPH、ABTS 和 FEAP 值）分别具有显著正相关性（$P<0.01$）。相对而言，乙醇提取物中多酚含量和抗氧化能力值之间的相关性更为显著，其相关系数分别为 0.927，0.944 和 0.975。这说明，80%乙醇能够提取出更多的活性多酚和黄酮。尽管乙酸乙酯比乙醇能够提取出更多的类胡萝卜素，但有文献报道，类胡萝卜素与所有抗氧化值呈现负相关[6]。因此，这也从另一方面解释了为什么乙醇能够比乙酸乙酯提取出更多的活性酚类物质。

表 5-5　海棠的乙醇和乙酸乙酯提取物中多酚、黄酮含量以及
DPPH、ABTS 和 FRAP 值的相关系数

提取物	PC-E	FC-E	DPPH-E	ABTS-E	FRAP-E	PC-Ea	FC-Ea	DPPH-Ea	ABTS-Ea	FRAP-Ea
PC-E[c]	1									
FC-E[d]	0.974 ** [a]	1								
DPPH-E[e]	0.927 **	0.970 **	1							
ABTS-E[f]	0.944 **	0.982 **	0.953 **	1						
FRAP-E[g]	0.975 **	0.976 **	0.940 **	0.978 **	1					
PC-Ea[h]	ns[b]	ns	ns	ns	ns	1				
FC-Ea[i]	ns	ns	ns	ns	ns	0.953 **	1			
DPPH-Ea[j]	ns	ns	ns	ns	ns	0.792 **	0.924 **	1		
ABTS-Ea[k]	ns	ns	ns	ns	ns	0.774 **	0.920 **	0.954 **	1	
FRAP-Ea[l]	ns	ns	ns	ns	ns	0.914 **	0.973 **	0.898 **	0.917 **	1

注：** [a] 显著性在 $P<0.01$ 水平；ns[b]：不显著；PC-E[c]：乙醇提取物中多酚含量；FC-E[d]：乙醇提取物中黄酮含量；DPPH-E[e]：乙醇提取物清除 DPPH·能力；ABTS-E[f]：乙醇提取物清除 $ABTS^+$·能力；FRAP-E[g]：乙醇提取物的铁还原能力；PC-Ea[h]：乙酸乙酯提取物中多酚含量；FC-Ea[i]：乙酸乙酯提取物中黄酮含量；DPPH-Ea[j]：乙酸乙酯提取物清除 DPPH·能力；ABTS-Ea[k]：乙酸乙酯提取物清除 $ABTS^+$·能力；FRAP-Ea[l]：乙酸乙酯提取物的铁还原能力。

4. 海棠提取物的主成分分析

将高效液相色谱法（HPLC）测得的不同海棠的单体酚含量和多酚、黄酮总量以及 3 个抗氧化能力值（DPPH、ABTS 和 FRAP 值），总共 16 个指标，利用 Minitab

15.0 软件，进行主成分分析，结果如图 5-4 和图 5-5 所示。

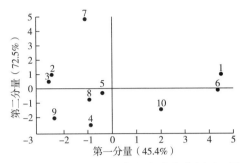

图 5-4　乙酸乙酯提取物的主成分分析平面图

1—丽江山荆子　2—小金海棠　3—花冠海棠　4—冬红果　5—三块石海棠 01
6—三块石海棠 02　7—小矾山海棠　8—八棱海棠　9—平顶海棠　10—红海棠

由图 5-4 可以看出，在 10 种海棠的乙酸乙酯提取物中，丽江山荆子单独在第一象限，因为丽江山荆子中芦丁、金丝桃苷和根皮苷在所有参试样品中含量最高，其多酚和黄酮的含量也比较高。小矾山海棠单独出现在第二象限最高处，因为小矾山海棠的原儿茶酸、对香豆酸和槲皮素的含量都是最高的，而且只有在小矾山中检测到了咖啡酸。红海棠分布在第四象限最下面，因为红海棠的 ABTS 值最高，多酚、黄酮、DPPH 和 FRAP 值也比较高。其他海棠分布较为分散，没有规律可寻。

由图 5-5 可以看出，在 10 种海棠的乙醇提取物中，丽江山荆子、小金海棠、冬红果和三块石海棠 02 在平面图中分布得较为分散，因为丽江山荆子的多酚、黄酮含量和抗氧化活性是最高的；小金海棠的这些指标含量也相对较高，所以其和丽江山荆子同时分布在第四象限；冬红果中儿茶素的含量和原儿茶酸的含量都是最高的；三块石海棠 02 中表儿茶素、对香豆酸和金丝桃苷的含量是最高的。三块石海棠 01、小矾山海棠和八棱海棠相距较近，说明这三种海棠可能具有较高的相似性。

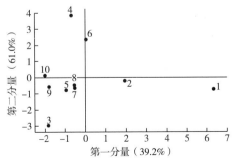

图 5-5　乙醇提取物的主成分分析平面图

（1~10 标号同图 5-4）

5. 海棠提取物的聚类分析

采用欧氏距离和最短距离法，对10种海棠乙酸乙酯提取物和乙醇提取物的16个指标分别进行了聚类分析，结果如图5-6和图5-7所示。

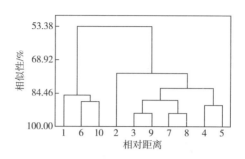

图 5-6　乙酸乙酯提取物的聚类分析树状图

(1~10 标号同图 5-4)

由图5-6可以看出，在10种海棠的乙酸乙酯提取物中，丽江山荆子、三块石海棠02和红海棠聚为一组，记为群集A；小金海棠单独为一组，记为群集B；其余海棠聚为一组，记为群集C。群集A中，表儿茶素、多酚和黄酮的含量最高，而且这3种海棠品种也具有最高的抗氧化能力。小金海棠单独为一组，可能因为小金海棠中各个单体酚含量之间的比例较为特殊，或者因为小金海棠中多酚和黄酮的含量不是最低的，但是其抗氧化活性值却是最低的。

由图5-7可以看出，在10种海棠的乙醇提取物中，丽江山荆子单独为一组，记为群集A；小金海棠单独为一组，记为群集B；其余海棠聚为一组，记为群集C。群集A中，丽江山荆子中的金丝桃苷、根皮苷、槲皮素、多酚和黄酮含量以及抗氧化能力都是最高的且远远高于其他供试品种，所以其单独为一组。小金海棠也比较特殊，虽然用HPLC测定出来的单体酚和单体黄酮的含量不是特别高，但是用紫外分光光度计测定出的多酚和黄酮的含量却比其他海棠品种高很多，仅次于丽江山荆子，所以小金海棠也单独为一组。其余海棠品种可能没有特殊性，故聚为一组。

从10种海棠乙酸乙酯和乙醇提取物中16个指标的主成分分析和聚类分析结果可以看出，提取溶剂不同时，得到的聚类结果并不完全相同。进一步说明，提取溶剂的差异会影响提取出的植物中活性物质种类和含量。乙醇水溶液的极性大于乙酸乙酯，所以乙醇水溶液会提取出海棠中更多极性强的活性物质，这些物质也可能具有较高的抗氧化能力。所以，在提取植物中的活性物质之前，要明确活性物质的极性大小，以便选取合适的提取溶剂，最大限度地提取出活性物质。

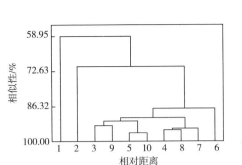

图 5-7　乙醇提取物的聚类分析树状图

（1~10 标号同图 5-4）

6. 海棠提取物对 AAPH 诱导的牛血清白蛋白（BSA）氧化损伤的保护作用

由图 5-8 可以看出，丽江山荆子的多酚乙醇提取液的浓度在 30~240μg GAE/mL，可保护 AAPH 诱导的牛血清白蛋白的氧化损伤，且随浓度增大，保护作用增强。AAPH 经热分解产生以碳为中心的自由基，在氧气的参与下，进一步生成·OOH，从而导致 BSA 发生氧化损伤[7]，而多酚提取液可以防止蛋白氧化损伤。当浓度为 240μg GAE/mL 时，其对 AAPH 诱导的 BSA 氧化损伤的保护作用已接近阳性对照组。

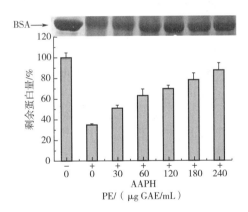

图 5-8　丽江山荆子的乙醇提取物对 AAPH 诱导 BSA 氧化损伤的保护作用

（图中数据为平均值±标准差；$n=3$。PE：多酚乙醇提取物）

结果表明，海棠的乙醇提取物在维持身体健康和预防与氧化应激有关的疾病方面有一定的应用潜力。阿尔茨海默病（AD）是在老年人中比较常见的一种神经退行性病变所致的痴呆疾病，主要表现为认知功能障碍。大量研究表明，阿尔茨海默病的发病机制，其通路最终都归结为体内活性氧（ROS）水平增高，而发生氧化损伤。根据自由基理论，在衰老引起的机体功能下降过程中，起主要作用的是以 ROS 水平增高为初始的氧化损伤。因此,降低细胞内 ROS 水平可有效保护神经和神经元细胞,从而进一步保护大脑的正常功能。Xiang 等[8] 的研究结果表明,鼠尾草酸也有抑制活性氧诱导的 BSA 的氧化和硝化。

三、结论

(1) 丽江山荆子乙醇提取物具有最高的清除 DPPH・和 ABTS⁺・能力,其清除能力分别为 3789.25μmol TE/100g 和 13056.68μmol TE/100g。10 种海棠中,乙醇提取物清除 DPPH・和 ABTS⁺・的平均值分别是其乙酸乙酯提取物 6.55 倍和 4.99 倍。

(2) 丽江山荆子的乙醇提取物的 FRAP 值为 9356.14μmol TE/100g,乙酸乙酯提取物的 FRAP 值为 1181.94mg TE/100g。10 种海棠中,乙醇提取物的平均 FRAP 值是乙酸乙酯提取物的 6.58 倍。

(3) 乙醇和乙酸乙酯提取物中,多酚、黄酮含量和抗氧化能力值(DPPH、ABTS 和 FEAP 值)分别具有显著正相关性($P<0.01$)。相对而言,乙醇提取物中多酚含量与抗氧化活性检测值之间的相关性更强,说明乙醇能够提取出更多的有活性的多酚和黄酮类物质。

(4) 丽江山荆子的乙醇提取物在 30~240μg GAE/mL,均可显著保护 AAPH 诱导的 BSA 的氧化损伤,而且其保护作用随着浓度的增大而增强。

参考文献

[1] Ma X W, Wu H X, Liu L Q, et al. Polyphenolic compounds and antioxidant properties in mango fruits [J]. SciHortic, 2011, 129 (1): 102-107.

[2] Tai Z G, Cai L, Dai L, et al. Antioxidant activity and chemical constituents of edible flower of Sophora viciifolia [J]. Food Chem, 2011, 126 (4): 1648-1654.

[3] 乔燕,刘学波. 草质素体外清除自由基及抑制蛋白质氧化的作用 [J]. 食品科学, 2013, 34 (17): 106-110.

[4] Khanizadeh S, Tsao R, Rekika D, et al. Polyphenol composition and total antioxidant capacity of selected apple genotypes for processing [J]. J Food Compos Anal, 2008, 21 (5): 396-401.

[5] Vieira F G, BorgesGda S, Copetti C, et al. Phenolic compounds and antioxidant activity of the apple flesh and peel of eleven cultivars grown in Brazil [J]. Sci Hortic, 2011, 128 (3): 261-266.

[6] Kong K W, Mat-Junit S, Aminudin N, et al. Antioxidant activities and polyphenolics from the shoots of Barringtonia racemosa (L.) Spreng in a polar to

apolar medium system ［J］. Food Chem，2012，134（1）：324-332.

［7］ Muraoka S，Miura T. Protection by estrogens of biological damage by 2，2-azobis（2-amidinopropane）dihydrochloride ［J］. J Steroid Biochem，2002，82（4-5）：343-348.

［8］ Xiang Q，Wang Y，Wu W，et al. Carnosic acid protects against ROS/RNS-induced protein damage and upregulates HO-1 expression in RAW264.7 macrophages ［J］. J funct foods，2013，5（1）：362-369.

第三节　海棠提取物的抑菌活性

在食品的生产、销售和保存过程中，微生物的污染会对食品安全造成严重威胁。目前，大多数生产厂家都采用化学防腐剂（如丁基羟基茴香醚（BHA）、丁基化羟基甲苯（BHT）等）来延长食品的保存期，但由于其可能的毒性，化学防腐剂的使用范围受到了限制。因此，寻找天然的、安全有效的防腐剂越来越受到研究人员的关注。

本节选用日常生活中常见的3种食源性致病细菌（包括大肠杆菌、粪链球菌和金黄色葡萄球菌）确定海棠乙醇提取物对其抑制作用并测定海棠乙醇提取物的最小抑菌浓度，从而为海棠多酚在防腐保鲜方面的应用奠定理论基础。

一、材料与方法

海棠果实：同第五章第一节所用实验材料。

实验菌种：见表5-6，包括日常生活中3种常见的食源性致病细菌。

表5-6　微生物菌种

菌种名称	英文名称	来源
大肠杆菌 ATCC25922	*Escherichia coli*	西北农林科技大学食品科学与工程学院
金黄色葡萄球菌 ATCC29213	*Staphylococcus aureus*	西北农林科技大学食品科学与工程学院
粪链球菌 ATCC29212	*Enterococcus faecalis*	西北农林科技大学食品科学与工程学院

1. 海棠提取物的制备

采用80%（体积分数）乙醇提取液测定抑菌活性。称取100g海棠鲜果，利用第五章第一节中海棠提取液的制备方法得到提取液后，将提取液旋转蒸干后用10mL甲醇定容，即得质量浓度为10g/mL的海棠乙醇提取液原液（即1mL试样含10g海棠鲜果的提取物）。待做抑菌实验时再稀释成不同浓度，密封避光，－20℃保存备用。

2. 海棠提取物的抑菌活性实验

（1）样品溶液的制备

取海棠乙醇提取液原液，用甲醇稀释成不同浓度，备用。

（2）供试菌株的活化

取若干试管，倒入已灭菌的 LB 培养后，摆成斜面，使其冷却凝固。将 3 种供试菌株在无菌条件下接种到试管斜面上，将接好菌的斜面置于 37℃ 恒温培养箱中培养 18~24h，之后再转接一次，备用。

（3）海棠提取液的抑菌活性

海棠提取液的抑菌活性测定采用琼脂扩散法，参考 Boulekbache-Makhlouf 等[1]和 Moirangthem 等[2] 的方法并稍作修改。将无菌牛津杯用无菌镊子放入无菌的培养皿中，每皿放置 2 个牛津杯，备用。当灭菌后的 LB 营养琼脂培养基冷却至 40~50℃时，分别加入适量的已培养至对数期的食源性致病细菌，混合均匀，使其最终浓度为 10^6CFU/mL，然后倒入已放置牛津杯的培养皿中，每皿大约倒入 20mL 培养基。当培养基凝固后，拔出牛津杯，准确抽取 100μL 海棠提取液加入每一个孔中，使用甲醇做空白对照，硫酸庆大霉素水溶液做阳性对照。加完液体后，将培养皿在 4℃ 的冰箱中放置 1h，以便使活性物质在介质中扩散，然后将培养皿在 37℃ 下培养 18h。结果用抑菌圈直径的大小表示（除去牛津杯直径），单位为 "mm"。实验重复 3 次。

最小抑菌浓度（MIC）的测定参照 Moirangthem 等[2] 的方法。将海棠提取液原液用甲醇稀释，使其质量浓度最终为 10g/mL、8g/mL、6g/mL、4g/mL、2g/mL、1g/mL、0.5g/mL。实验方法同上。

以上实验均在无菌操作台内进行，保证无菌。

二、结果与分析

1. 海棠乙醇提取物的抑菌活性分析

图5-9为小矾山海棠对金黄色葡萄球菌的抑菌作用，（a）为空白对照组，（b）为实验组，从（b）图中可以看到明显的抑菌圈。

表5-7为 10 种海棠乙醇提取物的抑菌活性，从表中可以看出，每种海棠提取液对 3 种食源性致病细菌均有抑制作用，且抑菌圈比较明显（图5-9）。当样品质量浓度为 6g/mL 时，丽江山荆子对大肠杆菌和粪链球菌的抑菌作用最强，抑菌圈直径分别为 7.6mm 和 7.9mm，而红海棠对金黄色葡萄球菌的抑菌作用最强，抑菌圈直径为 6.0mm。虽然红海棠中多酚总量并不高，但是其抑菌活性却很高，说明红海棠中的某种单体酚可能具有较强的抑菌活性，但具体是哪种单体酚，还有待进一步

研究。本抑菌实验采用硫酸庆大霉素作为阳性对照，当其浓度为 0.25mg/mL 时，对大肠杆菌的抑菌圈直径为 3.5mm，在 10 种海棠中，只有冬红果和八棱海棠的抑菌圈直径小于 3.5mm，可以看出当样品质量浓度为 6g/mL 时，对大肠杆菌的抑菌作用较强。

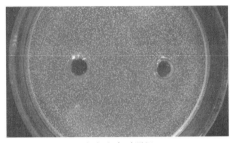　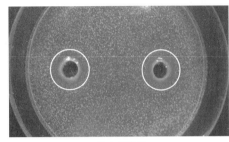

（a）空白对照组　　　　　　　　　　　　　（b）实验组

图 5-9　小矾山海棠对金黄色葡萄球菌的抑菌作用

表 5-7　10 种海棠乙醇提取物的抑菌活性[a]

海棠种类	样品质量浓度/（g/mL）	转化成多酚质量浓度/（mg/mL）	抑菌圈直径/mm		
			大肠杆菌	金黄色葡萄球菌	粪链球菌
丽江山荆子	6	76	7.6±0.3	5.6±0.4	7.9±0.3
小金海棠	6	52	6.7±0.8	3.4±0.4	6.0±0.7
花冠海棠	6	18	5.9±0.6	3.9±0.4	5.3±0.4
冬红果	6	33	2.8±0.2	4.0±0.3	3.3±0.2
三块石海棠 01	6	29	6.2±0.3	4.1±0.5	5.7±0.4
三块石海棠 02	6	25	4.7±0.2	4.0±0.4	6.1±0.5
小矾山海棠	6	30	6.0±0.4	4.4±0.2	6.5±0.3
八棱海棠	6	29	3.0±0.3	4.7±0.3	3.6±0.3
平顶海棠	6	22	3.7±0.5	2.8±0.2	3.0±0.4
红海棠	6	26	6.8±0.5	6.0±0.4	7.2±0.5
硫酸庆大霉素（0.25mg/mL）	—	—	3.5±0.2	4.7±0.4	3.7±0.4

注：[a] 平均值±标准差；$n=3$。

2. 海棠乙醇提取物的最小抑菌浓度分析

表 5-8 为 10 种海棠提取物的最小抑菌浓度。从表中可以看出，丽江山荆子和红

海棠的最小抑菌浓度较低，对 3 种细菌的最小抑菌浓度均为 2g/mL。但由于丽江山荆子中多酚含量较高，所以当转化为多酚质量浓度时，其最小抑菌浓度并不是最低的。冬红果和三块石海棠 02 对大肠杆菌的最小抑菌浓度最大，为 6g/mL；平顶海棠对金黄色葡萄球菌的最小抑菌浓度最大，为 6g/mL；三块石海棠 02 对粪链球菌的最小抑菌浓度最大，为 6g/mL。

表 5-8　10 种海棠乙醇提取物的最小抑菌浓度（MIC）

海棠种类	最小抑菌浓度 MIC/（g/mL）		
	大肠杆菌	金黄色葡萄球菌	粪链球菌
丽江山荆子	2（25）	2（25）	2（25）
小金海棠	2（17）	4（34）	2（17）
花冠海棠	4（12）	4（12）	4（12）
冬红果	6（33）	4（22）	4（22）
三块石海棠 01	4（19）	4（19）	4（19）
三块石海棠 02	6（25）	4（16）	6（25）
小矾山海棠	4（20）	4（20）	4（20）
八棱海棠	4（19）	4（19）	4（19）
平顶海棠	4（15）	6（22）	4（15）
红海棠	2（9）	2（9）	2（9）

注：小括号中数值为样品质量浓度转化为多酚质量浓度后的数值，单位：mg/mL。

目前，对植物源酚类化合物抑菌机理的研究尚未成熟，但可以总结出如下几条可能的途径[3]：多酚与蛋白质相结合；多酚可抑制微生物体内的酶，从而破坏微生物的代谢途径；多酚与微生物生长所必需的特定物质结合，使微生物生存受限；多酚分子中的邻苯二酚与金属离子具有较强的结合能力，从而破坏微生物的新陈代谢活动。

孙红男等[4] 和万力等[5] 研究苹果多酚和野生葡萄枝条多酚对大肠杆菌的最小抑菌浓度分别为 0.7mg/mL 和 0.9mg/mL（转化为多酚质量浓度），对金黄色葡萄球菌最小抑菌浓度为 0.5mg/mL 和 0.6mg/mL（转化为多酚质量浓度）。本实验和其研究结果相差很大，究其原因，一是本实验以提取物质量浓度的鲜重计，而其他研究则是以干重计；二是样品的提取工艺（提取溶剂种类、提取条件、温度、时间等）影响活性物质的提取率；三是不同来源的实验菌株的生理活性和抗药性不同。

苹果与海棠同是蔷薇科苹果属植物，已有研究结果表明，苹果多酚对大肠杆菌、金黄色葡萄球菌、假单胞菌、微球菌和乳球菌有抑制作用，尤其对大肠杆菌和乳球菌的抑菌作明显。[6] 这就为后续实验提供了思路，本实验只是研究了海棠提取液对

3 种常见的食源性致病细菌的抑菌作用，并没有研究对其他菌种的抑菌活性，所以接下来可以做海棠提取液的抑菌谱，为综合利用海棠资源提供更可靠的数据。本实验只研究了海棠多酚提取液的抑菌效果，但究竟是哪一种或哪几种单体酚类物质起明显抑菌作用以及抑菌机理是什么，还有待进一步研究。

三、结论

（1）丽江山荆子提取物对大肠杆菌和粪链球菌的抑菌作用最强，当样品质量浓度为 6g/mL 时，抑菌圈直径大小分别为 7.6mm 和 7.9mm，而红海棠对金黄色葡萄球菌的抑制作用最强，抑菌圈直径为 6.0mm。

（2）丽江山荆子和红海棠提取物的最小抑菌浓度较低，对 3 种细菌的最小抑菌浓度均为 2g/mL。

参考文献

［1］Boulekbache－Makhlouf L, Slimani S, Madani K. Total phenolic content, antioxidant and antibacterial activities of fruits of Eucalyptus globulus cultivated in Algeria ［J］. Ind Crop Prod, 2013, 41：85-89.

［2］Moirangthem D S, Talukdar N C, Bora U, et al. Differential effects of Oroxylum indicum bark extracts：antioxidant, antimicrobial, cytotoxic and apoptotic study ［J］. Cytotechnology, 2013, 65（1）：83-95.

［3］严守雷，王清章，彭光华，等. 莲藕多酚对微生物抑制作用的研究 ［J］. 食品研究与开发，2006，27（2）：148-151.

［4］孙红男，孙爱东，苏雅静，等. 苹果多酚抑菌效果的研究 ［J］. 北京林业大学学报，2010，32（4）：280-283.

［5］万力，郭志君，闵卓，等. 野生葡萄枝条多酚粗提物抑菌活性研究 ［J］. 西北林学院学报，2014，29（1）：122-126.

［6］严琼琼，唐书泽，孙承锋. 苹果多酚对冷却猪肉腐败菌抑菌效果的影响 ［J］. 食品研究与开发，2009，30（10）：117-121.

第四节　海棠果产品加工工艺

为了丰富海棠产品的种类，延长海棠的食用期，本节以小矾山海棠为原料，将海棠鲜果制成果干、果酒，将海棠果汁的下脚料果渣制成果片，旨在为综合利用海棠果品，提高海棠的附加值提供理论依据。

一、材料与方法

1. 实验材料

海棠果实：第五章第一节中所用海棠品种之一，小矾山海棠。

2. 实验方法

（1）海棠果干的工艺流程

①原料处理：选择优质海棠，去蒂，洗净，切成 4~5mm 的薄片。

②灭酶：将果片在 100℃的蒸汽中灭酶 1min 后迅速放入 4℃冰箱中冷却 5min。

③浸泡：将上述果片迅速放入 30%的糖溶液中，浸泡 4h。

④烘干：将果干捞出，沥干糖液，摆在烘盘上，放入 50℃的烘箱中烘干。

⑤包装：将干燥好的果干包装，即得成品。

（2）海棠果片的工艺流程

①原料处理：取晾干的海棠果渣，用小型粉碎机粉碎，并过 100 目（直径 0.15mm）筛，制得海棠超微粉。

②配方：海棠超微粉：微晶纤维素为 4∶1，混合均匀，再加入 5%的羧甲基纤维素钠和 1%的硬脂酸镁，混合均匀。其中微晶纤维素、羧甲基纤维素钠和硬脂酸镁分别作为填充剂、崩解剂和润滑剂。

③压片：用 TDP-6 单冲式压片机压片，制成海棠果片。

（3）海棠果酒的工艺流程

①原料处理：选择优质海棠，洗净并切片。

②前处理：将海棠片与水按 1∶2 的比例放入经 SO_2 熏罐的发酵罐中。加入蔗糖水溶液，再加入 40~60mg/L 的 SO_2，使可溶性固形物的总含量达到 20%（其中海棠的可溶性固形物的含量为 12%），4~5h 后加入 0.1%的酵母，酵母加入前需在 38℃的 2%糖水中活化 20~30min。

③主发酵：前两天发酵罐要敞口，并不定时摇动发酵罐，保证氧气充足，使酵母充分繁殖，随后密封发酵罐，使酵母进行无氧呼吸，发酵温度控制在 20~25℃。每天要敞口摇动一下发酵罐，再密封。待测定可溶性固形物含量降至 4%以下时，停止主发酵。

④后发酵：主发酵结束后，进行倒罐处理（倒罐前要用 SO_2 熏罐），将底部大量的沉淀和上部漂浮的海棠片与汁液分离，随后将汁液放入冷库进行后发酵。时间为 2 个月，每月倒酒时去除酒脚。

⑤装瓶：将上述陈酿好的海棠果酒装入酒瓶中，密封，即为成品酒，酒精浓度为 10°。另一部分陈酿好的果酒经过蒸馏装置蒸馏，制得蒸馏酒，酒精浓度为 25°。

二、结果与分析

1. 海棠果干与果片的品质分析

利用本工艺制得的海棠果干具有鲜果风味，酸甜适宜、无异味，有柔韧性。但果干氧化变色较严重，影响了产品的视觉感官。海棠果片色泽为淡红色，颗粒均匀，具有海棠果独特的风味、口味醇正，硬度适中，没有出现松片、裂片等质量问题。但表面不均匀，出现了麻面，工艺还有待改进（图5-10）。

彩图

图5-10　海棠果干产品（左）与果片产品（右）

从表5-9可以看出，果干和果片中多酚和黄酮含量较高，并具有抗氧化活性，但是其抗氧化活性没有海棠鲜果高，说明在生产过程中损失了一部分活性物质。因此，在保证产品的感官品质的前提下，如何改进生产工艺，提高产品中活性物质的含量，还有待进一步研究。

表5-9　海棠产品的品质分析

产品	含水量/%	多酚/ （mg GAE/100g）	黄酮/ （mg RE/100g）	抗氧化值	
				DPPH/（μmol TE/100g）	ABTS/（μmol TE/100g）
果干	17.1±0.2	672.2±7.6	773.1±7.4	391.8±3.2	434.6±2.8
果片	11.6±0.2	876.2±6.3	1103.6±9.6	605.5±8.9	710.8±8.6

注：结果为平均值±标准差；$n=3$。

2. 海棠果酒的品质分析

利用本工艺制得的海棠果酒和蒸馏酒澄清透明，无沉淀物，无悬浮物。蒸馏酒具有浓郁的酒香，酒体丰满。果酒呈红色，有光泽，具有海棠淡淡的果香和酒香，口感醇和。果酒的缺点是入口后有一定酸味，应选取适宜的降酸方法，在保证果酒品质的基础上除去含量较高的酒石酸、苹果酸和柠檬酸（图5-11）。

图5-11　海棠果酒发酵过程中（左）、果酒成品（中）、蒸馏酒（右）

三、结论

对海棠果进行了加工处理，得到了果干、果片和果酒等3种产品的加工工艺，而且所得产品除具有较高的多酚和黄酮含量以外，还具有较好的食用品质、风味和口感。

第六章 红枣功能性研究与应用

第一节 枣皮色素的提取工艺优化

色泽是影响食品感官的重要因素，消费者可以通过食物的色泽来决定对食物的喜爱度及辨别食物的新鲜度。现代食品工业一般使用着色剂来改善或增强食品的固有色泽，但合成色素在一定程度上具有毒性，天然色素因其色调自然、安全性高、含有人体所需的营养物质而成为国内外研究的热点。目前，天然色素如甜菜红、辣椒红、姜黄色素、苋菜红、黑米红、葡萄皮红等已应用于饮料、糕点、糖果及调味料等食品中。

板枣，又名扁枣，主产稷山枣区，因其肉厚、味甜、果核小、营养丰富而居中国十大名枣之首。在板枣加工成蜜饯、枣酒、枣汁等产品过程中，由于枣皮影响产品口感并且不易消化，所以往往被丢弃。用枣皮提取红色素不仅可以避免枣皮丢弃而浪费资源，还可以增强枣皮的综合利用程度，提高其经济价值。[1]

目前有关稷山板枣枣皮红色素的研究较少，稷山板枣枣皮呈紫红色，红色素含量较多且稳定性良好，是一种理想的天然色素资源。本研究以稷山板枣枣皮为原料，采用碱法提取枣皮红色素，研究不同提取条件对色素提取效果的影响，采用响应面（Box-Behnken）实验设计得出最优提取工艺条件，并分析各个因素对提取效果的影响，为稷山板枣红色素的提取提供理论参考。

一、材料与方法

1. 材料

稷山板枣：山西省运城市稷山县。

2. 实验方法

（1）原料预处理

将稷山板枣用沸水浸泡 5min 后放入冷水中去除果肉，枣皮在蒸馏水中浸泡 24h，去除枣皮中部分糖类、蛋白质、果胶等可溶性物质，清洗至无黏附物，50℃烘箱烘干，干燥后粉碎，避光处保存备用。[2,3]

（2）最大吸收波长的确定

取 0.2g 枣皮粉末，加入 20mL 0.2mol/L NaOH，50℃浸提 2h，离心得上清液，调节 pH 至中性，以蒸馏水为空白对照，在波长 220~600nm 内做波谱扫描，得出色素的最大吸收波长。[4]

（3）单因素实验

NaOH 浓度：取 6 份原料，每份 0.2g，分别加入 20mL 浓度为 0.1mol/L、0.2mol/L、0.3mol/L、0.4mol/L、0.5mol/L、0.6mol/L 的 NaOH 溶液，60℃浸提 2h，离心得上清液，将 pH 调至 7，稀释 30 倍，最大吸收波长处测定吸光度值，研究 NaOH 浓度对提取效果的影响。

料液比：设定料液比分别为 1：50、1：75、1：100、1：125、1：150 和 1：175，固定 NaOH 浓度 0.2mol/L，提取温度 60℃，提取时间 2h，研究料液比对提取效果的影响。

提取时间：固定 NaOH 浓度 0.2mol/L，料液比 1：100，60℃下分别提取 1.0h、1.5h、2.0h、2.5h、3.0h、3.5h，研究提取时间对提取效果的影响。

提取温度：固定 NaOH 浓度 0.2mol/L，料液比 1：100，分别在 40℃、50℃、60℃、70℃、80℃、90℃的温度下浸提 2.5h，研究提取温度对提取效果的影响。

（4）响应面实验

根据单因素结果，按照 Box-Behnken 设计方法，设计三因素三水平响应面实验，因素水平见表 6-1。

表 6-1　因素水平表

水平	因素		
	NaOH 浓度（A）/（mol/L）	提取时间（B）/h	提取温度（C）/℃
-1	0.1	2.0	60
0	0.2	2.5	70
1	0.3	3.0	80

二、结果与分析

1. 最大吸收波长的确定

由图 6-1 可知，稷山板枣枣皮红色素在 320~600nm 没有明显的吸收峰，在 270nm 处有最大吸收峰，所以本实验确定枣皮红色素的最大吸收波长为 270nm。

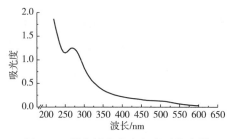

图 6-1　稷山板枣枣皮色素吸收光谱

2. 单因素实验结果

（1）NaOH 浓度对提取效果的影响

由图 6-2 可知，当 NaOH 浓度从 0.1mol/L 增加到 0.4mol/L，色素提取液的吸光度值先增加后下降。当 NaOH 浓度为 0.2mol/L 时，吸光度值最大。NaOH 浓度在 0.4~0.6mol/L 变化时，吸光度值趋于稳定，考虑到成本以及碱液浓度增加会进一步腐蚀设备，NaOH 浓度选择 0.2mol/L。

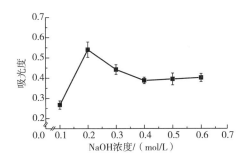

图 6-2　NaOH 浓度对提取效果的影响

（2）料液比对提取效果的影响

由图 6-3 可知，料液比为 1∶100（g∶mL）时，吸光度值最大。当料液比大于 1∶100（g∶mL）时，吸光度值下降，主要原因是提取液体积增加稀释了枣皮色素的浓度，导致吸光度值变小。一定范围内，随着提取溶剂体积的增加，提取物增多，继续增加溶剂体积，会造成溶剂和能源的浪费，同时也会使枣皮中的糖类、果胶等杂质溶解。综合考虑以上因素，料液比选择 1∶100（g∶mL）。

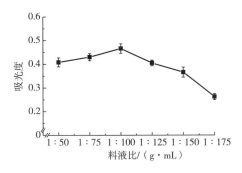

图 6-3　料液比对提取效果的影响

（3）提取时间对提取效果的影响

由图 6-4 可知，随着提取时间延长，吸光度值先增加后基本不变。在 1.0~

1.5h 时，吸光度值上升较快，色素溶出较多；提取时间为 2.5h 时，吸光度值最大，再增加提取时间，吸光度值基本不变，说明在 2.5h 时，色素已基本溶出；如果提取时间过长，会增加枣皮中其他水溶性杂质溶出，不利于色素纯化。所以，提取时间选择 2.5h。

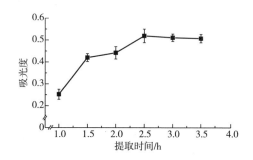

图 6-4 提取时间对提取效果的影响

（4）提取温度对提取效果的影响

由图 6-5 可知，随着提取温度升高，吸光度值先上升后下降。当提取温度为 70℃时，吸光度值最大。分析原因可能是随着温度升高，分子热运动变得更加剧烈，色素更容易溶出，而色素具有热敏性，温度过高反而会破坏色素，使色素降解。因此，提取温度选择 70℃。

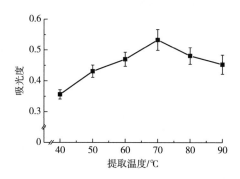

图 6-5 提取温度对提取效果的影响

3. 响应面法优化枣皮色素浸提工艺

（1）回归模型的建立及方差分析

表 6-2 为响应面实验设计及结果，采用 Design-Expert 8.0.6 软件，以吸光度值为响应值得拟合二次回归方程如下：$Y = 0.55 + 0.027A - 0.024B + 0.0025C + 0.035AB - 0.019AC - 0.053BC - 0.067A^2 - 0.042B^2 - 0.066C^2$。其中，$Y$ 为吸光度值，A、B、C 分

别为 NaOH 浓度、提取时间和提取温度。

表 6-2 响应面实验设计及结果

实验号	NaOH 浓度（A）/（mol/L）	提取时间（B）/h	提取温度（C）/℃	吸光度
1	−1	−1	0	0.463
2	1	0	1	0.433
3	0	0	0	0.573
4	1	−1	0	0.437
5	−1	0	1	0.408
6	0	−1	1	0.542
7	0	0	0	0.551
8	0	1	−1	0.451
9	0	1	1	0.354
10	1	1	0	0.495
11	0	0	0	0.553
12	0	−1	−1	0.429
13	1	0	−1	0.470
14	−1	1	0	0.380
15	−1	0	−1	0.367
16	0	0	0	0.557
17	0	0	0	0.529

从表 6-3 可以看出，模型的 $P = 0.0006 < 0.01$，说明模型极显著，失拟项 $P = 0.1235 > 0.05$ 不显著，回归方程的相关系数 $R^2 = 0.9547$，校正后的系数 $R^2 = 0.8965$，说明方程中自变量与因变量的线性关系显著，该方程可用于枣皮红色素的提取工艺优化。回归模型方差分析结果表明，一次项中 A（NaOH 浓度）、B（提取时间）对提取效果影响显著（$P < 0.05$），C（提取温度）影响不显著（$P > 0.05$）。交互作用项 AB 对提取效果影响显著（$P < 0.05$），BC 对提取效果影响极显著（$P < 0.01$），AC 影响不显著（$P > 0.05$）。二次项 A^2、B^2 和 C^2 对提取效果影响均为极显著（$P < 0.01$）。各因素对提取效果影响大小顺序为 NaOH 浓度 > 提取时间 > 提取温度。

表 6-3 响应面模型方差分析结果

来源	平方和	自由度	均方	F 值	P 值	显著性
模型	0.078	9	8.643×10^{-3}	16.40	0.0006	**
A	5.886×10^{-3}	1	5.886×10^{-3}	11.17	0.0124	*

来源	平方和	自由度	均方	F 值	P 值	显著性
B	4.560×10^{-3}	1	4.560×10^{-3}	8.65	0.0217	*
C	5.000×10^{-5}	1	5.000×10^{-5}	0.095	0.7670	—
AB	4.970×10^{-3}	1	4.970×10^{-3}	9.43	0.0180	*
AC	1.521×10^{-3}	1	1.521×10^{-3}	2.89	0.1331	—
BC	0.011	1	0.011	20.92	0.0026	**
A^2	0.019	1	0.019	35.52	0.0006	**
B^2	7.489×10^{-3}	1	7.489×10^{-3}	14.21	0.0070	**
C^2	0.019	1	0.019	35.26	0.0006	**
残差	3.688×10^{-3}	7	5.269×10^{-4}	—	—	—
失拟项	2.693×10^{-3}	3	8.977×10^{-4}	3.61	0.1235	
纯误差	9.952×10^{-4}	4	2.488×10^{-4}	—	—	—
总差	0.081	16	—	—	—	
$R^2 = 0.9547$		$R_{\text{Adj}}^2 = 0.8965$		变异系数 $CV = 4.88\%$		

注：* 差异显著，$P<0.05$；** 差异极显著，$P<0.01$。

（2）响应面 3D 图及等高线分析

图 6-6~图 6-8 为在提取工艺优化实验中，一个因素固定，另外两个因素交互作用的等高线图及响应面图。由图 6-6 可知，因素 A 和因素 B 的等高线为椭圆形，说明 AB 交互作用显著。由图 6-7 可以看出，因素 A 和因素 C 的等高线接近圆形，说明 AC 交互作用较弱，不显著。由图 6-8 可以看出，因素 B 和因素 C 的等高线为椭圆形，响应曲面坡度较陡，说明 BC 交互作用显著。

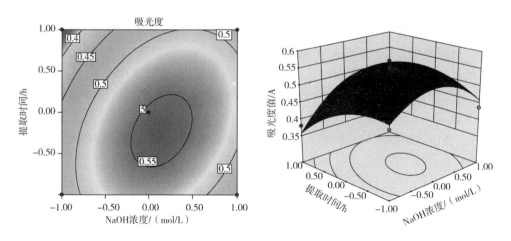

图 6-6　NaOH 浓度与提取时间的等高线图及响应曲面图

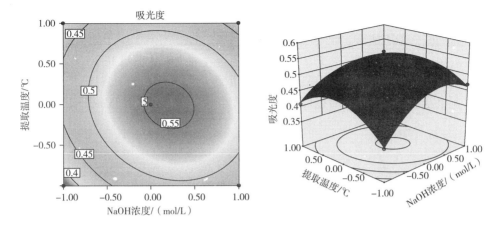

图 6-7　NaOH 浓度与提取温度的等高线图及响应曲面图

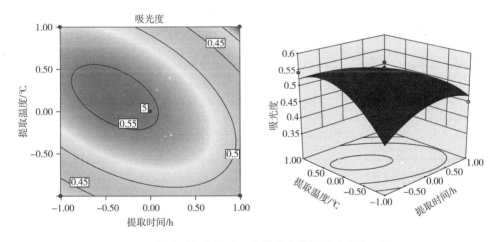

图 6-8　提取时间与提取温度的等高线图及响应曲面图

（3）提取工艺优化及验证实验

在单因素实验的基础上，采用响应曲面法对实验数据进行优化，得到枣皮红色素的最佳提取工艺条件为：NaOH 浓度 0.210mol/L，提取时间 2.338h，提取温度 71.319℃，此工艺条件下枣皮红色素的理论吸光度值为 0.558。为结合工业化生产，将工艺条件修正为：NaOH 浓度 0.2mol/L，提取时间 2.3h，提取温度 71℃，在该条件下进行 3 次验证实验，得到吸光度平均值为 0.545，与理论值接近，说明该模型能较好地预测枣皮红色素的吸光度值。

三、结论

本研究以稷山板枣为原料，碱法提取枣皮红色素。以 NaOH 浓度、料液比、提取时间和提取温度 4 个因素进行单因素实验，结果表明，料液比对提取效果影响较小，所以选取 NaOH 浓度、提取时间和提取温度进行三因素三水平的响应面优化实验。通过响应面优化模型，得到最优提取工艺条件为 NaOH 浓度 0.2mol/L，提取时间 2.3h，提取温度 71℃，此时枣皮红色素提取液的吸光度值为 0.545，与理论预测值 0.558 相差较小。各因素对提取效果影响大小顺序为 NaOH 浓度>提取时间>提取温度。

参考文献

［1］姜春雨，李楠．响应面法优化稷山板枣枣皮红色素的提取工艺［J］．中国食品添加剂，2020，31（9）：67-72.

［2］郑安然，邵佩兰，周华佩，等．红枣色素的提取、纯化及其理化性质研究进展［J］．中国调味品，2017，42（2）：149-154.

［3］吴邵武．枣皮红色素的制备、结构及稳定性研究［D］．武汉：武汉工业学院，2010.

［4］马奇虎，邵佩兰，张海红，等．响应面法优化超声波辅助提取枣皮红色素［J］．食品工业科技，2014，35（8）：255-259.

第二节　枣皮色素的稳定性

食用色素按其来源可以分为食用天然色素和食用合成色素两类。合成色素具有色泽鲜艳、稳定，着色力强等优点，在食品工业得到了广泛的应用，但是合成色素的安全性受到越来越多人的质疑，且现代医学研究也表明，相当一部分合成色素含有不同程度的毒性。所以世界各国开始重视天然色素的开发和应用，并掀起了天然色素研究的热潮。

红枣作为药食同源食物，其独特的营养和药用价值正越来越受到人们的关注，红枣的加工品也因此日益丰富，枣皮中红色素含量较高，从枣皮提取红色素符合食品色素发展趋势。枣皮红色素自然鲜艳、易溶于水、安全无毒且具有一定的生物活性，可广泛应用于化妆品、食品及染料等方面，是一种较为理想的天然色素资源，与合成色素相比，天然食用色素普遍存在稳定性差的问题，在生产、贮藏及使用等方面会受到一些外界因素的影响。因此，本实验研究光照、温度、pH 值、氧化剂、还原剂、金属离子、防腐剂和碳水化合物对枣皮色素稳定性的影响，以期为枣皮色素的生产应用提供理论依据。

一、材料与方法

1. 实验材料

柳罐枣：山西省运城市稷山县。

2. 碱浸法提取色素

将柳罐枣用沸水浸泡 5min 放入冷水中去除果肉，分离枣皮并在蒸馏水中浸泡 24h，去除枣皮中部分糖类、蛋白质、果胶等可溶性物质，清洗至无黏附物，40℃烘箱烘干，干燥后粉碎，避光处保存备用。[1,2]

3. 枣皮色素最大吸收波长

取 1.5mL 的色素原液定容稀释至 100mL 得到枣皮色素溶液，用紫外可见分光光度计在 200～600nm 波长范围内扫描，得到枣皮色素在紫外可见区间的光谱图，根据光谱图确定枣皮色素的最大吸收波长 $\lambda_{max} = 221nm$（图 6-9）。

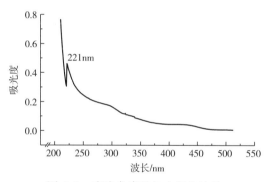

图 6-9 枣皮色素的最大吸收波长

4. 枣皮色素的稳定性分析[3,4]

（1）光照对枣皮色素稳定性的影响

取等量的 3 份枣皮色素溶液分装到 100mL 的容量瓶中，将其分别置于室内光、阳光及避光处，在 221nm 的波长下每隔 1h 测量一次吸光度值，分析光照对枣皮色素稳定性的影响。

（2）温度对枣皮色素稳定性的影响

取等量的 5 份枣皮色素溶液分装到 100mL 的容量瓶中，将其分别置于（4、25、40、60、80）℃的恒温水浴中，在 221nm 的波长下每隔 1h 测量一次吸光度值，分析温度对枣皮色素稳定性的影响。

5. 氧化剂与还原剂对枣皮色素稳定性的影响

（1）氧化剂 H_2O_2

取等量的 4 份枣皮色素溶液分装到 100mL 容量瓶中，分别加入 30% 的 H_2O_2 溶液使其在枣皮色素溶液中的浓度分别为 0.02%、0.04%、0.06%、0.08%，同时设置空白对照组，在 221nm 的波长下每隔 1h 测量一次吸光度值，分析氧化剂 H_2O_2 对枣皮色素稳定性的影响。

（2）还原剂 Na_2SO_3

取等量的 4 份枣皮色素溶液分装到 100mL 容量瓶中，加入 Na_2SO_3 颗粒，使其在枣皮色素溶液中的浓度分别为 0.02mol/L、0.04mol/L、0.06mol/L、0.08mol/L，同时设置空白对照组，在 221nm 的波长下每隔 1h 测量一次吸光度值，分析还原剂 Na_2SO_3 对枣皮色素稳定性的影响。

（3）金属离子对枣皮色素稳定性的影响

取等量的 5 份枣皮色素溶液分装到 100mL 的容量瓶中，分别加入氯化钠、氯化钾、氯化铜、氯化镁、氯化钙金属离子颗粒，使各金属离子在枣皮色素溶液中的浓度均为 0.02mol/L，同时设置对照组，在 221nm 的波长下每隔 1h 测量吸光度值，分析金属离子对枣皮色素稳定性的影响。

（4）pH 值对枣皮色素稳定性的影响

取等量的 6 份枣皮色素溶液分装到 100mL 的容量瓶中，用 0.2mol/L 的 NaOH 溶液和 0.2% 的 HCl 溶液以及 50% 的 NaOH 溶液和 HCl 溶液，将枣皮色素溶液的 pH 分别调节至 2、4、6、8、10、12，最后使所有的色素溶液体积相同。在 221nm 的波长下每隔 1h 测量吸光度值，分析 pH 对枣皮色素稳定性的影响。

6. 防腐剂对枣皮色素稳定性的影响

（1）苯甲酸钠

取等量的 4 份枣皮色素溶液分装到 100mL 的容量瓶中，加入苯甲酸钠颗粒，使其在枣皮色素溶液中的浓度分别为（0.02、0.04、0.06、0.08）mol/L，同时设置空白对照组，在 221nm 的波长下每隔 1h 测量一次吸光度值，分析苯甲酸钠对枣皮色素稳定性的影响。

（2）山梨酸钾

取等量的 4 份枣皮色素溶液分装到 100mL 的容量瓶中，加入山梨酸钾颗粒，使其在枣皮色素溶液中的浓度分别为（0.02、0.04、0.06、0.08）mol/L，同时设置空白对照组，在 221nm 的波长下每隔 1h 测量一次吸光度值，分析山梨酸钾对枣皮色素稳定性的影响。

7. 碳水化合物对枣皮色素稳定性的影响

取等量的 2 份枣皮色素溶液分装到 100mL 的容量瓶中，分别加入葡萄糖和蔗糖颗粒，使其色素溶液中的浓度为 0.02mol/L，同时设置空白对照组，在 221nm 的波长下每隔 1h 测量一次吸光度值，分析碳水化合物对枣皮色素稳定性的影响。

二、结果与分析

1. 光照对枣皮色素稳定性的影响

由图 6-10 可知，在避光、阳光以及室内光的照射下，枣皮色素的吸光度值会随着时间的推移而下降。5h 后在太阳光照射的条件下，枣皮色素的吸光度值下降到原来的 90.1%，同时色素溶液的颜色逐渐变浅，由枣红色变为淡黄色。在室内光及避光的条件下，色素的吸光度值变化较为平缓，5h 后分别下降到原来的 97.08% 和 98.65%，且色素溶液的颜色几乎没有发生变化，均为枣红色。综上可知，阳光直射会破坏枣皮色素的稳定性，使色素降解，枣皮色素要避光保存。

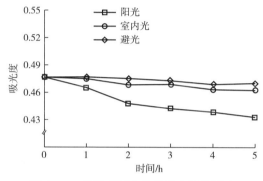

图 6-10 光照对枣皮色素稳定性的影响

2. 温度对枣皮色素稳定性的影响

由图 6-11 可知，枣皮色素的稳定性会随温度的升高而逐渐降低。在 4~40℃ 条件下，色素的吸光度值变化不是很明显，色素溶液的颜色几乎没有变化，均为枣红色；在 60℃、80℃ 时，色素的吸光度值有比较显著的下降，5h 后分别下降了 14.04% 和 18.27%，且色素的颜色变为淡黄色。所以，该色素的热稳定性较差，在 40℃ 以下较稳定，在 60℃ 以上不稳定，因此该色素需低温保存。

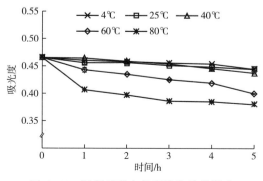

图 6-11 温度对枣皮色素稳定性的影响

3. 氧化剂与还原剂对枣皮色素稳定性的影响

（1）氧化剂 H_2O_2 对枣皮色素稳定性的影响

由图 6-12 可知 H_2O_2 浓度越高，枣皮色素的吸光度值越低，稳定性越差。当 H_2O_2 浓度为 0.02% 和 0.04% 时，枣皮色素的吸光度值下降较为平缓，5h 后色素溶液的颜色变为橙黄色；H_2O_2 的浓度大于 0.04% 时枣皮色素的吸光度值下降较为明显，色素的颜色逐渐变浅，为淡黄色。由此可知，氧化剂 H_2O_2 会破坏枣皮红色素的稳定性，但该色素也有一定的抗氧化能力。

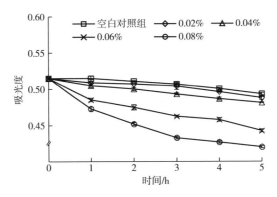

图 6-12　氧化剂 H_2O_2 对枣皮色素稳定性的影响

（2）还原剂 Na_2SO_3 对枣皮色素稳定性的影响

由图 6-13 可知 Na_2SO_3 会增强枣皮色素的稳定性，各色素溶液的颜色均为枣红色，无明显变化。Na_2SO_3 的浓度为 0.02mol/L 时色素的吸光度值变化不是很明显；当 Na_2SO_3 的浓度大于 0.04mol/L 时，色素的吸光度值随着 Na_2SO_3 的浓度升高而增大。说明还原剂 Na_2SO_3 有助于该色素的稳定性，同时该色素也有一定的抗还原性。

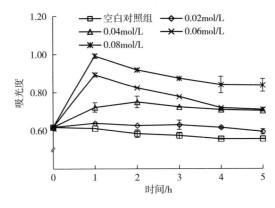

图 6-13　还原剂 Na_2SO_3 对枣皮色素稳定性的影响

4. 金属离子对枣皮色素稳定性的影响

由图 6-14 可知，含有 Cu^{2+} 和 Ca^{2+} 的色素溶液的吸光度值大于对照组，但在实验过程中发现含有 Cu^{2+} 的色素溶液变为蓝绿色，含有 Ca^{2+} 的色素溶液底部有少量沉淀。由此可知，该色素对 Cu^{2+} 和 Ca^{2+} 的稳定性较差。含有 Mg^{2+}、K^+、Na^+ 的色素溶液吸光度值变化较为平缓，在实验过程中发现含有 Na^+、K^+、Mg^{2+} 的色素溶液均为枣红色，没有明显的颜色变化，5h 后色素的吸光度值变为原来的 88.24%、88.11%、89.67%，色素的保留率较高。综上可知，Cu^{2+} 和 Ca^{2+} 会影响枣皮色素的稳定性；

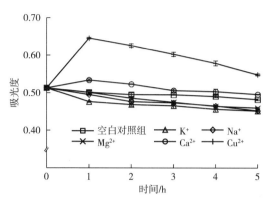

图 6-14 金属离子对枣皮色素稳定性的影响

Mg^{2+}、K^+、Na^+ 对色素的稳定性较好。另外，在该色素的保存、运输及加工过程中应避免 Cu^{2+} 和 Ca^{2+} 的使用。

5. pH 值对枣皮色素稳定性的影响

由图 6-15 和表 6-4 可知，随着 pH 值的升高枣皮色素的吸光度值增大。在强酸条件下（pH=2）枣皮色素吸光度值下降较快，5h 后成为原来的 58.53%，损失较大，色素由枣红色变为淡黄色；在 pH 值为 4~8 时，色素的吸光度值变化较为平缓，保留率为 75.95%~79.45%，颜色变化不大均为橙黄色；当 pH≥10 时，色素的吸光度值增大，稳定性增强。由此可知，该色素在酸性条件下容易被降解，在弱酸性、弱碱性和碱性条件下比较稳定。

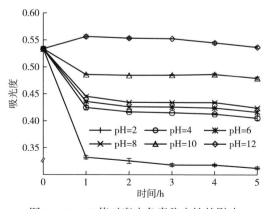

图 6-15 pH 值对枣皮色素稳定性的影响

表 6-4　pH 值对枣皮色素稳定性的影响

pH 值	颜色	pH 值	颜色
≤4	淡黄色	8~10	橙黄色
4~8	橙黄色	≥10	枣红色

6. 防腐剂对枣皮色素稳定性的影响

（1）苯甲酸钠对枣皮色素稳定性的影响

由图 6-16 可知，加入苯甲酸钠后枣皮色素溶液的吸光度值增加，且苯甲酸钠浓度越高吸光度值越大。苯甲酸钠作为防腐剂可以防止色素溶液变质，对色素的稳定性有明显的增强作用。

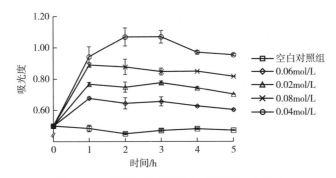

图 6-16　苯甲酸钠对枣皮色素稳定性的影响

（2）山梨酸钾对枣皮色素稳定性的影响

由图 6-17 可知，当山梨酸钾的浓度为 0.02mol/L 时对枣皮色素的稳定性影响不大，色素的吸光度值变化不明显；当山梨酸钾的浓度为 0.06mol/L 时，色素的吸光度值明显降低，5h 后色素保留率为 65.05%。说明山梨酸钾会使枣皮色素的稳定性下降，在该色素的保存、运输及使用过程中应避免山梨酸钾的使用。

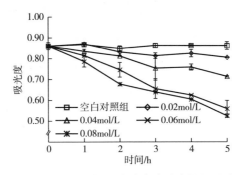

图 6-17　山梨酸钾对枣皮色素稳定性的影响

7. 碳水化合物对枣皮色素稳定性的影响

由图 6-18 可知，葡萄糖和蔗糖对色素的稳定性影响不大，5h 后添加葡萄糖和蔗糖的色素溶液吸光度值变为原来的 93.90% 和 93.02%。在实验过程中，可以发现色素的颜色没有明显变化，均为枣红色。说明葡萄糖和蔗糖对枣皮色素的稳定性比较友好，该色素可以应用到蔗糖和葡萄糖作为甜味剂的食品中。

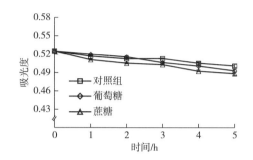

图 6-18　碳水化合物对枣皮色素稳定性的影响

三、结论

由本研究可知，太阳直射会使柳罐枣枣皮色素降解，稳定性下降。低温对枣皮色素的稳定性影响不大，高温会使该色素的稳定性降低，该色素的热稳定性较差。在枣皮色素的使用、保存和运输中应避免阳光直射和高温。柳罐枣枣皮色素为水溶性物质在弱酸、弱碱和碱性环境下较为稳定，在酸性环境下容易被降解；在该色素的使用、保存和运输中应避免酸性物质。

氧化剂 H_2O_2 会破坏枣皮色素的稳定性，H_2O_2 的浓度越高对色素的稳定性影响越大；还原剂 Na_2SO_3 有助于该色素的稳定。该枣皮色素具有一定的抗氧化还原能力。在同一浓度下金属离子 Ca^{2+} 和 Cu^{2+} 对枣皮色素的稳定性有破坏作用，Na^+、K^+、Mg^{2+} 对色素的稳定性影响不大。在该色素的使用、保存和运输中应避免对含有 Ca^{2+}、Cu^{2+} 等金属离子的使用。

防腐剂苯甲酸钠对枣皮色素有一定的护色作用，可应用到食品加工行业中。低浓度的山梨酸钾对色素的稳定性影响不大，高浓度的山梨酸钾不利于色素的稳定性。在色素的应用中要注意苯甲酸钠和山梨酸钾的使用量。碳水化合物葡萄糖和蔗糖对该色素的稳定比较友好。

参考文献

［1］马奇虎．枣皮红色素的提取、纯化及稳定性研究［D］．银川：宁夏大

学，2014.

[2] 吴绍武. 枣皮红色素的制备，结构及稳定性研究［D］. 武汉：武汉工业学院，2010.

[3] 李倩. 枣果色素的提取、理化性质及稳定性研究［D］. 保定：河北农业大学，2012.

[4] 孙灵霞. 木枣枣皮红色素的提取工艺及其稳定性研究［D］. 西安：陕西师范大学，2005.

第三节　红枣多糖的提取工艺

柳罐枣（*Zizyphus jujuba* Mill.），分布于山西省稷山县，栽培数量不多，一般适宜干制食用，干制后总糖含量较高，为64.51%，其果肉厚，味甜，肉质较硬，汁液较少，为红枣的品种之一。有研究表明，红枣中含有多糖、多酚、黄酮、有机酸、环核苷酸、生物碱等多种活性成分。多糖是由十个或十个以上的单糖通过糖苷键聚合而成的高分子化合物，在过去的研究中，多糖被认为是结构材料或是作为能量贮存在动植物体内，然而随着多糖结构和功能性研究的进一步深入，大量的研究结果表明，多糖还具备多种生物活性，如抗氧化、抗肿瘤、抗炎症、调节肠道菌群等。

通常，多糖的生物学活性与其分子结构之间有着至关重要的关系，不同品种的红枣多糖其分子量、单糖组成、糖苷键等会有所不同，这些会影响多糖生物活性的大小及种类。因此，研究不同品种红枣多糖的提取纯化、结构特征、理化性质，对后续研究其生物学活性，挑选具有较强抗氧化、抗肿瘤、抗炎症等的红枣多糖具有重要意义。目前已有文献报道了不同品种红枣多糖的提取、分离纯化、结构解析和生物活性等方面的研究成果。例如，方元等[1]通过超声波辅助水浴提取，得出了哈密大枣多糖的工艺优化条件；黎云龙等[2]以阿克苏骏枣为原料，通过响应面法优化工艺条件，得出骏枣多糖得率为9.51%；潘莹等[3]分离纯化冬枣多糖，得到两个组分DPA和DPB，均为吡喃型糖苷骨架，并具有一定的抗氧化活性；王晓琴等[4]以水提醇沉、脱色、脱蛋白等工艺得到木枣多糖ZJP2，经气相色谱分析显示，ZJP2由鼠李糖、木糖、半乳糖、阿拉伯糖和半乳糖醛酸组成，且木枣多糖具有较强的抗氧化活性；Hung等[5]从红枣中提取出一种脱蛋白多糖DPP，细胞实验显示DPP可抑制黑色素瘤细胞的增殖，并且经过DPP处理后，可引起黑色素瘤细胞的凋亡。综上所述，国内外通过对红枣多糖的分离纯化、结构鉴定和生物活性等研究，已经发现了较多具有不同生物活性的功能性多糖，另外，研究表明多糖在抗肿瘤方面，表现出相对较强的生物活性。柳罐枣作为我国山西运城特有的红枣种质资源，其多糖是否具有较为特殊的生理活性，鉴于已有的资料较少，所以对于柳罐枣多糖还有待进一步深入研究，这些研究对于柳罐枣产品的功能性发掘、市场化开拓乃至相关多糖类药物的开发都具有极其重要的意义。

所以，本文以柳罐枣为原料，采用响应面法优化超声波辅助热水提取柳罐枣多糖，以多糖得率为实验指标，得出提取柳罐枣多糖的最优工艺条件，并对其光谱性质进行分析，以期为柳罐枣多糖进一步纯化、结构解析、生物活性研究及开发利用提供理论依据。

一、材料与方法

1. 材料

柳罐枣：山西省运城市稷山县。

2. 方法

（1）粗多糖提取液的制备

把柳罐枣清洗去核后烘干粉碎。枣粉用石油醚回流 2h 进行脱脂，于通风处挥干石油醚。然后用 95% 乙醇回流 2h，除去单糖、双塘、低聚糖及部分小分子物质，40℃烘干，枣粉备用[2]。

取一定量枣粉，按料液比 1∶40（g∶mL）加入蒸馏水，在实验设计的超声波功率、提取时间和温度下提取多糖，4000r/min 离心 15min，取上清液，得粗多糖提取液。

（2）多糖含量测定

以葡萄糖为标准品，采用苯酚—硫酸法[6] 测定多糖含量并制作标准曲线，葡萄糖质量浓度 x（mg/mL）为横坐标，吸光度值 y 为纵坐标，得到标准曲线方程：$y = 10.087x + 0.0419$，相关系数 $R^2 = 0.9928$。取适量粗多糖提取液，按照标准曲线方法及方程计算样品中多糖含量，计算公式如下：

$$多糖得率 = \frac{提取物中多糖质量}{原料质量} \times 100\%$$

（3）单因素实验

以热水为提取溶剂，多糖得率为实验指标。固定提取温度 50℃，时间 20min，分别在（180、210、240、270、300）W 超声波下提取柳罐枣多糖，检测多糖得率；固定超声波功率 240W，温度 50℃，分别浸提（5、10、15、20、25）min，检测柳罐枣多糖得率；固定超声波功率 240W，提取时间 20min，在不同温度（40、50、60、70、80）℃下提取，检测多糖得率。

（4）响应面实验

在单因素实验基础上，以超声功率（A）、提取时间（B）和提取温度（C）为变量，柳罐枣多糖的得率为响应值，利用 Box-Behnken 中心组合设计，进行三因素三水平实验，因素水平表见表6-5。

表6-5 因素水平表

水平	超声功率（A）/W	提取时间（B）/min	提取温度（C）/℃
-1	240	15	50
0	270	20	60
1	300	25	70

（5）多糖脱蛋白脱色

将粗多糖提取液离心（4000r/min、15min）后旋转蒸发浓缩，加入4倍体积95%乙醇4℃静置12h，抽滤得沉淀，用适量乙醇、丙酮依次洗涤沉淀，于40℃干燥，得粗多糖。[3] 将粗多糖溶于适量蒸馏水，加入10%三氯乙酸振荡30min，放入4℃冰箱过夜，离心（4000r/min、15min）去除蛋白质；将多糖上清液用氨水调节pH值至9，30%过氧化氢脱色后浓缩，透析袋透析2d，冷冻干燥得柳罐枣多糖。[7]

（6）紫外及红外光谱分析

配置1mg/mL的柳罐枣多糖溶液，以蒸馏水为空白，在200~400nm波长范围内扫描，观察在260nm和280nm处有无核酸和蛋白质吸收峰。[8]

取2mg左右的柳罐枣多糖，与KBr混匀并压片，在4000~400cm⁻¹波数范围内进行红外光谱扫描。

二、结果与分析

1. 单因素实验结果

（1）超声波功率对柳罐枣多糖得率的影响

由图6-19可知，随着功率增加，柳罐枣多糖得率先大幅上升而后缓慢下降。当功率为270W时，得率最高。原因可能是随着超声波功率增大，对细胞壁网状结构的破坏程度增加，有助于多糖溶出；而功率过大会破坏多糖的结构，使部分多糖降解，得率降低。因此，选择（240、270、300）W进行后续实验。

（2）提取时间对柳罐枣多糖得率的影响

由图6-20可知，多糖得率随提取时间的延长而升高，当提取20min时，柳罐枣多糖得率最高，为13.76%，随后延长提取时间，多糖得率反而略微降低。提取时间越长，超声波产生的强烈的空化效应和高的加速度，有助于多糖溶出，过长的时间，可能会破坏多糖结构。因此，选择（15、20、25）min进行后续实验。

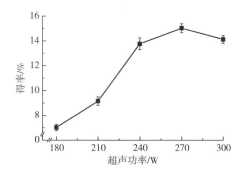

图 6-19　超声功率对柳罐枣多糖得率的影响

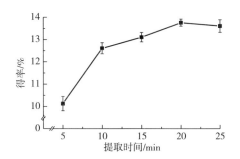

图 6-20　提取时间对柳罐枣多糖得率的影响

（3）提取温度对柳罐枣多糖得率的影响

由图 6-21 可知，随温度升高，多糖得率先升高后略微下降，当提取温度为 60℃时，多糖得率达到峰值；分析原因为温度升高，多糖的溶解度增加，继续升高温度可能会导致少量多糖链断裂。因此，选择（50、60、70）℃进行后续实验。

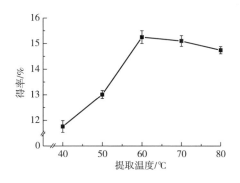

图 6-21　提取温度对柳罐枣多糖得率的影响

2. 响应面实验结果

（1）建立回归模型及方差分析

依据单因素实验结果，采用响应面法优化柳罐枣多糖提取条件。表6-6为实验设计与结果。

表6-6 Box-Behnken 实验设计与结果

实验号	超声功率（A）/W	提取时间（B）/min	提取温度（C）/℃	得率（Y）/%
1	−1	−1	0	12.10
2	−1	0	1	13.90
3	0	0	0	15.23
4	1	−1	0	11.70
5	1	1	0	12.77
6	1	0	1	13.20
7	0	0	0	15.01
8	−1	1	0	10.47
9	0	0	0	14.4
10	−1	0	−1	11.01
11	0	1	−1	14.12
12	0	0	0	15.67
13	1	0	−1	14.23
14	0	−1	1	14.12
15	0	−1	−1	12.45
16	0	0	0	15.45
17	0	1	1	14.25

利用 Design-Expert 8.0.6 软件对表6-6中的实验结果进行分析，得到柳罐枣多糖得率（Y）的回归方程为：$Y = 15.15 + 0.55A + 0.16B + 0.46C + 0.67AB - 0.98AC - 0.38BC - 2.02A^2 - 1.37B^2 - 0.046C^2$。其中，$Y$ 为得率，A、B、C 分别为超声功率、提取时间、提取温度。

由表6-7可知，回归模型极显著（$P = 0.0006 < 0.01$），失拟项不显著（$P = 0.4634 > 0.05$），表明模型对响应值拟合良好，具有统计学意义。校正系数 $R_{Adj}^2 = 0.9005$，变异系数 $CV = 3.63\%$，表明模型相关度良好，可信度较高，实际值与预测值有较高的相关性。回归模型中一次项 A（超声功率）、C（提取温度），交互项 AB

对多糖得率影响显著（$P<0.05$），交互项 AC 及二次项 A^2、B^2 对多糖得率影响极显著（$P<0.01$），其余因素不显著。每种因素对柳罐枣多糖得率影响的顺序为超声功率>提取温度>提取时间。

表 6-7　回归方程方差分析表

项目	平方和	自由度	均方	F 值	P 值	显著性
模型	37.21	9	4.13	17.09	0.0006	**
A	2.44	1	2.44	10.09	0.0156	*
B	0.19	1	0.19	0.79	0.4024	
C	1.67	1	1.67	6.92	0.0339	*
AB	1.82	1	1.82	7.53	0.0287	*
AC	3.84	1	3.84	15.88	0.0053	**
BC	0.59	1	0.59	2.45	0.1615	
A^2	17.20	1	17.20	71.08	<0.0001	**
B^2	7.91	1	7.91	32.71	0.0007	**
C^2	8.909×10^{-3}	1	8.909×10^{-3}	0.037	0.8533	—
残差	1.69	7	0.24	—	—	—
失拟	0.74	3	0.25	1.05	0.4634	—
纯差	0.95	4	0.24	—	—	—
总和	38.91	16	—	—	—	—
$R^2=0.9565$			$R^2_{Adj}=0.9005$		变异系数 $CV=3.63\%$	

注：* 差异显著，$P<0.05$；** 差异极显著，$P<0.01$。

（2）响应面分析

图 6-22～图 6-24 反映了超声功率、提取时间和提取温度任意两个因素的交互作用。由图 6-22 可知，当提取时间固定时，随着超声功率的增加，得率先增大后减小，这可能是由于随着超声波功率增加，增加了细胞壁的破坏程度，有利于多糖溶出，但过高的功率又会破坏多糖的链式结构。当超声波功率一定时，随着提取时间的增加，得率先增加后降低。由图 6-23 和图 6-24 可知，随着提取温度从 50℃ 升高到 70℃，多糖得率一直增加，可能是由于温度升高，加剧了多糖分子的热运动和扩散程度。图 6-22 和图 6-23 的曲面较陡，而图 6-24 的曲线较为平缓，说明超声功率和提取时间的交互作用以及超声功率和提取温度的交互作用对柳罐枣多糖的得率影响显著，而提取时间和提取温度的交互作用对得率的影响不显著。

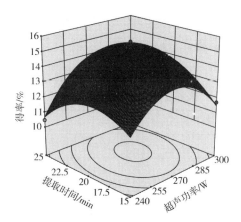

图 6-22　提取时间与超声功率交互作用对多糖得率的影响

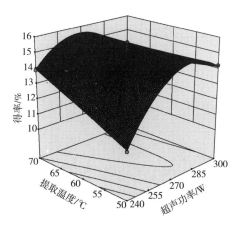

图 6-23　提取温度与超声功率交互作用对多糖得率的影响

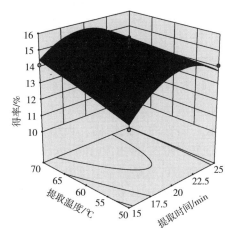

图 6-24　提取温度与提取时间交互作用对多糖得率的影响

通过响应面分析，得出柳罐枣多糖最优提取条件为：超声功率为 266.26W，提取时间为 19.43min，提取温度为 70.00℃，在此提取条件下，柳罐枣多糖得率的理论值为 15.60%。根据预测条件，为便于实际操作将提取条件调整为超声功率 270W，提取时间 20min，提取温度 70℃，按此条件做 3 次平行实验，测得柳罐枣多糖的得率为 15.33%。实际操作结果与预测结果较为相近，表明模型拟合良好，可用于指导柳罐枣多糖的提取。

3. 光谱分析结果

（1）紫外光谱分析

将柳罐枣多糖在 200～400nm 波长范围内扫描，结果如图 6-25 所示，在 260nm 和 280nm 处无明显吸收峰，表明多糖中几乎不含核酸和蛋白质。在 200nm 附近有一个较强的吸收峰，该处为多糖的特征吸收峰。

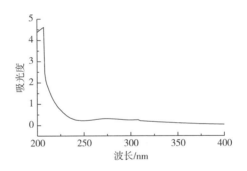

图 6-25 柳罐枣多糖紫外光谱图

（2）红外光谱分析

由图 6-26 可知，柳罐枣多糖具有典型的糖类特征吸收峰。在 3413cm⁻¹ 处吸收峰较宽，是多糖分子间或分子内 O—H 的伸缩振动引起的；2931cm⁻¹ 处的吸收峰是 C—H 的伸缩振动。1745cm⁻¹ 和 1614cm⁻¹ 两个吸收峰，分别代表了酯化羧基（—COOR）的 C=O 和自由羧基（—COOH）振动，表明多糖中含有糖醛酸，且糖醛酸含量和吸收峰强度在一定程度上成正相关。1405cm⁻¹ 处的吸收峰是烷基的 C—H 变角振动吸收峰，它和 3200～3600cm⁻¹ 处的 C—H 伸缩振动构成了糖环的特征吸收；1150～1050cm⁻¹ 处的吸收峰是吡喃型糖苷环骨架 C—O 变角振动吸收峰，说明分子中存在 C—O—H 和 C—O—C 结构，由于杂合了 C—O 的伸缩振动，所以吸收峰变宽。894cm⁻¹ 附近吸收峰是吡喃糖 β-型 C—H 变角振动的特征峰，表明柳罐枣多糖的单糖残基为 β-吡喃糖型。有研究表明，菌类的活性多糖一般由葡萄糖构成，葡萄糖主链上的 β-1,6-糖苷键是抗肿瘤所必需的，本实验获得的柳罐枣多糖为 β-吡喃糖型，其是否具有抗肿瘤特性还有待进一步研究。

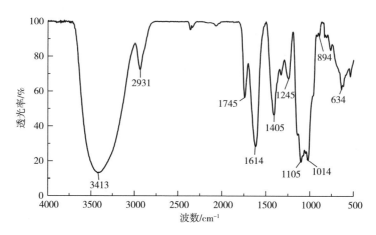

图 6-26　柳罐枣多糖红外光谱图

三、结论

本研究以柳罐枣为原料，在单因素实验的基础上，通过响应面实验设计得出柳罐枣多糖最佳提取工艺条件：超声功率 270W，提取时间为 20min，温度为 70℃，在此提取条件下多糖得率为 15.33%，与回归模型方程的预测值相近。三个因素对柳罐枣多糖得率影响的顺序为超声功率>提取温度>提取时间。

对柳罐枣粗多糖进行脱蛋白、脱色处理后，分析其光谱性质。紫外光谱分析显示，柳罐枣多糖在 260nm 和 280nm 波长下无明显吸收峰，表明其无核酸和蛋白质残留。红外光谱分析显示，柳罐枣多糖具有典型的糖类特征吸收峰，多糖中含有糖醛酸，是一种 β-吡喃型多糖。

参考文献

[1] 方元，许铭强，汪欣蓓，等．超声波辅助提取哈密大枣多糖的工艺优化 [J]．食品与机械，2014，30（2）：175-179.

[2] 黎云龙，于震宇，邵海燕，等．骏枣多糖提取工艺优化及其抗氧化活性 [J]．食品科学，2015，36（4）：45-49.

[3] 潘莹，许经伟．冬枣多糖的分离纯化及抗氧化活性研究 [J]．食品科学，2016，37（13）：89-94.

[4] 王晓琴，冀晓龙，彭强，等．木枣多糖 ZJP2 的初步结构特征及抗氧化活性研究 [J]．现代食品科技，2016，32（4）：100-105.

［5］Hung C F, Hsu B Y, Chang S C, et al. Antiproliferation of melanoma cells by polysaccharide isolated from *Zizyphus jujuba*［J］. Nutrition, 2012, 28: 98–105.

［6］张先廷, 芦婧, 王迎进. 响应面法优化超声提取壶瓶枣多糖工艺研究［J］. 北方园艺, 2013（8）: 150–153.

［7］刘晓飞, 张宇, 王薇, 等. 发芽糙米中粗多糖的纯化及分子量测定［J］. 食品工业科技, 2019, 40（2）: 19–24.

［8］李继伟, 杨贤庆, 许加超, 等. 超声波辅助酶法提取琼枝麒麟菜多糖及其理化性质研究［J］. 南方农业学报, 2020, 51（12）: 3030–3039.

第四节　红枣多糖中蛋白质的脱除工艺

多糖是一种水溶性或非水溶性的大分子有机物, 由十个以上一种或多种单糖以 α-型或 β-型的糖苷键聚合连接而成, 广泛存在于动植物和微生物中。植物多糖具有毒性低、来源广的特点, 能够提高人体免疫力, 具有抗癌、美容养颜、抗氧化等多种功效, 还能依据其添加特性广泛添加到食品中, 用于开发新食品, 因此近年来植物多糖变成了人们研究的热点。

提取多糖时常有蛋白质混杂在其中, 这对多糖性能及应用研究造成了很大的困扰, 因此脱蛋白成为多糖纯化过程中必不可少的步骤。多糖脱蛋白方法包括化学法、物理法及生物法, Sevage 法和三氯乙酸法属于化学法中最常见的方法。其中 Sevage 法脱蛋白的条件比较温和, 要想达到满意的效果需要重复多次, 操作比较烦琐, 效率不高; 根据蛋白质可在有机酸的作用下形成不可逆沉淀原理的三氯乙酸法, 其脱蛋白效率较高。通过阅读大量文献发现, 不同植物多糖采用的脱蛋白方法并不完全相同。本研究探究了使用三氯乙酸法脱除板枣多糖中蛋白质的最佳条件, 为多糖进一步分离纯化提供了一定的理论基础, 也为板枣多糖应用于更多领域创造了条件, 同时其相关产品也将会有更广阔的市场前景。

一、材料与方法

1. 材料

板枣: 山西省运城市稷山县。

2. 方法

（1）葡萄糖标准曲线的绘制

采用苯酚-硫酸法[1], 将葡萄糖在 105℃ 下烘干至恒重, 配制浓度为 0.15mg/mL 的葡萄糖溶液, 精密量取（0.0、0.1、0.2、0.3、0.4、0.5、0.6、0.7、0.8）mL

于具塞比色管中，加入蒸馏水定容至 2mL，再加 5% 的苯酚溶液 1.5mL 后，迅速加入 5mL 浓硫酸，振荡摇匀，10min 后，于 60℃ 水浴中反应 30min，反应结束后冷水浴冷却至室温，于 490nm 下测吸光度值，横坐标用溶液中葡萄糖的质量（M）表示，纵坐标用吸光度值（A）表示，得标准曲线 $A = 6.4333M - 0.0101$，$R^2 = 0.997$。

（2）蛋白质标准曲线的绘制

采用考马斯亮蓝法[2]，称取考马斯亮兰（G-250）0.1g，用 50mL 95% 的乙醇溶解，再加 85%（W/V）磷酸溶液 100mL，用蒸馏水定容至 1000mL，得浓度为 0.1mg/mL 的考马斯亮蓝染液，置于棕色瓶中备用。

称取牛血清蛋白 10.00mg，用少量蒸馏水溶解并定容至 100mL，在 4~5℃ 下冰箱保存，此时牛血清蛋白溶液浓度为 0.1mg/mL。

分别精确吸取标准蛋白质溶液（0.0、0.1、0.2、0.3、0.4、0.5、0.6、0.7、0.8）mL 于具塞试管中，各加水至 1mL，加入 5mL 配好的考马斯亮蓝染液并摇匀，放置 3min 后，于 595nm 下测定吸光度，横坐标用溶液中蛋白质的质量（W）表示，纵坐标用吸光度（A）表示，得蛋白质标准曲线 $A = 4.5983W - 0.0095$，$R^2 = 0.9932$。

（3）板枣粗多糖的提取

将稷山板枣洗净去核，在 60℃ 下烘干并粉碎，加入石油醚脱脂 24h，再用无水乙醇浸泡脱脂处理 6h，待枣粉中的无水乙醇在通风处挥发完后，得到脱脂枣粉；在脱脂枣粉中加入 10 倍体积的蒸馏水，90℃ 下水提 2h，抽滤，重复水提 1 次，合并 2 次滤液浓缩，3500r/min 离心 15min，在上清液中加入 4 倍体积的无水乙醇，搅匀后放于 4℃ 下过夜，抽滤得滤渣，滤渣先用适量无水乙醇洗涤，再用丙酮洗涤[3]，洗涤完成后将其放置于 60℃ 的烘箱中进行充分烘干，最后得到干燥的板枣粗多糖，备用。

（4）三氯乙酸法脱蛋白

配制 10mg/mL 的粗多糖水溶液，取 5mL 加入适宜浓度的三氯乙酸 2.5mL，振荡摇匀[4]，静置适当时间后，在离心机中以 3500r/min 的速度离心 20min，弃去沉淀，取上清液测定蛋白质含量和多糖含量。

（5）多糖损失率的计算

使用苯酚—硫酸法，以葡萄糖为标准品，量取脱蛋白处理后的多糖溶液 1mL，按照标准曲线方法测定溶液中的多糖含量，计算多糖损失率。

（6）蛋白质脱除率的计算

使用考马斯亮蓝法，以牛血清白蛋白为标准品，量取 1mL 脱蛋白处理后的多糖溶液，按照标准曲线方法测定溶液中蛋白质含量，计算蛋白质脱除率。

（7）三氯乙酸法脱除多糖中蛋白质的单因素实验

将三氯乙酸浓度、振荡时间和静置时间作为考察因素，实验设计如下：三氯乙酸浓度分别为 0.5%、1.0%、1.5%、2.0%、2.5%；振荡时间分别为（5、10、15、20、25）min；静置时间分别为（10、20、30、40、50）min。[5]

（8）响应面实验

以单因素实验为基础，使用 Design-Expert 10.0.1 作图软件进行三因素三水平的 Box-Behnken 中心组合实验设计，对三氯乙酸法脱除板枣多糖中蛋白质的条件进行优化，实验因素和水平设计如表 6-8 所示。

表 6-8　因素水平表

因素	水平		
	-1	0	1
三氯乙酸浓度（A）/%	0.5	1.0	1.5
振荡时间（B）/min	10	15	20
静置时间（C）/min	30	40	50

二、结果与分析

1. 单因素实验结果

（1）三氯乙酸浓度对蛋白质脱除率和多糖损失率的影响

在振荡时间 15min，静置时间 60min 的条件下，分别加入浓度 0.5%、1.0%、1.5%、2.0%、2.5%的三氯乙酸，其蛋白质脱除率和多糖损失率变化趋势如图 6-27 所示。

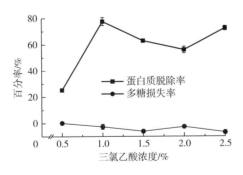

图 6-27　三氯乙酸浓度对蛋白质脱除率和多糖损失率的影响

由图 6-27 可知，三氯乙酸浓度由 0.5%增加到 1%时，蛋白质的脱除率增加较多，这是因为三氯乙酸是一种有机酸，可使蛋白质变性而被除去，随着浓度的增加，脱除率逐渐增大，之后脱除率缓慢下降，当三氯乙酸浓度为 1.0%时，蛋白质的脱除率达到最高值（77.65%）。多糖损失率为负值，说明多糖含量随着三氯乙酸浓度的增大有少量增加，产生这种现象的原因可能是多糖中含有丰富的糖蛋白，蛋白质变性后与多糖分离，使得多糖含量增加。在蛋白质脱除率达到最大值的时候，多糖含量的变化相对来说并不是很大，因此综合分析，选择三氯乙酸浓度为0.5%、1%、1.5%作为响应面实验的三个水平。

（2）振荡时间对蛋白质脱除率和多糖损失率的影响

在三氯乙酸浓度0.5%，静置时间60min的条件下，分别振荡（5、10、15、20、25）min，蛋白质脱除率和多糖损失率变化趋势如图6-28所示。

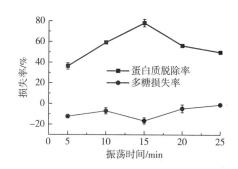

图6-28　振荡时间对蛋白质脱除率和多糖损失率的影响

由图6-28可知，当振荡时间在5~15min范围内，蛋白质脱除率随着时间的延长而逐渐升高，15min时，蛋白质脱除率达到最高值（78.10%），之后蛋白质脱除率随着时间的延长逐渐降低，因此振荡时间以15min为宜；多糖含量在蛋白质脱除率达到最大值时也增加到最大值，即糖蛋白中蛋白质的脱除率达到最大，多糖损失率达到最大，之后多糖损失率开始降低，这可能是由于三氯乙酸影响了多糖的结构，最后在小范围内趋于平稳状态，所以综合考虑，选择（10、15、20）min作为响应面实验的三个水平。

（3）静置时间对蛋白质脱除率和多糖损失率的影响

在三氯乙酸浓度0.5%，振荡时间15min的条件下，分别静置（10、20、30、40、50）min，蛋白质脱除率和多糖损失率变化趋势如图6-29所示。

由图6-29可知，蛋白质脱除率在静置时间为10~40min时呈上升趋势，其中10~20min蛋白质脱除率增长最快，在40min时达到最高值（59.57%），40min之后趋于平稳，这可能是三氯乙酸使蛋白质沉淀，随着静置时间的延长，蛋白质可以发生充分聚集；多糖损失率在30min时最低，即多糖含量最高，30min之后趋于平稳，这可能是由于多糖以纯糖链和糖蛋白的形式存在，三氯乙酸对其造成一定的影响。所以静置时间选取（30、40、50）min作为响应面实验的三个水平。

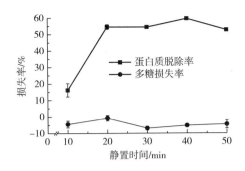

图 6-29 静置时间对蛋白质脱除率和多糖损失率的影响

2. 响应面实验结果

（1）Box-Behenken 中心组合实验设计及结果

结合单因素实验结果，根据 Box-Behnken 中心组合实验设计原理，设计三因素三水平响应面分析实验，实验因素和水平设计如表 6-9 所示。

表 6-9 Box-Behnken 中心组合实验设计及结果

实验号	因素			蛋白脱除率（Y）/%
	三氯乙酸浓度（A）/%	振荡时间（B）/min	静置时间（C）/min	
1	1.00	15	40	65.99
2	1.00	10	30	41.18
3	0.50	10	40	46.03
4	1.00	10	50	46.95
5	0.50	15	30	42.26
6	1.50	10	40	51.47
7	1.50	15	30	62.44
8	1.50	15	50	55.93
9	1.00	15	40	70.69
10	1.00	20	30	56.35
11	1.50	20	40	64.87
12	0.50	20	40	47.72
13	1.00	15	40	71.05
14	1.00	15	40	74.85
15	0.50	15	50	53.10
16	1.00	15	40	71.88
17	1.00	20	50	56.75

（2）回归模型的建立及显著性分析

以多糖中蛋白质的脱除率为该实验的响应值，对中心组合的实验结果进行回归分析后，得到二次多项式回归方程：$Y = 70.89 + 5.70A + 5.01B + 1.31C + 2.93AB - 4.34AC - 1.34BC - 7.62A^2 - 10.75B^2 - 9.84C^2$。其中，$Y$ 为蛋白脱除率，A、B、C 分别为三氯乙酸浓度、振荡时间、静置时间。

由表 6-10 可知，回归模型 $P = 0.0001$，差异极显著，说明该模型有意义，失拟项 $P = 0.7527 > 0.05$，差异不显著，说明该回归方程模型能够拟合实验数据。复相关系数 $R^2 = 0.9721 > 0.9$，表示该模型具有很好的拟合程度，预估值和实际测量值之间具有显著相关性，实验的准确性良好，可以精准地预测和分析实验结果；调整决定系数为 $R_{\mathrm{Adj}}^2 = 0.9362$，说明该模型能解释 93.62% 的响应值变化；变异系数 $CV = 4.79\% < 5\%$，说明该模型具有较好的重现性，其实验设计合理。影响三氯乙酸法脱蛋白的因素主次顺序为：三氯乙酸浓度>振荡时间>静置时间，其中三氯乙酸浓度和振荡时间都达到了极显著水平，静置时间不显著；AC 交互作用对多糖中蛋白质脱除率的影响显著，AB 和 BC 的交互作用对其影响不显著。

表 6-10　回归模型方差分析表

项目	平方和	自由度	均方	F 值	P 值	显著性
模型	1859.75	9	206.64	27.10	0.0001	**
A	259.92	1	259.92	34.08	0.0006	**
B	200.60	1	200.60	26.30	0.0014	**
C	13.78	1	13.78	1.81	0.2208	—
AB	34.28	1	34.28	4.50	0.0717	
AC	75.26	1	75.26	9.87	0.0163	*
BC	7.21	1	7.21	0.95	0.3633	—
A^2	244.63	1	244.63	32.08	0.0008	**
B^2	486.33	1	486.33	63.77	<0.0001	**
C^2	407.46	1	407.46	53.43	0.0002	**
残差	53.38	7	7.63	—	—	—
失拟项	12.65	3	4.22	0.41	0.7527	—
纯误	40.74	4	10.18	—	—	—
总误差	1913.13	16	—	—	—	—
	$R^2 = 0.9721$		$R_{\mathrm{Adj}}^2 = 0.9362$		$CV = 4.79\%$	

注：* 差异显著 $P < 0.05$；** 差异极显著，$P < 0.01$。

3. 最优工艺条件的预测及验证

利用 Design-Expert 作图软件对该模型回归方程参数进行分析处理，获得最优工艺条件为：三氯乙酸浓度 1.22%，振荡时间 16.49min，静置时间 39.48min，其蛋白质脱除率理论值为 72.87%，但因考虑到实际工业生产情况操作是否方便，将最优工艺条件调整为：三氯乙酸浓度 1.20%，振荡时间 16.50min，静置时间 39.50min，在该条件下进行了三次平行实验，测得多糖中蛋白质的脱除率为 72.12%，此时多糖损失率为-2.35%，即实际测得结果与预测结果相近，这说明本实验得到的三氯乙酸脱除板枣多糖中蛋白质的工艺条件是可行有效的。

三、结论

通过单因素及响应面优化实验，得到了三氯乙酸法脱除板枣多糖中蛋白质的最佳条件为：三氯乙酸浓度为 1.20%，振荡时间为 16.50min，静置时间为 39.50min，在此条件下，蛋白质脱除率为 72.12%，多糖损失率为-2.35%，这证明了三氯乙酸法脱蛋白是一种效率高、试剂用量小的有效方法，有利于后续板枣多糖的分离纯化及相关活性功能的研究。

该实验以蛋白质脱除率和多糖损失率为检测指标，探究了三氯乙酸法脱除蛋白质的最优条件，为后续板枣多糖的纯化和相关活性研究提供了一定的参考价值，在去除蛋白质时，检测出的多糖损失率为负值，即多糖含量在用三氯乙酸脱除蛋白质后有少量增加。这可能是因为板枣多糖中含有大量的糖蛋白复合物，使用三氯乙酸脱除多糖中的蛋白质时，会除去一部分糖蛋白复合物中的蛋白质，导致多糖含量增加。而参考其他文献，三氯乙酸处理多糖之后，多糖含量减少，与本研究结果不同的首要原因可能是原料不同。另外，其他参考文献里的三氯乙酸浓度比本实验浓度高很多，对于影响多糖含量增加的具体原因，还有待进一步研究。

参考文献

［1］李荣雪. 麻栎多糖的提取、纯化及其纯多糖的性质分析［D］. 天津：天津科技大学，2019.

［2］邬智高，翁少伟，唐文迪，等. 黑木耳多糖几种脱蛋白方法的对比研究［J］. 食品工业，2018，39（6）：54-58.

［3］王晓琴，冀晓龙，彭强，等. 木枣多糖 ZJP2 的初步结构特征及抗氧化活性研究［J］. 现代食品科技，2016，32（4）：100-105.

［4］周鸿立，张英珍，郭志红. 三氯乙酸-酶法脱玉米须多糖中蛋白质工艺的优化［J］. 食品研究与开发，2015，36（3）：63-66.

［5］陈越，宋振康，张海悦. 响应面优化三氯乙酸法脱除龙葵果多糖中蛋白质

的工艺研究 ［J］. 食品与发酵工业，2021：1-9.

第五节　红枣多糖初级结构表征及抗氧化活性

板枣，又名稷山板枣，是一种药食兼用果品，主要分布于山西省稷山县，为山西十大名枣之一。板枣果肉厚，肉质致密，甜味浓，汁液较少，多以干制为主，除基本营养物质外，还含有维生素、糖类、黄酮、多酚、腺苷类、皂甙类等多种植物化学成分。

多糖是一类由至少10个单糖缩合而成的高分子物质，具有良好的抗氧化、抗肿瘤、降血糖、免疫调节及促进肠道健康等生物活性。研究发现，多糖的生物功能与其单糖组成、分子量、链间相互作用和糖苷键构象等密切相关。目前有关板枣多糖的研究主要集中在测定其多糖含量、优化其提取工艺上，王小媛等[1] 以葡萄糖为标准品，通过苯酚-硫酸法测定不同产地红枣的多糖含量，结果显示，稷山板枣多糖含量为25.53g/100g 干重；杨萍芳等[2] 采用酶法提取稷山板枣多糖，得出酶解温度55℃，酶解时间80min，纤维素酶添加量0.05%时，多糖得率为3.61%。然而，目前有关板枣多糖的理化性质、单糖组成，光谱学性质，抗氧化活性等研究较少。

研究拟以板枣为原料，采用水提醇沉、脱蛋白、脱色等方法制备板枣多糖，测定其多糖理化参数，利用离子色谱分析其单糖组成，结合紫外和红外光谱分析多糖的初级结构特征，并测定多糖的抗氧化活性，以期为进一步研究板枣多糖结构与其功能活性的关系及天然抗氧化剂的开发提供依据。

一、材料与方法

1. 材料

板枣：山西省运城市稷山县。

2. 方法

（1）板枣多糖提取

将板枣去核，60℃烘干、粉碎，用石油醚浸泡12h 脱脂，干燥后得脱脂枣粉；然后参照王晓琴等[3] 的方法制备板枣粗多糖。配置10mg/mL 的粗多糖溶液，按体积比1：1加入10%三氯乙酸溶液，振摇30min 后，于冰箱静置12h，4000r/min 离心15min，取上清液12mL，用6mol/L 氨水调节 pH 值至9，然后加入30%的过氧化氢1mL，45℃脱色 2h，直至溶液颜色澄清透明[4]；将脱色后的溶液透析3d，冷冻干燥得板枣多糖。

（2）多糖理化指标测定

①溶解性：分别称取 0.5g 多糖放入水、无水乙醇、正丁醇、丙酮、乙酸乙酯中，搅拌，观察多糖的溶解性。

②酯化度：采用化学滴定法[5]。

③颜色反应：碘-碘化钾反应、三氯化铁反应和斐林试剂反应参照戴艳[6] 的实验方法；Molish 反应参照王晓琴等[3] 的实验方法；茚三酮反应：取 1mg/mL 多糖溶液 1mL，加入茚三酮溶液 0.5mL，沸水浴 10min，观察有无蓝紫色化合物生成。

④总糖含量：采用苯酚-硫酸法[7]。

⑤蛋白质含量：采用考马斯亮蓝法[8]。

⑥糖醛酸含量：分别抽取 100μg/mL 半乳糖醛酸溶液 0.3、0.4、0.5、0.6、0.7、0.8mL 于 25mL 比色管中，用蒸馏水补加至 1.0mL。冰水浴冷却后，加入 0.0125mol/L 四硼酸钠-硫酸溶液 5mL，混匀，沸水浴加热 5min，冰水浴冷却后，加入 100μL 0.15%间羟基联苯溶液，混匀，静置 5min，测定 524nm 波长处吸光度，绘制标准曲线。[8]

取质量浓度为 50μg/mL 的稷山板枣多糖溶液 1mL，按标准曲线制作方法操作，进行 3 次平行测定，结果取平均值，代入回归方程求出样品液中半乳糖醛酸的含量，按式（6-1）计算样品中糖醛酸含量。

$$D = \frac{m}{W} \times 100\% \tag{6-1}$$

式中：D——样品中糖醛酸含量，%；

m——样品中半乳糖醛酸质量，μg；

W——样品的质量，μg。

（3）紫外和红外光谱分析

配制 1mg/mL 的多糖溶液，以蒸馏水为空白对照，在 200~800nm 波长内进行紫外光谱扫描，观察多糖溶液在 260nm 和 280nm 波长处有无核酸和蛋白质吸收峰。取 1mg 多糖与 100mg KBr，研磨均匀，压片，在 4000~400cm^{-1} 内进行红外光谱扫描。[9]

（4）单糖组成分析

单糖组成测定参考 Wang 等[10] 的方法并做修改，称量多糖样品（5±0.05）mg，加入 2mol/L 三氟乙酸溶液 1mL，105℃加热 6h；氮气吹干；加入甲醇清洗，再吹干，重复 2 次；加入无菌水溶解，转入色谱瓶中待测。离子色谱参数：Dionex CarboPac PA10（250mm×4.0mm，10 μm）液相色谱柱，电化学检测器；流动相 A 为 0.1mol/L NaOH，流动相 B 为 0.1mol/L NaOH、0.2mol/L CH₃COONa 溶液，进样量 5μL，流速 0.5mL/min，柱温 30℃；梯度洗脱条件：0min，95%A；30min，80%

A；30.1~45min，60%A；45.1~60min，95%A。

（5）抗氧化活性分析

①DPPH·清除能力：分别取质量浓度为0.2、0.4、0.6、0.8、1.0mg/mL的多糖溶液2.0mL，加入2mL 0.08mmol/L的DPPH-乙醇溶液，混匀，25℃避光反应30min，测定517nm波长处吸光度。[11] 抗坏血酸作阳性对照。按式（6-2）计算DPPH·清除率。

$$W_{DPPH·} = \left(1 - \frac{A_{i,\,517nm} - A_{j,\,517nm}}{A_{c,\,517nm}}\right) \times 100\% \tag{6-2}$$

式中：$W_{DPPH·}$——DPPH·清除率，%；

$A_{i,517nm}$——测定管吸光度；

$A_{j,517nm}$——乙醇代替DPPH溶液的本底吸光度；

$A_{c,517nm}$——蒸馏水代替样本的空白吸光度。

②羟基自由基（·OH）清除能力：参考教小磐等[11]的实验方法，抗坏血酯作为阳性对照。

③ABTS⁺·清除能力：ABTS⁺·工作液的配制方法参考李楠等[12]的方法。分别取0.2mL质量浓度为0.2、0.4、0.6、0.8、1.0mg/mL的多糖溶液，加入4mL 7mol/L ABTS⁺·工作液，混匀，常温避光反应6min，测定734nm波长处吸光度。[13] 抗坏血酯为阳性对照。按式（6-3）计算ABTS⁺·清除率。

$$W_{ABTS⁺·} = \left(1 - \frac{A_{i,\,734nm} - A_{j,\,734nm}}{A_{c,\,734nm}}\right) \times 100\% \tag{6-3}$$

式中：$W_{ABTS⁺·}$——ABTS⁺·清除率，%；

$A_{i,734nm}$——测定管吸光度；

$A_{j,734nm}$——蒸馏水代替ABTS⁺·溶液的本底吸光度；

$A_{c,734nm}$——蒸馏水代替样本的空白吸光度。

二、结果与分析

1. 溶解度、酯化度、颜色反应

多糖不溶于有机溶剂，如乙醇、正丁醇、丙酮、乙酸乙酯等，难溶于冷水，易溶于常温水和热水。化学滴定法测定其酯化度为64.7%，说明板枣多糖是一种酸性果胶多糖。另外，Zhao等[14] 测定河北冬枣多糖的酯化度为49%；王晓琴等[3] 测定陕西木枣粗多糖的酯化度为38.4%。因此多糖酯化度不仅受到枣果实品种差异的影响，还可能与产地、生长气候、多糖提取方式等因素有关。碘-碘化钾反应阴性，Molish反应阳性，说明板枣多糖不属于淀粉型多糖。三氯化铁反应、茚三酮反应均为阴性，说明板枣多糖不含酚羟基和氨基酸。斐林试剂反应阴性，溶液为浅蓝色无砖红色沉淀，说明板枣多糖无还原糖存在。

2. 总糖、蛋白质和糖醛酸含量

经测定，板枣多糖的总糖含量为 52.30%，蛋白质含量为 0.90%。由图 6-30 可知，半乳糖醛酸在质量浓度 0~80μg/mL 范围内线性关系较好，多糖中糖醛酸含量较高，为 46.22%。综上所述，板枣多糖是一种果胶多糖。

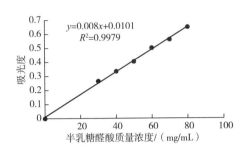

$y=0.008x+0.0101$
$R^2=0.9979$

图 6-30 半乳糖醛酸标准曲线

3. 光谱分析

（1）板枣多糖紫外光谱分析

由图 6-31 可知，板枣多糖在 260nm 波长处无吸收峰，说明其不含核酸；在 280nm 波长处有较弱的蛋白质吸收峰，与多糖中蛋白质含量为 0.90% 的测定结果相符合，说明多糖中几乎不含蛋白质。

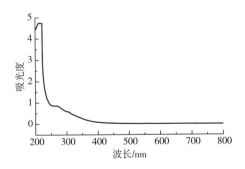

图 6-31 板枣多糖紫外光谱图

（2）板枣多糖傅里叶变换红外光谱分析

如图 6-32 所示，在 4000~400cm^{-1} 区域有多糖类物质的特征吸收峰。3415.66cm^{-1} 处的吸收峰较强，是由多糖中 O—H 振动引起的；2931.57cm^{-1} 处为多糖类物质 C—H 伸缩振动；1749.30、1616.21cm^{-1} 处是糖醛酸的 C＝O 吸收峰，证明板枣多糖中含有糖醛酸，该吸收峰较强，说明糖醛酸含量较高，与本研究的测定结果（糖醛酸含量为 46.22%）相符合；1407.92cm⁻¹ 和 1234.34cm⁻¹ 处的吸收峰分别代表了 C—H 键和—COOH 中 O—H 键的变角振动；在 1101.26、1018.33cm⁻¹ 处的吸收峰代表糖苷键的结构特征，为吡喃型糖环 C—O 的变角吸收峰，说明分子中存在 C—O—H 和糖环 C—O—C 结构；在 827.34cm⁻¹ 附近有弱吸收峰，说明含有 α-糖苷键。

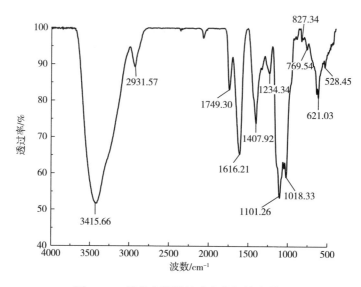

图 6-32　板枣多糖傅里叶变换红外光谱图

4. 单糖组成分析

图 6-33 为单糖标准品和多糖样本的离子色谱图。根据单糖标准品的保留时间确定板枣多糖中单糖的种类，利用不同浓度单糖标准品的峰面积绘制标准曲线，根据样品峰面积确定单糖含量。由表 6-11 可知，半乳糖醛酸、半乳糖和阿拉伯糖在板枣多糖中含量较高，葡萄糖、鼠李糖、木糖和甘露糖含量次之，还有较低含量的葡萄糖醛酸、岩藻糖和盐酸氨基葡萄糖，说明板枣多糖是一类组成复杂的杂多糖，与袁月鹏[15] 测定的木枣多糖的研究结果一致。板枣多糖中半乳糖醛酸含量较高，为 141.96μg/mg，推测其为果胶多糖，Chang 等[16] 对台湾大枣粗多糖的单糖组成进行了分析，结果为粗多糖中半乳糖醛酸含量占比为 70.8%，与本研究结果一致。有研究[17] 表明糖醛酸含量高的多糖其生物活性会更强，因为糖醛酸残基可以使多糖化学特性和溶解性发生改变。板枣多糖含有较高的糖醛酸，因此其生物活性可能较高。

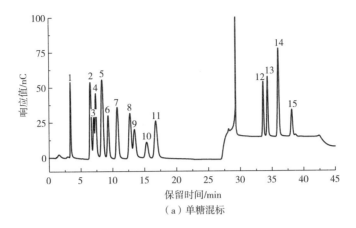

（a）单糖混标

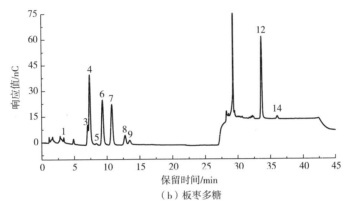

（b）板枣多糖

图 6-33　单糖混标和多糖的离子色谱图

1—岩藻糖　2—D 氨基半乳糖盐酸盐　3—鼠李糖　4—阿拉伯糖　5—盐酸氨基葡萄糖
6—半乳糖　7—葡萄糖　8—木糖　9—甘露糖　10—果糖　11—核糖　12—半乳糖醛酸
13—古罗糖醛酸　14—葡萄糖醛酸　15—甘露糖醛酸

表 6-11　板枣多糖中单糖种类及含量

单糖种类	含量/（μg/mg）	单糖种类	含量/（μg/mg）
岩藻糖	2.87	葡萄糖	56.94
鼠李糖	33.20	木糖	13.15
阿拉伯糖	98.05	甘露糖	11.40
盐酸氨基葡萄糖	0.78	半乳糖醛酸	141.96
半乳糖	103.58	葡糖糖醛酸	2.97

5. 抗氧化活性分析

由图6-34、图6-35可知,板枣多糖可以清除DPPH·、·OH和ABTS⁺·,且成剂量依赖性。当多糖质量浓度相同时,对自由基清除率大小为:DPPH·>·OH>ABTS⁺·。

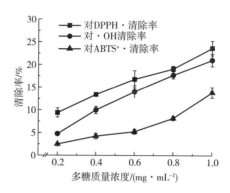

图 6-34 多糖对自由基的清除能力

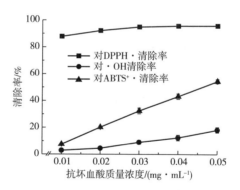

图 6-35 抗坏血酸对自由基的清除能力

当板枣多糖质量浓度为 1.0mg/mL 时,对 DPPH·的清除率为 23.64%,而王晓琴等[3] 的研究结果表明,1.0mg/mL 的木枣多糖对 DPPH·的清除率小于 20%,原因可能是板枣多糖含有较多的半乳糖醛酸,高含量的半乳糖醛酸有助于提高多糖的抗氧化活性。

当质量浓度为 1.0mg/mL 时,板枣多糖对·OH 清除率为 21.01%,而 0.05mg/mL 的抗坏血酸对·OH 的清除率为 18.28%,所以板枣多糖有较强的·OH 清除能力,可以通过加大多糖剂量达到与抗坏血酸对·OH 的清除能力。

当多糖质量浓度为 1.0mg/mL 时,对 ABTS⁺·的清除率为 13.84%,低于 0.02mg/mL 的抗坏血酸对 ABTS⁺·的清除率(20.28%)。因此,板枣多糖对 ABTS⁺·

的清除能力相对较弱。板枣多糖对不同自由基的清除能力不同，可能与多糖的单糖组成、结构及分子量大小有关。

三、结论

以稷山板枣为原料，经水提醇沉、脱蛋白、脱色得到板枣多糖，经测定，板枣多糖总糖含量为52.30%，糖醛酸含量为46.22%，酯化度为64.7%，说明板枣多糖是一种酸性果胶多糖。多糖用三氟乙酸水解后进行离子色谱测定，得知板枣多糖是一类组成复杂的杂多糖，其主要单糖组成为半乳糖醛酸、半乳糖、阿拉伯糖、葡萄糖、鼠李糖、木糖和甘露糖，其中半乳糖醛酸含量最高，为141.96μg/mg。傅里叶变换红外光谱显示，板枣多糖具有多糖的特征吸收峰，是含有α-糖苷键的吡喃糖。抗氧化活性结果表明，板枣多糖可以清除DPPH·、·OH和ABTS$^+$·，且呈剂量依赖性。后续可进一步评价板枣多糖的体内抗氧化活性并深入研究其构效关系及抗氧化活性作用机制，为天然抗氧化剂的开发提供依据。

参考文献

［1］王小媛，王爽爽，王文静，等．不同产地红枣的组成成分与抗氧化能力的分析［J］．食品研究与开发，2019，40（14）：182-187.

［2］杨萍芳，李楠．酶法提取稷山板枣多糖工艺条件优化［J］．食品工程，2018，1：16-18，62.

［3］王晓琴，冀晓龙，彭强，等．木枣多糖ZJP2的初步结构特征及抗氧化活性研究［J］．现代食品科技，2016，32（4）：100-105.

［4］刘晓飞，张宇，王薇，等．发芽糙米中粗多糖的纯化及分子量测定［J］．食品工业科技，2019，40（2）：19-24.

［5］李进伟，范柳萍，李苹苹，等．红外傅立叶转换光谱研究金丝小枣多糖的酯化度［J］．食品工业科技，2009，30（6）：343-345.

［6］戴艳．骏枣多糖的提取纯化、结构分析及抗氧化活性研究［D］．武汉：华中农业大学，2013：25.

［7］张先廷，芦婧，王迎进．响应面法优化超声提取壶瓶枣多糖工艺研究［J］．北方园艺，2013（8）：150-153.

［8］冯小婕．绿茶、红茶、黑茶多糖的提取纯化及其药理活性的研究［D］．湘潭：湘潭大学，2016：25.

［9］潘莹，许经伟．冬枣多糖的分离纯化及抗氧化活性研究［J］．食品科学，2016，37（13）：89-94.

［10］Wang L，Zhang B，Xiao J，et al.Physicochemical，functional，and biological properties of water-soluble polysaccharides from Rosa roxburghii Tratt fruit [J]. Food Chem, 2018, 249: 127-135.

[11] 教小磬, 刘云. 甜茶叶多糖的表征、体外抗氧化活性与体内毒性 [J]. 食品科学, 2020, 41 (15): 201-207.

[12] 李楠, 师俊玲, 王昆. 14种海棠果实多酚种类及体外抗氧化活性分析 [J]. 食品科学, 2014, 35 (5): 53-58.

[13] 强明亮. 超声辅助提取枳椇多糖及其化学结构与免疫活性研究 [D]. 合肥: 合肥工业大学, 2016: 19.

[14] Zhao Z H, Liu M J, Tu P F. Characterization of water soluble polysaccharides from organs of Chinese jujube (*Ziziphus jujuba* Mill. Cv. Dongzao) [J]. Eur Food Res Technol, 2008, 226: 985-989.

[15] 袁月鹏. 超声双水相法提取木枣多糖及其理化性质的研究 [D]. 杨凌: 西北农林科技大学, 2017: 29-30.

[16] Chang S C, Hsu B Y, Chen B H. Structural characterization of polysaccharides from Zizyphus jujuba and evaluation of antioxidant activity [J]. Int J Biol Macromol, 2010, 47: 445-453.

[17] Chaouch M A, Hafsa J, Rihouey C, et al. Effect of extraction conditions on the antioxidant and antiglycation capacity of carbohydrates from *Opuntia robusta* cladodes [J]. Int J Food Sci and Technol, 2016, 51: 929-937.

第六节　红枣多糖在模拟消化中抗氧化活性变化

细胞在能量代谢过程中产生了副产物——自由基。自由基具有氧化作用, 可以破坏细胞膜、核酸等, 是导致人体衰老、基因突变以及炎症、动脉硬化等慢性疾病的重要原因之一。随着对植物多糖的深入研究, 越来越多的糖类被发现具有抗氧化活性。相关研究表明, 板枣多糖是板枣中重要的天然活性成分, 具有明显的抗补体活性和促进淋巴细胞的增殖功能, 对抗氧化、提高机体免疫力等都具有重要作用。潘莹等[1] 的研究表明, 从冬枣中提取出的两种纯化多糖组分 DPA 和 DPB 均具有一定的抗氧化活性, 随着多糖质量浓度的增加, 其抗氧化活性增强; Liu 等[2] 采用亚临界水提取红枣多糖并纯化, 得到组分 ZP1、ZP2 和 ZP3, 其中, ZP3 具有显著的 DPPH 自由基清除能力; 南海娟等[3] 的研究表明, 灵宝大枣多糖和新郑大枣多糖均具有抗氧化活性, 且随浓度升高而增大。

消化是一项非常复杂的体内代谢活动, 由于消化系统具有复杂性、实验模型建立难度大、体内大分子难以控制等因素，很难在活体中进行消化实验。体外胃肠消化系统是一种以生理学模拟生物体为基础的生物学研究，能够在一定程度上模仿人体内环境，虽然它不能完全准确地反映消化系统中物质的变化过程，但它具有能够节省大量资源、易于控制且方便、不受道德约束等优点，被广泛应用在食品消化与吸收的研究中。与人体内消化相比，体外消化不仅能在一定程度上反映体内物质的变化，而且具有准确度高、重现性好、经济消耗少、易于控制等优点。对于生物活性物质在体外消化模型中抗氧化活性的变化，多研究多酚和黄酮等物质，有关多糖在体外消化模型中抗氧化活性的评价较少，本实验旨在通过体外模拟胃肠消化的方法，评价板枣多糖在消化过程中的抗氧化活性变化情况，以期为板枣多糖在营养健康产品研发和膳食指导方面提供理论依据。

一、材料与方法

1. 原料

板枣：山西省运城市稷山县。

2. 方法

（1）稷山板枣多糖提取

①提取流程：板枣→清洗、去核→干燥、粉碎→脱脂→水提醇沉法提取多糖→脱蛋白→脱色→浓缩→透析→冷冻干燥。

将板枣洗净烘干表面水分后，去核、干燥并粉碎成末，加入石油醚没过枣粉，浸泡过夜，后改用无水乙醇浸泡约 6h，枣渣放在通风处挥干乙醇，得到脱脂枣粉，枣粉与蒸馏水体积比为 1:10，90℃下水提两次，每次 2h，布氏漏斗抽滤收集多糖溶液，冷却后，45℃下使用旋转蒸发仪浓缩，浓缩液 3000r/min 离心 15min，上清液加入 4 倍体积无水乙醇于 4℃下过夜，布氏漏斗抽滤得多糖沉淀，用少量无水乙醇、丙酮洗涤多糖沉淀，干燥后得到粗多糖沉淀[4]，将 10mg/mL 粗多糖溶液与 20%三氯乙酸溶液 1:1 混合，振摇 30min 后，放置冰箱过夜，20℃条件下 4000r/min 离心 15min，取上清液，将 30%过氧化氢加入到 12 倍体积的用 6mol/L 氨水调节 pH 至 9 的脱蛋白后的粗多糖溶液中，恒温 45℃下脱色，直至溶液澄清透明[5]，浓缩后放入透析袋中，蒸馏水透析 3 天，透析液经冰箱冷冻后，在冷冻干燥机中干燥 2 天，得到粗多糖。

②稷山板枣多糖含糖率测定，以葡萄糖作为标准品，并采用苯酚—硫酸法测定稷山板枣多糖的含糖量。

葡萄糖标准曲线的制作参考高馨等[6] 的方法，稍作修改后使用。称取在 105℃下干燥至恒重的葡萄糖标准品 0.1g 于小烧杯中，充分溶解并转移到 1000mL 容量瓶中定容，配制成质量浓度为 100μg/mL 的葡萄糖标准溶液。使用移液枪分别准确吸取（0、0.3、0.4、0.5、0.6、0.7、0.8）mL 葡萄糖标准溶液于 50mL 的比色管中，之后分别补蒸馏水至 1mL，分别向比色管中加入 1mL 6% 苯酚和 5mL 浓硫酸溶液，充分混匀，在沸水浴中加热 15min，取出后冷水浴冷却，于 490nm 波长下测定其吸光度值，同一浓度的葡萄糖标准溶液重复测定两次，以葡萄糖质量为横坐标，其吸光度值为纵坐标，绘制葡萄糖标准曲线。

稷山板枣多糖含糖率的测定：配制 60μg/mL 稷山板枣多糖溶液，按上述葡萄糖标准曲线制作方法测定吸光度，并根据下列公式（6-4）代入相应的数值，计算稷山板枣含糖率。

$$含糖率 = m_0/m \times 100\%$$ (6-4)

式中：m_0——由标准曲线得到葡萄糖质量，μg；

m——稷山板枣多糖质量，μg。

（2）模拟胃消化

金晖等[7] 的体外消化研究表明，唾液对多糖的消化没有作用，因此本次研究只模拟体外胃肠消化。本次研究体外模拟胃肠消化参考韦铮等[8] 的方法。

胃液的配制：8g 胃蛋白酶溶于 200mL 0.01mol/L 盐酸溶液，得到模拟胃液；

多糖溶液的配制：称取稷山板枣多糖溶于 0.9% 生理盐水中，制备成浓度分别为（0.1、0.3、0.5、1.0、5.0）mg/mL 的多糖溶液，沸水浴 15min，自然冷却并用 1mol/L 的盐酸溶液调节 pH 至 2.0，用锡箔纸包裹好并避光保存；

胃消化组：分别取 10mL 不同浓度的多糖溶液于 50mL 离心管中，各加入 30mL 的模拟胃液；

胃酸组：分别取 10mL 不同浓度的多糖溶液于 50mL 离心管中，各加入 30mL 的 0.01mol/L 盐酸溶液，并保持 pH=2；

胃空白组：分别取 10mL 不同浓度的多糖溶液于 50mL 离心管中，各加入 30mL 的 0.9% 生理盐水模拟胃液。

将上述三组溶液置于 37℃ 的水浴恒温振荡器中，振动 2h，分别在 0、2h 时取出 10mL 的上述溶液，沸水浴 5min 灭酶终止消化，自然冷却后于 4℃、4000r/min，离心 20min，取上清液冷冻保存备用。

（3）模拟肠消化

肠液的配制：称取 0.4g 胰蛋白酶、2.5g 猪胆盐，溶于 100mL 的 0.1mol/L 碳酸氢钠溶液中，得到模拟肠液；将模拟胃液消化 2h 后的 1mg/mL 的多糖溶液，用 1mol/L 碳酸氢钠溶液调节 pH 至 7.0 后，用锡箔纸包好避光保存；

肠消化组：取 10mL 上述溶液，加入 40mL 的模拟肠液；

肠空白组：取 10mL 上述溶液，加入 40mL 的 0.1mol/L 碳酸氢钠溶液；

将上述两组溶液置于 37℃ 的水浴恒温振荡器中振动 5h，分别在消化 0、1、3、

5h 时取出 10mL 溶液，于沸水浴中加热 5min 灭酶终止消化，自然冷却后在 4℃、4000 r/min，离心 20min，取上清液冷冻保存备用。

（4）抗氧化活性测定

①对 DPPH·清除率的测定参照姚思雯等[9] 的方法，并略有改动。称取 0.008g DPPH 试剂，用少量无水乙醇将其溶解并转移到 250mL 的容量瓶中，用无水乙醇进行定容，配制成浓度为 0.08mmol/L 的 DPPH-乙醇溶液，用锡纸包裹放置，现用现配。取 1mL 多糖消化液于试管中，再加入 3mL DPPH-乙醇溶液，充分振荡，使其混合均匀，避光静置反应 30min，以无水乙醇调零，在 517nm 波长处测定其吸光度值。取 1.0mL 无水乙醇代替多糖消化液与 3mL DPPH-乙醇溶液混合作为空白对照。按公式（6-5）计算对 DPPH·的清除率。

$$清除率 = \frac{A_0 - A}{A_0} \times 100\% \qquad (6-5)$$

式中：A_0——空白对照组的吸光度值；

A——表多糖消化液的吸光度值。

②对·OH 清除率的测定参照王蔚新等[10] 的方法，并略有改动。取 2mL 消化液于试管中，加入 2mL 6mmol/L 的过氧化氢溶液和 2mL 6mmol/L 的硫酸亚铁溶液，于室温下静置 10min 后再加入 2mL 6mmol/L 的水杨酸溶液，充分振荡，使其混合均匀，并静置 30min，以无水乙醇调零，在 510nm 波长处测其吸光度值。用蒸馏水代替多糖消化液作为空白对照组，测定其吸光度值。按公式（6-5）计算对·OH 的清除率。

③对 FRAP 值的测定参考李楠等[11]、黎云龙等[12] 的方法并稍做修改。取 FRAP 工作液（300mmol/L 醋酸盐溶液、用 40mmol/L 氯化氢溶液配置的 10mmol/L TPTZ 溶液和 20mmol/L 三氯化铁溶液以 10∶1∶1 比例混合）3mL 与 1mL 消化液混合，37℃ 条件下反应 10min，在 593nm 波长下测定其吸光度值。以 Trolox 为标准物绘制标准曲线，多糖消化液的抗氧化能力以 FRAP 值表示（1 FRAP 值＝1μmol/L Trolox）。

二、结果与分析

1. 含糖率结果

以葡萄糖质量为横坐标（μg），吸光度值（A）为纵坐标求得回归方程：$y = 0.0097x - 0.0061$，$R^2 = 0.9984$。根据葡萄糖标准曲线，计算出稷山板枣多糖含糖率为（50.45%±0.12%）。

2. 板枣多糖经模拟胃肠消化后对 DPPH·清除率的影响

DPPH·是一种稳定的以氮为中心的自由基，其清除率是检测活性物质对自由基清除和抗氧化能力最常用的指标。DPPH·含有单电子，呈深紫色，在 517nm 处有一个最大吸收峰,当抗氧化物质提供 H 原子与 DPPH·反应时,自由基上的电子与 H 原子结合,吸收减弱,开始褪色,褪色程度与物质抗氧化能力呈正相关,可通过分光光度计测出。人体胃消化时间一般为 2h,根据胃消化 0h 和 2h 后稷山板枣多糖对 DPPH·的清除率,研究不同浓度板枣多糖在模拟胃消化条件下对 DPPH·清除率的影响,结果见图 6-36、图 6-37。

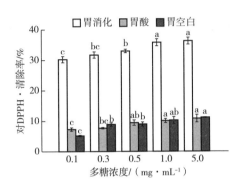

图 6-36　不同浓度板枣多糖经模拟胃消化 0h 对 DPPH·的清除率

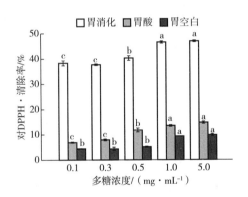

图 6-37　不同浓度板枣多糖经模拟胃消化 2h 对 DPPH·的清除率

不同字母表示同一组间不同浓度下差异显著,$P<0.05$。由图 6-36、图 6-37 可知,随着多糖浓度的增大,0.1~1.0mg/mL 的多糖溶液对 DPPH·的清除率显著升高,但在 1.0~5.0mg/mL 时清除率无显著变化;王晓琴等[4] 检测木枣多糖 ZJP2 的 DPPH·清除率时也得出了相同的结果,即多糖浓度越高,对 DPPH·的清除能力越强;韦铮等[8] 探究茶多糖经模拟胃肠消化后的抗氧化作用,发现茶多糖胃消化 0h 和 2h 的 DPPH·清除率随浓度增加而显著升高。板枣多糖经模拟胃消化 2h 对 DPPH·的清除率明显高于 0h 的清除率($P<0.05$),当多糖浓度为 5mg/mL 时,胃消化组消化 2h 的清除率为(46.95%±0.34%),0h 时清除率为(36.28%±1.14%),即板枣

多糖经胃消化处理后对 DPPH· 的清除率增强；姚思雯等[9] 研究菠萝蜜多糖 JEP-Ps 在体外模拟胃肠消化过程中抗氧化活性变化规律，也得出了类似的结果，JEP-Ps 消化液在人工胃液消化 4h 过程中，DPPH· 清除率先上升，后下降并趋于稳定，在 1h 时达到最大值。观察图 6-36、图 6-37 可知，胃消化组的清除率显著高于胃酸组与胃空白组，图 6-37 胃酸组清除率又显著高于胃空白组，说明 DPPH· 清除率受胃蛋白酶和 pH（强酸性）影响，它们能增强多糖对 DPPH· 的清除率，影响力胃蛋白酶>pH（强酸性）。

将经过胃消化 2h 的 1.0mg/mL 板枣多糖在肠液中继续消化，研究其对 DPPH· 清除率的变化，结果见图 6-38。

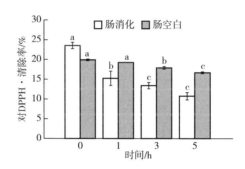

图 6-38　1.0mg/mL 板枣多糖经模拟肠消化对 DPPH· 的清除率

不同字母表示同一组间不同时间下差异显著，$P<0.05$。图 6-38 显示，随着肠消化时间的延长，DPPH· 清除率在 0~3h 内显著下降，3~5h 内无显著性差异；与 Yang 等[13] 的研究结论类似，在体外消化中，绿茶粉多糖对 DPPH· 的清除率也呈现出先上升后下降的趋势。多糖经过胃消化 2h 后再经过肠消化，清除率显著下降，且肠消化组 0~5h 内下降幅度高于肠空白组，可能是反应体系中易被氧化的糖类物质被降解或转化成了其他物质，从而导致其对 DPPH· 的清除率下降。

3. 板枣多糖经模拟胃肠消化后对·OH 清除率的影响

·OH 是活性氧中最活跃的自由基，它的半衰期非常短，·OH 与目标分子的反应速率很高，是一种能对生物分子造成严重损害，对人体非常危险的化合物。抗氧化剂对·OH 的清除能力是评价其抗氧化活性的重要指标。

研究不同浓度板枣多糖在模拟胃消化条件下对·OH 清除率的影响，结果见图 6-39、图 6-40。

不同字母表示同一组间不同浓度下差异显著，$P<0.05$。由图 6-39、图 6-40 可得，·OH 清除率随多糖浓度增大而显著增大。0.1mg/mL 和 0.3mg/mL 板枣多糖经模拟胃消化 2h 后与 0h 相比，对·OH 的清除率变化无显著差异（$P>0.05$），可能是

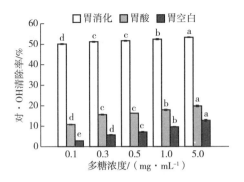

图 6-39　不同浓度板枣多糖经模拟胃消化 0h 对·OH 的清除率

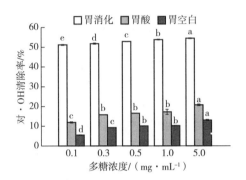

图 6-40　不同浓度板枣多糖经模拟胃消化 2h 对·OH 的清除率

由于多糖浓度太低，胃消化作用效果不明显，0.5、1.0 和 5.0mg/mL 多糖溶液清除率变化显著（$P<0.05$）。多糖对·OH 的清除率胃消化组高于胃酸组和胃空白组，胃酸组高于胃空白组，清除率差异显著（$P<0.05$），即多糖对·OH 的清除率受胃蛋白酶和pH（强酸性）的影响，并对其有促进作用，作用效果胃蛋白酶>pH（强酸性）。

　　将经过胃消化的 1.0mg/mL 板枣多糖在肠液中继续消化，研究其·OH 清除率的变化，结果见图 6-41。

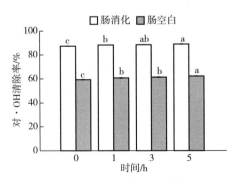

图 6-41　1.0mg/mL 板枣多糖经模拟肠消化对·OH 的清除率

不同字母表示同一组间不同时间下差异显著，$P<0.05$。由图 6-41 可得，多糖对·OH 的清除率在 0~1h 内随肠消化时间的延长显著增加，3~5h 内随时间延长增加不显著。经过模拟胃消化 2h 后的多糖再经过肠消化，其清除率显著增大。肠消化组的·OH 清除率显著高于肠空白组的清除率（$P<0.05$），说明肠消化能提高多糖对·OH 的清除能力。

4. 板枣多糖经模拟胃肠消化后对 FRAP 值的影响

FRAP 法是电子转移型测定物质总抗氧化性的一种方法，FRAP 值越大，表示物质总抗氧化能力越强。其原理为：在低 pH 下，抗氧化物质将 Fe^{3+}-TPTZ 还原成 Fe^{2+}-TPTZ，后者呈蓝色，在 593nm 处有强吸收。以不同 Trolox 浓度为横坐标（μmol/L），其吸光度值为纵坐标得到回归方程：$y=0.0089x+0.0313$，$R^2=0.9929$。

研究不同浓度板枣多糖在模拟胃消化条件下对 FRAP 值的影响，结果见图 6-42、图 6-43。

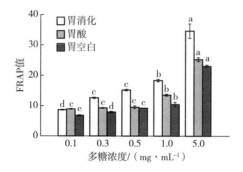

图 6-42 不同浓度板枣多糖经模拟胃消化 0h 的 FRAP 值

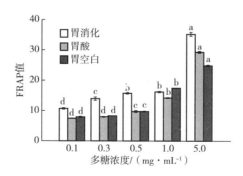

图 6-43 不同浓度板枣多糖经模拟胃消化 2h 的 FRAP 值

不同字母表示同一组间不同浓度下差异显著，$P<0.05$。由图 6-42 可知，随着多糖浓度的升高，其 FRAP 值在 0.1~0.3mg/mL、0.5~5.0mg/mL 浓度间时显著增

大，在 0.3~0.5mg/mL 浓度间时增加不显著；由图 6-43 可知，随着多糖浓度的升高，其 FRAP 值在 0.1~0.5mg/mL、1.0~5.0mg/mL 浓度间时显著增大，在 0.5~1.0mg/mL 浓度间时增加不显著，可以得出，多糖的 FRAP 值随浓度的增大而增大。多糖经胃消化处理 2h 后与 0h 的 FRAP 值比较，0.3mg/mL、0.5mg/mL 和 5.0mg/mL 的多糖消化液 FRAP 值无显著性差异（$P>0.05$），0.1mg/mL 和 1.0mg/mL 多糖消化液 FRAP 值差异显著（$P<0.05$），即胃消化对板枣多糖的 FRAP 值影响不大。胃消化组的清除率高于胃酸组和胃空白组，说明胃蛋白酶能增强多糖的 FRAP。

将经过胃消化的 1.0mg/mL 板枣多糖在肠液中继续消化，研究其 FRAP 值的变化，结果见图 6-44。

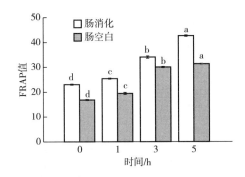

图 6-44 1.0mg/mL 板枣多糖经模拟肠消化的 FRAP 值

不同字母表示同一组间不同时间下差异显著，$P<0.05$。由图 6-44 可得，多糖的 FRAP 值随肠消化时间的延长而显著升高，在肠消化 5h 时达到最大值（42.66±0.32），即板枣多糖在经过体外模拟肠消化后铁还原力增强，这个结果与 Yang 等[13] 的结果相悖，Yang 等通过模拟胃肠道消化系统，发现粒径为 15μm 的绿茶粉中多糖对 FRAP 值呈现出先上升后下降的趋势，分析可能是由于稷山板枣多糖经肠消化产生了具有更高还原力的代谢产物，因此其 FRAP 值增大。多糖经模拟胃消化 2h 后再经过肠消化，FRAP 值显著增大（$P<0.05$）。肠消化组的 FRAP 值显著高于肠空白组的 FRAP 值。

三、结论

本文通过体外模拟胃肠消化研究板枣多糖在消化过程中抗氧化活性的变化规律，研究发现，多糖经过体外胃肠消化后对 DPPH·的清除率下降，对 ABTS+·的清除率、·OH 的清除率和铁还原能力均升高，且多糖浓度与三种自由基清除率呈正相关。总体而言，板枣多糖经胃肠消化后其抗氧化能力增强。姚思雯[9] 等研究菠萝蜜多糖经体外胃肠消化过程中抗氧化活性的变化也得出消化作用降低了 DPPH·清除率的规律。Zhu 等[14] 的研究表明，消化后的 JEP-Ps 多糖具有很强的抗氧化能力，并具有时间依赖性。Yuan 等[15] 研究得出，热带海参多糖抗氧化性在模拟胃肠消化后得到改善。本次研究结果与相关文献报道较为一致。

DPPH·清除率经胃肠消化后降低，可能是由于提取的板枣多糖不纯，实验测得稷山板枣多糖含糖率为（50.45%±0.12%），提取的多糖里其他物质成分在体外消化中的产物或者物质本身都可能影响多糖的抗氧化活性；此外，多糖经体外消化后，其还原糖含量、分子量、表面形态和结构等都发生变化，也会对多糖抗氧化活性产生影响，Ross 等[16] 通过实验得出，多糖的分子量会影响其抗氧化活性，验证了这一猜想。

多糖对不同指标的抗氧化机制存在差异，仅通过其对 DPPH·、ABTS⁺·、·OH 的清除能力和 FRAP 在体外消化中的变化，来评价板枣多糖在消化中抗氧化活性变化是不全面的；另外，关于板枣多糖在消化过程中的分子量、结构等怎样变化，与板枣多糖抗氧化能力相关性如何还不清楚。因此，消化对板枣多糖抗氧化活性变化作用还有待进一步研究。

参考文献

［1］潘莹，许经伟．冬枣多糖的分离纯化及抗氧化活性研究［J］．食品科学，2016，37（13）：89-94.

［2］Liu X，Liu H，Yan Y，et al. Structural characterization and antioxidant activity of polysaccharides extracted from jujube using subcritical water-ScienceDirect［J］. LWT，2020，117：1-8.

［3］南海娟，李全亮，张浩，等．2 种枣多糖的抗氧化活性比较［J］．现代农业科技，2016（12）：287-288.

［4］王晓琴，冀晓龙，彭强，等．木枣多糖 ZJP2 的初步结构特征及抗氧化活性研究［J］．现代食品科技，2016，32（4）：100-105.

［5］刘晓飞，张宇，王薇，等．发芽糙米中粗多糖的纯化及分子量测定［J］．食品工业科技，2019，40（2）：25-30.

［6］高馨，郭义美，周君，等．苯酚—硫酸法测定红参多糖含量研究［J］．实验室科学，2018，21（1）：28-30，33.

［7］金晖，张则明，张拥军，等．人工胃液作用南瓜多糖的体外模拟研究［J］．食品科技，2012，37（4）：178-181.

［8］韦铮，贺燕，郝麒麟，等．茶多糖在模拟胃肠消化体系的抗氧化作用［J］．食品与发酵工业，2020，46（10）：109-117.

［9］姚思雯，朱科学，何佳丽，等．菠萝蜜多糖体外消化过程中抗氧化活性变

化规律 [J]. 热带农业科学，2019，39（2）：69-76，102.

[10] 王蔚新，张俊，占剑峰，等. 福白菊胎菊与朵菊粗多糖体外抗氧化活性分析 [J]. 黄冈师范学院学报，2020，40（6）：14-18.

[11] 李楠，师俊玲，王昆.14 种海棠果实多酚种类及体外抗氧化活性分析 [J]. 食品科学，2014，35（5）：53-58.

[12] 黎云龙，于震宇，邰海燕，等. 骏枣多糖提取工艺优化及其抗氧化活性 [J]. 食品科学，2015，36（4）：45-49.

[13] Yang S, Li J, Yang X, et al. Effect of particle size on the bioaccessibility of polyphenols and polysaccharides in green tea powder and its antioxidant activity after simulated human digestion [J] .J Food Sci Technol, 2019, 56: 1127-1133.

[14] Zhu K, Yao S, Zhang Y, et al. Effects of in vitro saliva, gastric and intestinal digestion on the chemical properties, antioxidant activity of polysaccharide from Artocarpus heterophyllus Lam（Jackfruit）Pulp [J] .Food Hydrocolloids, 2019, 87: 952-959.

[15] Yuan Y, Li C, Zheng Q, et al. Effect of simulated gastrointestinal digestion in vitro on the antioxidant activity, molecular weight and microstructure of polysaccharides from a tropical sea cucumber（Holothuria leucospilota）[J] . Food Hydrocolloids, 2019, 89: 735-741.

[16] Ross Kelly A, Fukumoto Lana, Godfrey David, et al. Influence of variety, storage, and simulated gastrointestinal digestion on chemical composition and bioactivity of polysaccharides from sweet cherry and apple tree fruits [J] . Cogent Food & Agriculture, 2015, 1（1）：1-21.

第七节　红枣品质特性及抗氧化活性研究

红枣营养价值较高，含有丰富的可溶性糖、有机酸、多酚、黄酮、三萜酸、原花青素等活性成分，具有抗氧化、抗肿瘤、抗炎等功效。植物中的营养及活性物质含量取决于多种因素，如品种、栽培条件、地区、天气、成熟度、收获时间、存储时间和条件等。研究人员对红枣的营养成分种类、功能及成熟过程中的变化做了大量研究，结果表明，品种是影响营养及活性物质含量差异的重要因素。

目前，对于红枣活性成分的研究主要为对一种红枣的多种成分的研究，对不同品种红枣间的多个营养成分的研究较少。因此，本研究选用 8 个不同品种的红枣为样品，对其中的可溶性糖、总酸、多酚、黄酮、三萜酸、原花青素等活性成分进行比较分析，探究不同品种红枣的抗氧化性和营养品质的差异性，为人们选择优质的即食红枣，以及工厂对于红枣类产品的研制和加工原料的选用提供依据。

一、材料与方法

1. 材料

骏枣：山西省吕梁市交城县；壶瓶枣：山西省晋中市太谷县；黄河木枣：山西省吕梁市临县；狗头枣：陕西省延安市延川县；和田枣：新疆和田；金丝小枣：山东省德州市乐陵市；灰枣：新疆喀什；板枣：山西省运城市稷山县。8种枣均为市售商业成熟、无损伤的干枣。

2. 样品的预处理

将8种红枣去核切开，烘干至恒重，粉碎。称取5.00g样品，用25mL蒸馏水在沸水浴中提取两次，合并后离心、抽滤，得到蒸馏水提取物，供测定游离糖、总糖、总酸时使用。

根据梁鹏举等[1]的方法，称取1.00g样品，将70%乙醇作为提取溶剂，料液比为1∶29，在40℃下浸提30min，离心、抽滤，得到乙醇提取物，用于测定总酚、总黄酮、总三萜酸、原花青素及抗氧化活性。

3. 方法

（1）高效液相色谱法测定枣中果糖、葡萄糖和蔗糖

配置100.8mg/mL的果糖标准溶液、100.0mg/mL的葡萄糖标准溶液、103.4mg/mL的蔗糖标准溶液，取不同体积，配置不同梯度的混合标准溶液。过0.22μm微孔滤膜，备用。

色谱柱：Analysis Column（4.6mm×250mm）5-Micron；

色谱条件：参考乔坤云等[2]的方法，并稍作修改确定测定红枣多糖的条件如下。流动相：乙腈∶水=77∶23（V/V）；流速：1.0mL/min；检测器：示差检测器；进样量：10μL。定量方法：外标法峰面积定量。

（2）苯酚—硫酸法测定总糖

参考南海娟等[3]的方法稍作调整，制作总糖标准曲线，分别取（0.0、0.1、0.2、0.3、0.4、0.5、0.6）mL浓度为1.0mg/mL的葡萄糖标准溶液，置于10mL具塞试管中，加蒸馏水至2.0mL，加入5%苯酚1.0mL，摇匀，加入5mL浓硫酸，室温反应5min，再于沸水浴中加热15min，冰水冷却30min，在最大吸收波长490nm处测定其吸光度值，以葡萄糖浓度为横坐标，吸光度值为纵坐标，绘制标准曲线 $y = 4.935x+0.0328$，$R^2 = 0.9919$。样品参照标准曲线的方法，测定总糖含量。

（3）酸碱滴定法测定总酸度

取水提液 10mL 于锥形瓶中，加入 3~5 滴酚酞指示剂，用 0.1mol/L 氢氧化钠标准滴定溶液滴定至浅红色，且 30s 内不变色，根据公式（6-6）计算样品中总酸度。

$$总酸度 = \frac{V \times c \times K \times F}{m} \times 100\% \qquad (6-6)$$

式中：V——滴定消耗氢氧化钠溶液体积，mL；

$\quad\quad c$——氢氧化钠标准滴定溶液浓度，mol/L；

$\quad\ m$——样品质量，g；

$\quad\ K$——换算为苹果酸系数 0.067（红枣属于核果类果实，其折算系数以苹果酸表示）；

$\quad\ F$——稀释倍数。

（4）糖酸比计算

将样品中测定的总糖与总酸的含量相比，所得比值为该样品的糖酸比。

（5）福林酚比色法测定总酚含量

参考李海平等[4] 的方法稍作修改制作总酚标准曲线，精密吸取（0.0、0.2、0.4、0.6、0.8、1.0、1.2）mL 没食子酸标准溶液（浓度为 0.1mg/mL）于 10mL 离心管中，加入 1.0mL 的福林酚试剂，摇匀，反应 5min，加入 2.0mL 质量分数为 15% 的 Na_2CO_3 溶液，摇匀，蒸馏水定容到刻度，50℃ 下恒温水浴 5min，冷却至室温，在 740nm 处测定吸光度值，以没食子酸质量浓度为横坐标，吸光度值为纵坐标，绘制标准曲线 $y = 10.432x + 0.0344$，$R^2 = 0.9951$。

取醇提液 0.1mL 于离心管中，以上述方法测定吸光度值，根据回归方程计算红枣中总酚含量。

（6）比色法测定总黄酮含量

参考南海娟等[3] 的方法稍作修改，制作总黄酮标准曲线，准确量取（0.0、0.4、0.8、1.2、1.6、2.0、2.4、2.8）mL 芦丁标准溶液（浓度为 0.2mg/mL）于 10mL 比色管中，加入 0.3mL 5%$NaNO_2$ 溶液，摇匀，静置 6min；加入 0.3mL 10%Al（NO_3）$_3$ 溶液，摇匀，静置 6min；再加入 4mL 4%NaOH 溶液，用 60%乙醇溶液定容至刻度，混匀，在波长 510nm 处测定其吸光度值。以芦丁浓度为横坐标，吸光度值为纵坐标，绘制芦丁标准曲线 $y = 0.8777x - 0.0059$，$R^2 = 0.9951$。

取醇提液 1.0mL 于 10mL 比色管中，按照上述方法测定吸光度值，根据回归方程计算红枣中总黄酮含量。

（7）香草醛—冰乙酸—高氯酸比色法测定总三萜酸含量

参考赵晓[5] 的方法稍作修改制作总三萜酸标准曲线，精密吸取 0.2mg/mL 齐墩果酸标准液（0.0、0.2、0.4、0.6、0.8、1.0、1.2）mL 于具塞试管中，放入水浴锅中挥干溶剂，加入 5% 香草醛—冰乙酸 0.4mL、高氯酸 1.6mL，混匀，置于 70℃ 恒温水浴中加热 15min，冷却至室温，转移至 10mL 容量瓶中，用乙酸乙酯定容至刻度，摇匀，在 560nm 处测定吸光度值，以齐墩果酸浓度为横坐标，吸光度值为纵坐标，绘制标准曲线 $y = 1.7402x - 0.0057$，$R^2 = 0.9918$。

取醇提液 10mL，在旋转蒸发仪中蒸发至无醇味，用乙酸乙酯萃取后，蒸干乙酸乙酯，用甲醇定容至 25mL；取处理好的样液 1mL 于具塞试管中，挥干溶剂，按上述操作测定吸光度值，通过回归方程计算红枣中总三萜酸的含量。

（8）浓盐酸香草醛法测定原花青素

参考宋爽[6] 的方法制作原花青素标准曲线，称取 10mg 原花青素标准品，用 98% 乙醇配置到 10mL 的容量瓶中，制得 1.0mg/mL 原花青素标准溶液。取原花青素标准溶液（0.0、0.3、0.6、0.9、1.2、1.5、1.8）mL 于 10mL 具塞试管中，用 98% 乙醇定容到 10mL，各取 1.0mL 溶液加入 5mL 显色剂（A：0.5% 香草醛溶液；B：4% 盐酸溶液，A：B = 1：1，现配现用），摇匀，在 30℃ 下避光水浴 30min，在 500nm 处测定吸光度值，以原花青素浓度为横坐标，吸光度值为纵坐标，绘制标准曲线 $y = 0.0093x + 0.0005$，$R^2 = 0.9928$。

取醇提液 1mL，按照上述方法进行操作，并测定吸光度值，按公式（6-7）计算原花青素含量。

$$原花青素 = \frac{CVN}{M} \tag{6-7}$$

式中：C——红枣中原花青素质量浓度，mg/mL；

　　　V——提取液体积，mL；

　　　M——样品质量，g；

　　　N——稀释倍数。

（9）抗氧化活性的测定

① ·OH 清除率测定：参考展锐等[7] 的方法稍作修改，取不同品种红枣醇提液各 1mL 于试管中，加入 6mmol/L 的 $FeSO_4$ 溶液 2mL，再加入 8.8mmol/L 的 H_2O_2 溶液 2mL，摇匀后静置 10min，最后加入 6mmol/L 的水杨酸乙醇溶液 2mL 摇匀，37℃ 水浴 30min，离心后取上清液在 500nm 处测定吸光度值，以 Vc 为阳性对照，按照公式（6-8）计算 ·OH 清除率。

$$自由基清除率（\%） = \left(1 - \frac{A_i - A_j}{A_0}\right) \times 100\% \tag{6-8}$$

式中：A_0——空白对照吸光度值；

　　　A_i——反应液吸光度值；

　　　A_j——本底吸光度值。

②DPPH· 清除率测定：参考王毕妮等[8] 的方法稍作修改，取 0.3mL 醇提液

于 10mL 离心管中，加入 0.1mmol/L DPPH 溶液 4mL，用蒸馏水定容至 10mL，室温避光反应 30min 后，在 517nm 处测定吸光度值，以抗坏血酸为阳性对照，按照公式（6-8）计算 DPPH·清除率。

③ABTS[+]·清除率的测定：将配好的 7mmol/L ABTS 溶液与 4.9mmol/L 过硫酸钾溶液混匀，常温避光放置 12h，用无水乙醇稀释，使得该溶液在 734nm 处吸光度值为（0.7±0.02），配置成 ABTS 工作液。参考胡治远等[9] 的方法稍作修改，取醇提液 0.01mL，加入 6mL ABTS 工作液，在 10mL 离心管中混合均匀，于 30℃水浴锅中避光反应 6min，在 734nm 处测定吸光度值，以抗坏血酸为阳性对照，按照公式（6-8）计算 ABTS[+]·清除率。

二、结果与分析

1. 不同品种红枣中果糖、葡萄糖、蔗糖含量

果糖、葡萄糖、蔗糖标准溶液色谱图见图 6-45，其中，1~3 分别为果糖、葡萄糖和蔗糖。

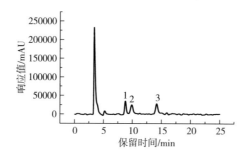

图 6-45　单糖标准品色谱图

根据上述方法制作标准曲线，所得回归方程和相关系数见表 6-12。

表 6-12　果糖、葡萄糖、蔗糖标准曲线回归方程

单糖种类	线性回归方程	相关系数 R^2
果糖	$y=73119x+35102$	0.9975
葡萄糖	$y=84197x+26221$	0.9957
蔗糖	$y=80478x+81013$	0.9934

以同样的方法进行实验，测定不同品种红枣中游离糖，测定结果见表 6-13。

表 6-13　不同品种红枣的果糖、葡萄糖、蔗糖含量

红枣品种	果糖/（mg/g）	葡萄糖/（mg/g）	蔗糖/（mg/g）
骏枣	160.2±0.4[Be]	140.1±1.2[Cf]	356.2±0.7[Aa]
壶瓶枣	141.9±0.6[Bg]	152.1±0.3[Be]	295.2±0.3[Ac]
黄河木枣	144.2±1.0[Bf]	121.7±2.2[Cg]	291.7±1.4[Ac]
狗头枣	166.9±0.9[Bd]	162.9±1.2[Bd]	273.9±3.6[Ad]
和田枣	130.9±0.1[Bh]	112.2±1.5[Ch]	334.4±1.0[Ab]
金丝小枣	243.4±1.2[Ac]	235.9±0.7[Bc]	153.4±0.9[Ce]
灰枣	269.2±1.3[Bb]	281.3±2.5[Aa]	92.1±1.4[Cg]
板枣	310.9±1.5[Aa]	268.5±0.7[Bb]	107.9±1.9[Cf]

注：同列肩标不同小写字母表示不同品种红枣间有显著差异（$P<0.05$）；同行肩标不同大写字母表示同一品种红枣间有显著差异（$P<0.01$）。

根据表 6-13 可以看出，不同品种红枣间游离糖含量存在显著性差异（$P<0.05$），板枣中果糖含量最高；灰枣中葡萄糖含量最高，蔗糖含量最低；骏枣中蔗糖含量最高；和田枣中果糖和葡萄糖含量均为最低。

同一品种红枣中果糖、葡萄糖、蔗糖含量存在显著性差异（$P<0.01$），骏枣、壶瓶枣、黄河木枣、狗头枣、和田枣中均是蔗糖含量最高，其中骏枣蔗糖含量最高。金丝小枣、板枣中果糖含量最高，灰枣中葡萄糖含量最高，说明在大部分品种红枣中蔗糖含量最高。有研究表明，蔗糖是红枣中主要的游离糖，这可能是因为在葡萄糖异构酶的作用下，将葡萄糖转化为果糖，然后蔗糖合成酶又将果糖转化为蔗糖，所以造成样品游离糖中蔗糖含量最高，此次测定结果与该研究相符。选取的样品中蔗糖含量排序为：骏枣>和田枣>壶瓶枣>黄河木枣>狗头枣>金丝小枣>板枣>灰枣。

2. 不同品种红枣中总糖、总酸含量及糖酸比

根据上述实验方法，对红枣样品中的总糖和总酸度进行测定，用所得值计算糖酸比，结果见表 6-14。从表 6-14 中可以看出，不同品种红枣总糖含量存在显著性差异（$P<0.05$），总糖含量从高到低依次为金丝小枣、和田枣、板枣、狗头枣、壶瓶枣、骏枣、黄河木枣、灰枣。样品中部分红枣总酸度之间存在显著性差异（$P<0.05$），红枣中总酸度含量从高到低依次为壶瓶枣、和田枣、金丝小枣、骏枣、板枣、灰枣、黄河木枣、狗头枣。红枣的甜度由这两个成分共同影响，体现为糖酸比，糖酸比是判断红枣品质的重要指标。

8 种红枣糖酸比从高到低依次为狗头枣、板枣、黄河木枣、灰枣、金丝小枣、和田枣、骏枣、壶瓶枣。这几种枣之间存在显著性差异（$P<0.05$），这可能是由于不同产地的水质和土壤性质不同，红枣在生长过程中吸收的营养成分含量不同，从

而导致红枣糖酸比不同。红枣的糖酸比是决定红枣口感的重要因素，使不同品种的红枣有各自独特的风味，根据各自的特性可以制成不同种类的干枣制品。由表6-14可以看出，金丝小枣、和田枣糖酸比较为适中，如果以此二者为原料研制相关红枣制品，可能在风味上更符合大众的口味，更有利于相关产业的发展。

表6-14　不同品种红枣总糖、总酸及糖酸比

红枣品种	总糖含量/（g/100g）	总酸度/%	糖酸比
骏枣	28.9±0.2[e]	0.35±0.01[c]	82.1[g]
壶瓶枣	35.3±0.2[d]	0.49±0.01[a]	72.3[h]
黄河木枣	27.1±0.9[f]	0.17±0.01[e]	155.3[c]
狗头枣	35.7±0.9[d]	0.17±0.01[e]	209[a]
和田枣	44.9±0.2[b]	0.39±0.01[b]	114.6[f]
金丝小枣	45.8±0.4[a]	0.36±0.01[c]	125.5[e]
灰枣	26.5±0.2[g]	0.19±0.01[e]	138.8[d]
板枣	43.5±0.4[c]	0.21±0.12[d]	202.7[b]

注：同列肩标不同字母表示有显著差异（$P<0.05$）。

3. 不同品种红枣中总酚、总黄酮、总三萜酸、原花青素含量

根据上述方法制作标准曲线，测定不同品种红枣中总酚、总黄酮、总三萜酸、原花青素含量，测定结果见表6-15。

表6-15　不同品种红枣中总酚、总黄酮、总三萜酸、原花青素含量

红枣品种	总酚/（mg/g）	总黄酮/（mg/g）	总三萜酸/（mg/g）	原花青素/（g/100g）
骏枣	15.6±0.09[a]	2.6±0.09[e]	33.6±0.04[d]	0.40±0.04[cd]
壶瓶枣	13.2±0.06[c]	2.3±0.08[f]	37.0±0.05[b]	0.37±0.03[de]
黄河木枣	12.9±0.19[d]	3.2±0.06[d]	35.9±0.06[c]	0.69±0.03[a]
狗头枣	11.3±0.12[e]	1.9±0.04[g]	33.3±0.05[e]	0.46±0.01[c]
和田枣	15.2±0.08[b]	3.6±0.06[c]	30.2±0.06[h]	0.44±0.03[c]
金丝小枣	10.9±0.05[f]	3.9±0.07[b]	33.0±0.09[f]	0.35±0.03[de]
灰枣	11.2±0.08[e]	4.0±0.07[b]	30.7±0.06[g]	0.53±0.03[b]
板枣	10.4±0.06[g]	4.3±0.04[a]	38.1±0.05[a]	0.33±0.03[e]

注：同列肩标不同字母表示有显著差异（$P<0.05$）。

从表6-15中可以看出，这8种红枣总酚含量存在显著性差异（$P<0.05$），总酚含量从高到低依次为骏枣、和田枣、壶瓶枣、黄河木枣、狗头枣、灰枣、金丝小枣、

板枣。8 种红枣总黄酮含量也有显著性差异（$P<0.05$），总黄酮含量从高到低依次为板枣、灰枣、金丝小枣、和田枣、黄河木枣、骏枣、壶瓶枣、狗头枣。这可能是由于红枣的生长地区、气候环境、采摘时机不同，这些原因均有可能造成总酚和总黄酮含量的差异。也可能是由于红枣贮藏时间较长，其中部分酚类物质被氧化，导致红枣测定结果含量较低。

8 种红枣中总三萜酸含量均为 30～40mg/g，不同品种间存在显著性差异（$P<0.05$），其中，总三萜酸含量从高到低依次为板枣、壶瓶枣、黄河木枣、骏枣、狗头枣、金丝小枣、灰枣、和田枣。有研究表明，红枣中总三萜酸含量受红枣的采收期影响较大，和田枣总三萜酸含量较低可能是由于该产品未在最佳采收期内采收导致的。

8 种红枣中部分红枣原花青素含量有显著性差异（$P<0.05$），不同品种红枣原花青素含量从高到低依次为黄河木枣、灰枣、狗头枣、和田枣、骏枣、壶瓶枣、金丝小枣、板枣。从测定结果来看，红枣中原花青素含量普遍较低。有研究表明，在枣的成熟过程中，原花青素含量先上升后下降，成熟到深红色时，原花青素含量最低，本次选用的红枣皆属于这个时期，与游凤等[10] 的研究结果相符。

板枣的总黄酮和总三萜酸含量为 8 种枣中最高，总酚和原花青素含量最低。骏枣的总酚含量最高，黄河木枣中 4 种营养成分含量均处于较高水平，且原花青素含量在 8 个品种中最高。和田枣、壶瓶枣中各营养成分含量皆属于中上水平，没有含量特别突出的成分，对于在原料选择上没有单一成分含量要求的红枣制品，此二者是较优的选择。

4. 不同品种红枣抗氧化能力

通过测定 8 种不同品种红枣对·OH、DPPH·、ABTS$^+$·清除能力，判断不同品种红枣的抗氧化能力。

从图 6-46 中可以看出，不同品种红枣对相同自由基抗氧化能力存在显著性差异（$P<0.05$），板枣对 DPPH·清除率最高，为 81.46%，灰枣为 79.94%，和田枣为 78.42%，黄河木枣为 72.34%，金丝小枣为 72.04%，骏枣为 65.9%，壶瓶枣为 62.92%，狗头枣最低，为 51.67%。其中，板枣、灰枣、和田枣对 DPPH·清除能力较高。

壶瓶枣对 ABTS$^+$·清除率最高，为 49.91%，骏枣为 48.85%，和田枣为 48.09%，黄河木枣为 43.89%，灰枣为 42.37%，狗头枣和板枣均为 41.22%，金丝小枣最低，为 39.12%。壶瓶枣、骏枣、和田枣三种红枣对 ABTS$^+$·清除能力较高，抗氧化能力较好。

骏枣对·OH 清除率，最高为 63.82%，和田枣为 62.1%，壶瓶枣为 60.65%，狗头枣为 59.56%，黄河木枣为 51.04%，灰枣为 49.23%，板枣为 44.97%，金丝小枣最低，为41.34%。

由此可以看出，红枣对人体自由基的氧化反应具有良好的抑制作用，经常食用红枣可以增强人体的抗氧化能力，有良好的保健作用。

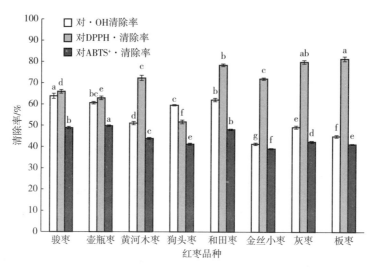

图6-46　不同品种红枣对不同自由基的清除率

(小写字母表示不同品种红枣对相同自由基清除能力有显著差异，$P<0.05$)

三、结论

红枣中主要的游离糖有果糖、葡萄糖、蔗糖，在大部分品种中，蔗糖的含量最高，少部分品种果糖或葡萄糖含量较高，说明蔗糖是红枣中主要的游离糖。糖酸比是影响红枣口感和风味的重要因素。在所选的8种枣中，金丝小枣、和田枣的糖酸比处于适中位置，这样的红枣适口性较好，可以加工为直接食用的红枣制品。

通过实验发现，红枣中的活性物质含量与红枣的抗氧化能力相关，其中板枣的总黄酮和总三萜酸含量为8种枣中最高，总酚和原花青素含量最低；骏枣的总酚含量最高，黄河木枣的原花青素含量最高，且四种活性物质的含量均处于较高水平。黄河木枣对·OH、DPPH·、ABTS⁺·的清除能力都比较高，分别为51.04%、72.34%、43.89%；板枣对DPPH·清除率最高，为81.46%；骏枣对·OH清除率最高，为63.82%；壶瓶枣对ABTS⁺·清除率最高，为49.91%。和田枣对3种自由基的清除能力皆处在前三位，对·OH清除率为62.1%，对DPPH·清除率为78.42%，对ABTS⁺·清除率为48.09%。

通过对不同品种红枣中营养物质的测定及抗氧化能力的分析，我们可以针对不同品种红枣的特点，选择所需特定高含量营养物质品种进行后续加工，开发指向性更强的产品。

综上所述，骏枣、和田枣、板枣3种枣中，各类营养物质含量丰富，抗氧化能力较强，食用和营养品质具佳，是较为优良的原料，适宜作为保健食品进行加工，拓展相关业务，带动红枣产业的发展。

参考文献

[1] 梁鹏举，姜建辉，秦少伟，等. 响应面法优化灰枣中黄酮提取工艺研究[J]. 食品工业科技，2016，37（22）：264-268，273.

[2] 乔坤云，张继军，吴翠云，等. 红枣中果糖、葡萄糖与蔗糖的高效液相色谱示差检测分析[J]. 分析测试技术与仪器，2014，20（1）：43-46.

[3] 南海娟，马汉军，杨永慧. 3种枣果中主要营养成分和元素比较[J]. 食品与发酵工业，2014，40（5）：161-165.

[4] 李海平，高艳芳，姚宇，等. 响应面法优化超声辅助提取壶瓶枣总酚工艺研究[J]. 食品研究与开发，2019，40（6）：139-144.

[5] 赵晓. 枣果主要营养成分分析[D]. 保定：河北农业大学，2009.

[6] 宋爽. 黑玉米原花青素提取及其产物加工利用研究[D]. 长春：吉林农业大学，2015.

[7] 展锐，邵金辉. 大枣多糖抗氧化及抗炎活性的研究[J]. 现代食品科技，2017，33（12）：38-43.

[8] 王毕妮，黄庆瑗，高慧，等. 不同极性红枣总酚的抗氧化活性比较[J]. 食品与发酵工业，2014，40（10）：142-145.

[9] 胡治远，刘素纯，刘石泉. 冠突散囊菌子囊孢子粗多糖抗氧化活性的比较分析[J]. 现代食品科技，2019，35（9）：102-109.

[10] 游凤，黄立新，张彩虹，等. 冬枣各成熟阶段果皮酚类含量变化及其对DPPH自由基清除能力的影响[J]. 食品科学，2013，34（19）：62-66.

第八节　红枣中有机酸的种类及含量

枣中的有机酸作为果实风味和营养物质的重要构成因素，具有调节风味和增加营养的功效。果实中有机酸的组分一般较多，但多数果实以一种或两种有机酸为主，其余一般含少量或微量，按其含量可大致分为苹果酸型、柠檬酸型、酒石酸型三大类型。典型苹果酸型果实有苹果、梨、李等，柠檬酸型果实有柑橘、菠萝等，酒石酸型果实有葡萄等。有机酸的应用较为广泛，如苹果酸可以提高运动能力、抗疲劳、促进矿物质吸收、改善记忆力以及保护人体器官等；柠檬酸具有令人愉快的酸味，是食品添加剂中的主要添加剂，除此之外，柠檬酸还应用于医药工业、化妆品工业、动物饲料等；酒石酸在食品中可作添加剂、增味剂以及食用色素，在医学和化学工业也有应用。因此，研究枣果实中的有机酸对于枣产品的开发和利用具有重要意义。

有机酸的测定通常采用滴定法、分光光度法、气相色谱—质谱联用法、离子色谱法、高效液相色谱法等。对于枣果实有机酸组分的研究报道较少，马倩倩等[1]使用高效液相色谱法对骏枣果实进行了8种有机酸含量的测定，得出骏枣的有机酸以苹果酸为主，苹果酸含量为9.58mg/g；关尚玮等[2]使用高效液相色谱法测定了在自然晒干与45℃热风干制过程中哈密大枣5种有机酸的含量变化，得出不同干制方式处理哈密大枣在干燥过程中5种有机酸含量变化趋势呈现明显差异，有机酸变化由高到低的顺序依次为苹果酸>酒石酸>柠檬酸>富马酸>草酸；李栋等[3]使用高效液相色谱法测定了山西省内8种枣果实的有机酸含量，其中，柠檬酸在8种枣果实中的含量最高，是其主要的有机酸。有机酸作为枣中功能性成分和决定果实风味品质的重要物质，对红枣品质起着决定作用。本研究以8个红枣品种为原料，以研磨、水浴超声、离心处理样品，确定枣果实中有机酸含量的高效液相色谱测定条件，并测定有机酸含量。根据各酸保留时间对色谱图进行定性分析，以标准品做平行测定进行精密度检测，以样品做平行测定进行重复性检测，使用加标的方法测定回收率，测定狗头枣、和田枣等8种枣果实中有机酸的含量，以期为枣果实内在品质的科学评价和枣产品的开发利用提供参考依据。

一、材料与试剂

1. 材料

骏枣：山西省吕梁市交城县；壶瓶枣：山西省晋中市太谷县；黄河木枣：山西省吕梁市临县；狗头枣：陕西省延安市延川县；和田枣：新疆和田；金丝小枣：山东省德州市乐陵县；灰枣：新疆喀什；板枣：山西省运城市稷山县。8种枣均为市售商业成熟、无损伤的干枣。

2. 方法

（1）有机酸标准品溶液的制备

精密称取1.000g的草酸、酒石酸、苹果酸、抗坏血酸、柠檬酸，加入100mL超纯水分别制成10mg/mL的标准品溶液。

（2）混合有机酸标准品溶液的制备

分别精密吸取上述标准品溶液，加入超纯水制成不同浓度的混合品溶液（表6-16），通过0.22μm的水相微孔滤膜待测。

表 6-16　有机酸混合标准品溶液浓度

有机酸	浓度 1/（mg/mL）	浓度 2/（mg/mL）	浓度 3/（mg/mL）	浓度 4/（mg/mL）	浓度 5/（mg/mL）
草酸	0.025	0.050	0.080	0.10	0.20
酒石酸	0.25	0.50	0.80	1.0	2.0
苹果酸	0.25	0.50	0.80	1.0	2.0
抗坏血酸	0.075	0.150	0.24	0.30	0.60
柠檬酸	0.25	0.50	0.80	1.0	2.0

（3）样品处理

参考马倩倩等[1] 的方法并稍作改进，准确称取 1g 果肉加入 10mL 0.04mol/L 的 KH_2PO_4 溶液冰浴研磨成匀浆，加入离心管中，用 5mL 0.04mol/L 的 KH_2PO_4 溶液分多次冲洗研钵，超声 20min 后转至离心机 15000r/min 离心 20min 取上清液，过 0.22μm 的水相微孔滤膜备用。

（4）色谱条件

ZORBAX SB-Aq 色谱柱（4.6mm×250mm，5μm）；流动相为 0.04mol/L，pH 2.4 的 KH_2PO_4-H_3PO_4 缓冲溶液；流速为 0.5mL/min；检测波长为 210nm；进样量为 5μL。

（5）定性定量分析

定性：将（1）所述单酸标准溶液与（2）所述有机酸混合标准品溶液分别按（4）色谱条件进样测定，根据其保留时间完成定性分析。

定量：在色谱图中，根据各峰的峰面积与其保留时间对得到的物质进行定量分析。

二、结果与分析

1. 有机酸标准曲线的建立

将上述各质量浓度有机酸混合标准品溶液在（4）所述条件下，分别连续进样 2 次平行测定。以质量浓度（x）对峰面积（y）进行线性回归分析，得到标准曲线，结果见表 6-17。

表 6-17　5 种有机酸的标准曲线及线性参数

有机酸名称	线性回归方程	相关系数/R^2	线性范围/（mg/mL）
草酸	$y = 4503.4x + 27.597$	0.9998	0.025~0.2
酒石酸	$y = 744.45x + 16.782$	0.9991	0.25~2
苹果酸	$y = 1194.8x + 44.379$	0.9995	0.25~2
抗坏血酸	$y = 3871.2x + 8.7184$	0.9997	0.075~0.6
柠檬酸	$y = 444.02x + 19.175$	0.9986	0.25~2

由表6-17可知，在质量浓度0.025~2mg/mL的线性范围内，各有机酸标准曲线的相关系数达到0.9986~0.9998，各有机酸的质量浓度和峰面积相关性良好，可以计算有机酸含量。

2. HPCL图谱分析

（1）有机酸混合标准品溶液图谱分析

有机酸混合标准品的高效液相色谱图见图6-47。从图中得出，5种有机酸可实现基线分离，且分离度较高。

经过定性分析得出，5种有机酸的保留时间依次分别为草酸（5.885min）、酒石酸（6.640min）、苹果酸（8.047min）、抗坏血酸（8.364min）、柠檬酸（11.992min）、苹果酸（21.268min）（注：苹果酸分D-苹果酸、L-苹果酸，故有两个峰）。

（2）样品中有机酸图谱分析

①狗头枣样品中有机酸图谱分析

狗头枣的高效液相色谱图见图6-48。经过定性分析得出，狗头枣中5种有机酸的保留时间分别为草酸（5.921min）、酒石酸（6.615min）、苹果酸（8.086min、20.893min）、抗坏血酸（8.383min）、柠檬酸（12.130min）。

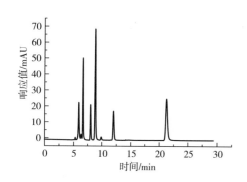

图6-47　有机酸的混合标准品HPLC图

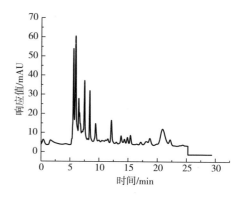

图6-48　狗头枣样品中有机酸HPLC图

②和田枣样品中有机酸图谱分析

和田枣的高效液相色谱图见图6-49。经过定性分析得出，和田枣中5种有机酸的保留时间分别为草酸（5.879min）、酒石酸（6.587min）、苹果酸（8.049min、21.290min）、抗坏血酸（8.458min）、柠檬酸（12.029min）。

③壶瓶枣样品中有机酸图谱分析

壶瓶枣的高效液相色谱图见图6-50。经过定性分析得出，壶瓶枣中5种有机酸的保留时间分别为草酸（5.913min）、酒石酸（6.592min）、苹果酸（8.044min、21.406min）、抗坏血酸（8.342min）、柠檬酸（12.013min）。

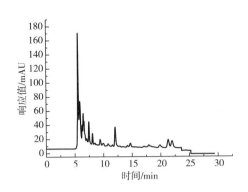

图 6-49 和田枣样品中有机酸 HPLC 图

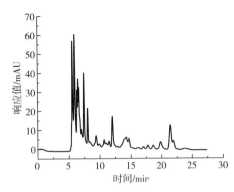

图 6-50 壶瓶枣样品中有机酸 HPLC 图

④灰枣样品中有机酸图谱分析

灰枣的高效液相色谱图见图 6-51。经过定性分析得出，灰枣中 5 种有机酸的保留时间分别为草酸（5.930min）、酒石酸（6.466min）、苹果酸（8.092min、21.959min）、抗坏血酸（8.398min）、柠檬酸（12.222min）。

⑤板枣样品中有机酸图谱分析

板枣的高效液相色谱图见图 6-52。经过定性分析后得出，板枣中 5 种有机酸的保留时间分别为草酸（5.908min）、酒石酸（6.596min）、苹果酸（8.033min、21.181min）、抗坏血酸（8.382min）、柠檬酸（11.922min）。

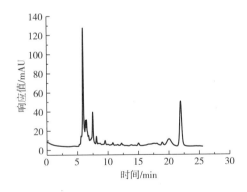

图 6-51 灰枣样品中有机酸 HPLC 图

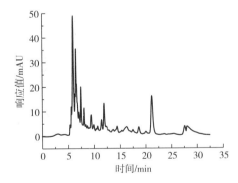

图 6-52 稷山板枣样品中有机酸 HPLC 图

⑥金丝小枣样品中有机酸图谱分析

金丝小枣的高效液相色谱图见图 6-53。经过定性分析后得出，金丝小枣中 5 种有机酸的保留时间分别为草酸（5.907min）、酒石酸（6.597min）、苹果酸（8.086min、21.894min）、抗坏血酸（8.390min）、柠檬酸（12.210min）。

⑦骏枣样品中有机酸图谱分析

骏枣的高效液相色谱图见图6-54。经过定性分析后得出，骏枣中5种有机酸的保留时间分别为草酸（5.911min）、酒石酸（6.609min）、苹果酸（8.099min、22.057min）、抗坏血酸（8.398min）、柠檬酸（12.247min）。

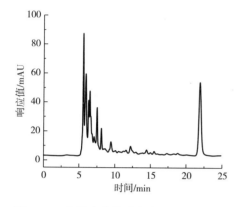

图6-53　金丝小枣样品中有机酸 HPLC 图　　　图6-54　骏枣样品中有机酸 HPLC 图

⑧木枣样品中有机酸图谱分析

木枣的高效液相色谱图见图6-55。经过定性分析后得出，骏枣中5种有机酸的保留时间分别为草酸（5.884min）、酒石酸（6.429min）、苹果酸（8.019min、20.956min）、抗坏血酸（8.396min）、柠檬酸（12.313min）。

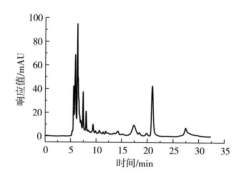

图6-55　木枣样品中有机酸 HPLC 图

3. 精密度检测结果

将本节有机酸混合标准品溶液（浓度4）在本节色谱条件下，连续进行5次平行测定，以所得峰面积为依据计算精密度，结果见表6-18。由表可得，草酸、酒石酸、DL-苹果酸、抗坏血酸、柠檬酸的相对标准偏差范围为3.17%~6.32%，表明该方法的精密度良好。

表6-18　精密度测定结果（$n=5$）

有机酸名称	峰面积					峰面积平均值	RSD/%
	1	2	3	4	5		
草酸	485.84	465.89	458.07	437.88	436.70	456.88±20.55	4.50
酒石酸	783.90	749.71	736.79	698.63	688.56	731.52±38.82	5.31
DL-苹果酸	386.10	377.67	372.71	355.68	351.96	368.82±14.57	3.95
抗坏血酸	921.24	897.63	873.53	811.86	795.61	859.97±54.34	6.32
柠檬酸	475.95	476.06	469.58	451.61	444.15	463.47±14.71	3.17

注：平均值以 $\bar{x} \pm s$ 表示。

4. 重复性检测结果

按照本节方法制备壶瓶枣的枣果实样品5份，以本节色谱条件连续进样，以所得峰面积为依据计算重复性，见表6-19。由表可得，草酸、酒石酸、DL-苹果酸、抗坏血酸、柠檬酸的相对标准偏差范围为3.22%～6.45%，表明该方法的重复性均达到分析的要求。

表6-19　重复性测定结果（$n=5$）

有机酸名称	峰面积					峰面积平均值	RSD/%
	1	2	3	4	5		
草酸	795.59	851.17	803.41	786.52	826.73	812.68±26.18	3.22
酒石酸	301.38	326.58	308.32	324.89	337.65	319.77±14.68	4.59
DL-苹果酸	654.59	751.91	674.51	639.71	665.86	677.32±43.69	6.45
抗坏血酸	64.16	70.74	65.96	69.37	64.60	66.97±2.94	4.39
柠檬酸	289.61	307.57	275.56	282.30	302.77	291.56±13.49	4.63

注：平均值以 $\bar{x} \pm s$ 表示。

5. 回收率测定结果

采用加标回收法[1]。按照本节方法制备金丝小枣的枣果实样品5份，过微孔滤膜以本节色谱条件连续进样，记录结果作为本底值。分别加入有机酸混合标准品溶液，浓度见表6-20，过微孔滤膜以本节色谱条件连续进样。根据数据计算出每种有机酸的回收率［式（6-9）、式（6-10）］，结果见表6-21。由表6-21可得各有机酸的平均回收率为92.38%～108.10%，表明该方法准确率较高。

回收率计算公式：

$$P = [C_2(V_1 + V_0) - C_1 V_1]/C_0 V_0 \tag{6-9}$$

加标量公式：

$$C = C_0 V_0/(V_1 + V_0) \tag{6-10}$$

式中：P——加标回收率；

　　C——加标量；

　　C_1——样品浓度，即样品测定值；

　　C_2——加标样品浓度，即加标样品测定值；

　　V_1——样品体积；

　　V_0——标样体积；

　　C_0——所加标样浓度。

表 6-20　加标回收计算参数

有机酸名称	标样浓度 C_0/（mg/mL）	样品体积 V_1/mL	标样体积 V_0/mL	加标质量浓度 C/（mg/mL）
草酸	0.75	1	0.5	0.25
酒石酸	2.10	1	0.5	0.70
DL-苹果酸	2.10	1	0.5	0.70
抗坏血酸	0.06	1	0.5	0.02
柠檬酸	0.75	1	0.5	0.25

表 6-21　有机酸加标回收率测定结果

有机酸名称	本底平均峰面积	本底平均含量 C_1/（mg/g）	加标后平均峰面积	加标后平均含量 C_2/（mg/g）	平均加标回收率 P/%
草酸	683.23	0.15	1603.82	0.35	101.18
酒石酸	331.12	0.42	789.66	1.04	108.10
DL-苹果酸	1604.68	1.31	1855.20	1.52	92.38
抗坏血酸	118.44	0.03	157.31	0.04	97.44
柠檬酸	173.39	0.35	225.21	0.46	92.99

6. 枣果实样品有机酸含量的测定

按照本节方法制备枣果实样品溶液，设 2 次重复，以本节色谱条件进样，测定狗头枣、和田枣、壶瓶枣、灰枣、稷山板枣、金丝小枣、骏枣、木枣果实中有机酸含量，见表 6-22。

表 6-22　枣果实中有机酸含量

品种	含量/（mg/g）					
	草酸	酒石酸	DL-苹果酸	抗坏血酸	柠檬酸	总酸含量
狗头枣	0.16±0.023	0.25±0.111	0.46±0.049	0.05±0.045	0.38±0.065	1.30
和田枣	0.23±0.020	0.62±0.045	0.40±0.070	0.01±0.001	0.95±0.152	2.21

品种	含量/（mg/g）					
	草酸	酒石酸	DL-苹果酸	抗坏血酸	柠檬酸	总酸含量
壶瓶枣	0.17±0.001	0.39±0.007	0.52±0.012	0.01±0.0003	0.59±0.022	1.68
灰枣	0.27±0.058	0.15±0.009	1.08±0.144	0.01±0.005	0.09±0.116	1.60
板枣	0.18±0.001	0.36±0.004	0.45±0.008	0.02±0.013	0.51±0.068	1.52
金丝小枣	0.21±0.028	0.48±0.292	1.15±0.018	0.02±0.009	0.28±0.093	2.14
骏枣	0.19±0.007	0.19±0.011	0.66±0.023	0.01±0.006	0.42±0.177	1.47
木枣	0.25±0.018	0.92±0.130	1.10±0.065	0.03±0.017	0.18±0.047	2.48

注：平均值以 $\bar{x}±s$ 表示。

由表 6-22 得 8 种枣中总酸含量最高的为木枣 2.48mg/g，最低的为狗头枣 1.30mg/g；含量最高的酸为苹果酸和柠檬酸，其中柠檬酸在和田枣、壶瓶枣、稷山板枣中的含量最高，苹果酸在狗头枣、灰枣、金丝小枣、骏枣、木枣中的含量最高。柠檬酸含量：和田枣>壶瓶枣>板枣>骏枣>狗头枣>金丝小枣>木枣>灰枣，苹果酸含量：木枣>骏枣>金丝小枣>灰枣>壶瓶枣>和田枣>狗头枣>板枣。8 种枣中苹果酸、酒石酸与草酸含量最高的都为木枣，抗坏血酸含量普遍极低，仅有 0.01~0.05mg/g。

三、结论

这 8 种枣中产地包含山西省内各地区以及我国北方从东到西部分省不同的枣品种，其中狗头枣、灰枣、金丝小枣、骏枣、木枣中的有机酸以苹果酸为主，和田枣、壶瓶枣、稷山板枣以柠檬酸为主。抗坏血酸在各种枣中含量普遍偏低，可能是因为在红枣干制过程中流失过多。本实验使用高效液相色谱法，以 ZORBAX SB-Aq 色谱柱，0.04mol/L，pH 2.4 的 $K_2PO_4-H_3PO_4$ 缓冲溶液的流动相，0.5mL/min 的流速；210nm 的检测波长；5μL 的进样量为方法使各种有机酸得到定性定量检测且精密度、重复性和回收率良好，证明此方法容易且准确。此外，为我国北部主要枣品种有机酸含量的研究补充了数据，为枣类食品的研发提供了新的理论依据。

参考文献

［1］马倩倩，吴翠云，蒲小秋，等. 高效液相色谱法同时测定枣果实中的有机酸和 VC 含量［J］. 食品科学，2016，37（14）：149-153.

［2］关尚玮，陈恺，万红艳，等. 高效液相色谱法测定哈密大枣干制过程中 6 种有机酸的含量变化［J］. 食品工业科技，2020，41（13）：253-258，263.

［3］李栋，薛瑞婷. 山西不同品种枣果品质特性及抗氧化活性研究［J］. 食品研究与开发，2020，41（19）：46-50.

第九节 红枣的易挥发性成分分析

良好的风味能刺激消费者的感官和心理，是食品能否获得成功的重要因素之一。早期对水果香气成分的研究多见于草莓、猕猴桃、葡萄等常见水果中各种香气物质的鉴定与含量的测定。随着气相色谱-质谱、电子鼻等高精密测试仪器的发展，香气化合物对水果香味的感官贡献，香气化合物的生物合成途径及其相关酶的研究，栽培条件、环境因素和采后水果香气成分的变化的研究相继出现。李继泉等[1] 和赵勋国[2] 研究认为芳香物质具有一定的感官及生理价值，对人的食欲、精神状态具有一定的影响。

近年来，有许多科研工作者相继研究了红枣的深加工过程，但主要集中在对红枣加工技术的优化和品质分析上，对红枣香气物质分析的研究相对较少。朱晓兰等[3] 利用 GC 和 GC-MS 对枣子酊的挥发性化学成分进行分析研究，发现在鉴定的15 种挥发性成分中，呋喃类成分最多，有 8 种，其中 2 种是主要成分，即 2,4-二氢-3,5-羟基-6-甲基吡喃酮和 5-羟甲基糠醛。穆启运等[4] 采用乙醇-乙醚提取不同升温方式条件烘干的红枣，经 GC 分析以内加法测定糠醛和 5-羟甲基呋喃甲醛的含量。王颉等[5] 以大枣为原料经处理，用 GC-MS 分离鉴定出 71 种化合物，在已知的 39 种中，有 7 种酯类物质、17 种有机酸、6 种烷类物质、2 种醛类物质、4 种醇类物质、2 种烯类物质和 1 种酚类物质。在酯类物质当中，相对含量最高的是戊酸甲酯。任卓英等[6] 采用加速溶剂萃取法（ASE）萃取干枣中的香味成分，利用 GC-MS 从干红枣 ASE 提取物中共鉴定出 35 个挥发性成分，其中主要香味成分是：5-羟甲基糠醛、环十六内酯、十五 14-烯酸、2,3-二氢-3,5-二羟基-6-甲基-4H-吡喃-4-酮、棕榈酸、2-羟基环十五酮、9-十八烯醛、9-十八烯酸、氧杂环十三烷-2-酮、1,3-环戊二酮和己酸等。

红枣是我国重要的植物资源之一，也是部分地区的经济来源。红枣具有挥发性物质，具有浓郁的枣香味，香气成分含量越丰富，其香味越浓郁。因此，研究红枣香气成分及品质为开发红枣新产品、提高红枣产品的档次、优化加工工艺、改善红枣产品口感、全方位多层次地利用红枣资源提供理论依据；对增加红枣的工业用途、提高红枣的经济效益、增加枣农收入具有现实的意义。

一、材料与方法

1. 材料

骏枣：山西省吕梁市；壶瓶枣：山西省太谷县；黄河木枣：山西省临县；狗头

枣：陕西省延川县；和田枣：新疆维吾尔自治区和田市；金丝小枣：山东省乐陵县；灰枣：新疆维吾尔自治区喀什市；板枣：山西省稷山县。8 种枣均为市售商业成熟、无损伤的干枣。

2．方法

（1）样品前处理

参考李焕荣[7]的方法并对其进行修改，取大小均匀一致的红枣去核、剪碎，每种样品枣取 50g 加入 150mL 95％的乙醇浸泡 24h，过滤收集滤液，60℃旋转蒸发除去滤液中的乙醇得膏，再用 60mL 二氯甲烷萃取膏体，重复 3 次，合并有机相过无水硫酸钠脱水，再用旋转蒸发仪于 30℃蒸除二氯甲烷，最后得到残留物用二氯甲烷定容到 5.00mL，过 0.45μm 微孔滤膜，以进行 GC-MS 分析挥发性物质用。

（2）GC-MS 测定方法

GC 条件：DB-17MS（30m×0.25mm×0.250μm）弹性石英毛细管柱，程序升温至 40℃，保持 2.5min；以 5℃/min 升至 200℃；再以 10℃/min 升至 250℃，保持 10min；进样口 250℃；传输线 230℃；载气为 He 气，流速 1.0mL/min；分流比：10∶1，进样量：1.0μL。

MS 条件：电离方式：EI 源，电子能量 70eV；离子源温度 230℃，质量扫描范围 35~400amu；检测电压 1.7kV。

定性方法：分析结果运用计算机谱库（NIST 08）进行初步检索及资料分析，再结合文献进行人工谱图解析。

二、结果与分析

1. 8 种品种红枣的挥发性成分结果分析

8 种红枣的挥发性成分的总离子流色谱图见图 6-56。采用 GC-MS 对 8 种品种红枣中的挥发性成分进行分析，通过（NIST 08）谱库检索，对匹配度不小于 80％的 73 种化合物进行统计，结果如表 6-23 所示。其中包括酸类 30 种、醇类 5 种、酮类 6 种、酯类 5 种、醛类 4 种、酚类 3 种、烯烃类 4 种、烷烃类 9 种、胺烃类 4 种、杂环类 3 种。在相同检测条件下，不同品种红枣挥发性成分的种类及相对含量呈现出一定差异性。其中，板枣中挥发性成分为 33 种，狗头枣 27 种，和田枣 33 种，壶瓶枣 31 种，黄河木枣 32 种，灰枣 34 种，金丝小枣 37 种，骏枣 22 种。

表 6-24 统计了 8 种红枣中各类物质的相对含量，可以看出，8 种红枣中，除了均含有酸类物质和胺烃类物质外，其余种类的挥发性物质均有差别。

红枣中的挥发性物质主要是酸类物质，质量分数约为 70％，对比陈恺等[8] 的实验结果表明，晒干后红枣中的酸类只占到 40％左右，和本实验有所区别的原因是样品处理方法不同，其采取的是固相微萃取法，而本实验采用的是浸提法，可能会导致结果有所不同。

本实验中，和田枣的酸类、酮类、烯烃类和烷烃类物质的含量均高于其他 7 种红枣，而黄河木枣的醇类和醛类物质含量最高，壶瓶枣的酚类和胺烃类化合物高于其他 7 种枣类，灰枣的酯类物质和狗头枣的杂环类物质均为最高。骏枣仅含有除酸类以外的 4% 的其余挥发性物质，是这几种红枣中其余挥发性物质含量最少的。

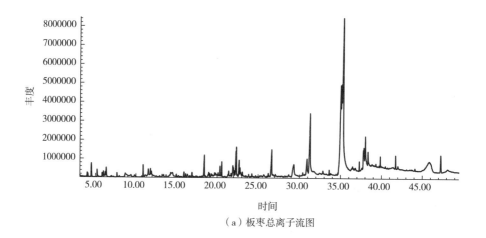

（a）板枣总离子流图

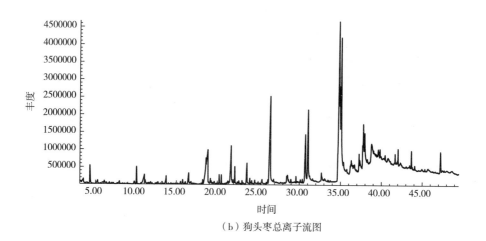

（b）狗头枣总离子流图

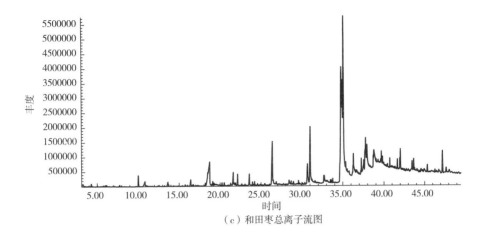

（c）和田枣总离子流图

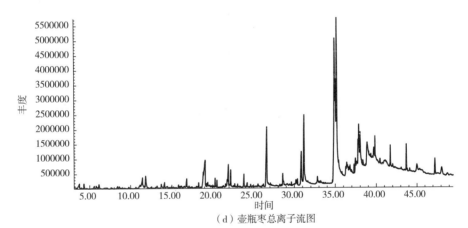

（d）壶瓶枣总离子流图

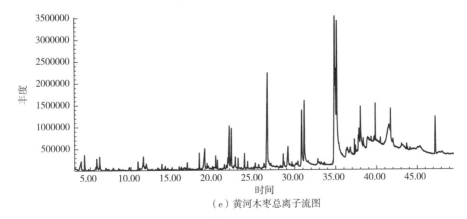

（e）黄河木枣总离子流图

图 6-56

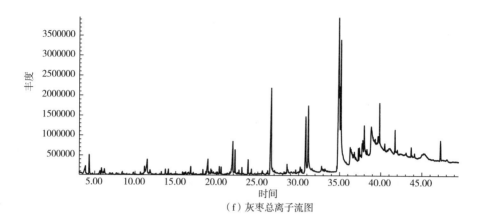

（f）灰枣总离子流图

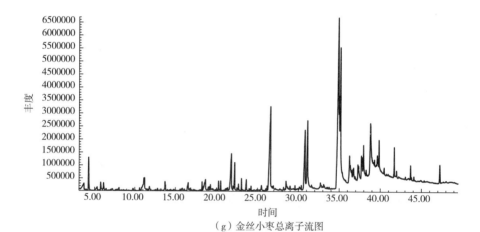

（g）金丝小枣总离子流图

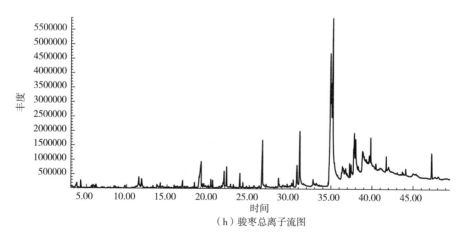

（h）骏枣总离子流图

图 6-56　8 种红枣的挥发性成分的总离子流图

表6-23　8种红枣中择发性物质的含量/%

种类	序号	化合物名称	化学式	样品及其相对含量/%							
				板枣	狗头枣	和田枣	壶瓶枣	黄河木枣	灰枣	金丝小枣	骏枣
	1	丙酸	$C_3H_6O_2$	—	—	—	0.453	1.026	1.037	0.811	0.598
	2	丁酸	$C_4H_8O_2$	—	—	—	—	—	—	0.37	—
	3	己酸	$C_6H_{12}O_2$	—	1.028	0.733	—	—	1.753	0.731	—
	4	庚酸	$C_7H_{14}O_2$	—	—	0.28	0.32	—	0.272	—	0.268
	5	辛酸	$C_8H_{16}O_2$	—	0.817	0.62	0.488	0.422	0.417	0.468	0.566
	6	苯甲酸	$C_7H_6O_2$	0.454	7.537	6.484	4.318	2.147	1.416	1.318	4.536
	7	壬酸	$C_9H_{18}O_2$	—	0.182	0.21	—	—	—	—	—
	8	苯乙酸	$C_8H_8O_2$	0.175	—	—	0.116	—	—	—	—
	9	癸酸	$C_{10}H_{20}O_2$	0.426	3.181	1.053	1.827	2.901	2.865	3.229	1.028
酸类	10	氢化肉桂酸	$C_9H_{10}O_2$	0.15	1.467	0.869	0.651	0.716	0.763	0.54	0.868
	11	十一酸	$C_{11}H_{22}O_2$	—	0.287	0.259	—	—	—	—	—
	12	十二酸	$C_{12}H_{24}O_2$	—	—	—	—	8.561	—	9.12	—
	13	月桂酸	$C_{12}H_{24}O_2$	1.906	9.746	5.002	4.583	0.442	7.786	0.309	4.18
	14	肉桂酸	$C_9H_8O_2$	—	—	—	—	—	0.317	—	—
	15	肉豆蔻酸	$C_{14}H_{28}O_2$	1.989	4.446	2.459	2.398	4.08	4.381	4.952	1.806
	16	(Z)-7-十八碳四烯酸	$C_{14}H_{26}O_2$	—	—	5.978	5.205	4.409	5.041	5.313	4.746
	17	(Z)-11-十四碳二烯酸	$C_{14}H_{26}O_2$	6.943	6.379	—	—	—	—	—	—
	18	正十五酸	$C_{15}H_{30}O_2$	0.283	0.73	0.36	0.402	0.249	0.339	0.574	0.377
	19	棕榈酸	$C_{16}H_{32}O_2$	11.691	13.898	14.965	12.108	13.67	15.271	17.044	15.216
	20	9-十六碳烯酸	$C_{16}H_{30}O_2$	27.91	15.177	28.169	15.885	20.793	19.236	15.777	25.346

续表

种类	序号	化合物名称	化学式	板枣	狗头枣	和田枣	壶瓶枣	黄河木枣	灰枣	金丝小枣	骏枣
酸类	21	11-Hexadecenoic acid, (11Z) -	$C_{16}H_{30}O_2$	—	—	0.927	—	—	—	—	—
	22	7-十六烯酸	$C_{16}H_{30}O_2$	1.308	—	—	—	—	—	—	—
	23	亚油酸	$C_{16}H_{30}O_2$	3.738	4.751	4.064	6.851	4.046	2.835	2.137	—
	24	顺-6-十八碳烯酸	$C_{18}H_{34}O_2$	0.332	—	—	—	—	—	—	—
	25	十八酸	$C_{18}H_{36}O_2$	—	—	—	—	—	0.983	1.009	—
	26	油酸	$C_{18}H_{34}O_2$	2.783	4.215	4.325	—	2.44	—	—	9.297
	27	顺式-十八碳烯酸	$C_{18}H_{34}O_2$	—	—	—	4.634	—	—	—	—
	28	反式-13-十八碳烯酸	$C_{18}H_{34}O_2$	—	—	—	1.017	—	—	—	0.536
	29	亚麻酸	$C_{18}H_{30}O_2$	2.222	—	—	—	0.976	—	0.284	—
	30	顺式-13-十八碳烯酸	$C_{18}H_{34}O_2$	—	—	3.804	—	—	1.072	1.022	—
		合计		62.31	73.841	80.561	61.256	66.878	65.784	65.008	69.368
醇类	31	2,3-丁二醇	$C_4H_{10}O_2$	1.122	—	—	0.251	0.805	0.901	0.804	—
	32	(E,Z)-2,13-十八烷二烯-1-醇	$C_{18}H_{34}O$	0.421	—	—	—	0.578	—	0.6	—
	33	(Z,E)-3,13-十八烷二烯-1-醇	$C_{18}H_{34}O$	—	—	—	—	0.907	—	—	—
	34	12-甲基-E,E-2,13-十八碳烯-1-醇	$C_{19}H_{36}O$	—	—	—	—	—	0.411	—	—
	35	(4E,8E,12E)-4,9,13,17-四甲基-4,8,12,16-十八烷基-1-醇	$C_{22}H_{38}O$	—	—	—	—	2.250	—	—	—
		合计		1.543	0	0	0.251	3.968	1.89	1.404	0

续表

种类	序号	化合物名称	化学式	样品及其相对含量							
				板枣	狗头枣	和田枣	壶瓶枣	黄河木枣	灰枣	金丝小枣	骏枣
酮类	36	3-羟基-2-丁酮	$C_4H_8O_2$	0.739	1.008	—	0.251	—	—	1.484	—
	37	环己酮	$C_6H_{10}O$	—	0.865	0.752	—	—	—	—	—
	38	2-环戊烯-1,4-二酮	$C_5H_4O_2$	0.49	—	—	—	0.399	—	—	—
	39	3-甲基环戊烷-1,2-二酮	$C_6H_8O_2$	0.148	—	—	—	—	—	—	—
	40	5-乙酰基二氢-2（3H）-呋喃酮	$C_6H_8O_3$	0.711	0.322	—	—	—	—	—	—
	41	7,9-二叔丁基-1-oxaspiro 十溴二苯醚（4,5）为6,9二烯二酮	$C_{17}H_{24}O_3$	—	—	3.21	—	—	—	—	—
		合计		2.088	2.195	3.962	0.251	0.399	0	1.484	0
酯类	42	4-羟基丁酸内酯	$C_4H_6O_2$	0.114	—	—	—	—	—	—	—
	43	（Z）-十六烯酸甲酯	$C_{17}H_{32}O_2$	—	—	0.252	—	—	—	—	—
	44	邻苯二甲酸二丁酯	$C_{16}H_{22}O_4$	0.265	0.707	0.757	0.216	0.355	0.335	0.443	0.386
	45	2-己基-环丙烷辛酸甲酯	$C_{19}H_{36}O_3$	—	—	—	—	0.65	—	—	—
	46	己二酸二辛酯	$C_{22}H_{42}O_4$	0.386	—	—	—	—	2.903	2.471	—
		合计		0.765	0.707	1.009	0.216	1.005	3.238	2.914	0.386
醛类	47	5-羟甲基糠醛	$C_6H_6O_3$	0.902	—	—	—	—	—	—	—
	48	对羟基苯甲醛	$C_7H_6O_2$	—	—	—	—	—	—	0.32	—
	49	（9Z）-十八碳-9,17-二烯醛	$C_{18}H_{32}O$	—	0.707	—	—	—	—	—	—
	50	（Z）-14-甲基-8-十六碳烯-1-缩醛	$C_{17}H_{32}O$	—	—	—	—	2.396	—	—	—
		合计		0.902	0.707	0	0	2.396	0	0.32	0

续表

种类	序号	化合物名称	化学式	样品及其相对含量							
				板枣	狗头枣	和田枣	壶瓶枣	黄河木枣	灰枣	金丝小枣	骏枣
酚类	51	4-乙烯基-2-甲氧基苯酚	$C_9H_{10}O_2$	—	—	—	—	0.375	0.229	0.336	—
	52	2,4-二叔丁基苯酚	$C_{14}H_{22}O$	0.159	0.228	—	—	0.574	—	0.118	—
	53	2,2'-亚甲基双-(4-甲基-6-叔丁基苯酚)	$C_{23}H_{32}O_2$	—	0.728	0.741	1.159	0.189	0.363	0.455	0.129
		合计		0.159	0.956	0.741	1.159	1.138	0.592	0.909	0.129
烯烃类	54	十七烯	$C_{17}H_{34}$	—	0.348	—	—	—	—	—	—
	55	2,6,10,14,18-五甲基-2,6,10,14,18-二十碳五烯	$C_{25}H_{42}$	—	—	—	—	—	—	0.917	—
	56	角鲨烯	$C_{30}H_{50}$	—	1.203	—	0.911	—	1.258	—	—
	57	反式角鲨烯	$C_{30}H_{50}$	1.122	—	1.965	—	—	—	—	1.64
		合计		1.122	1.551	1.965	0.911	0	1.258	0.917	1.64
烷烃类	58	十二烷	$C_{12}H_{26}$	0.088	—	—	0.286	0.231	0.265	0.578	—
	59	十四烷	$C_{14}H_{30}$	0.348	—	0.147	0.112	0.175	0.142	0.127	0.129
	60	十六烷	$C_{16}H_{34}$	0.109	—	—	0.252	0.368	0.274	0.14	0.254
	61	十八烷	$C_{18}H_{38}$	0.209	—	1.196	—	—	—	—	—
	62	二十烷	$C_{20}H_{42}$	—	—	0.373	0.326	—	—	—	—
	63	9-八溴环十二烷	$C_{18}H_{34}$	—	—	0.853	—	—	—	0.765	—
	64	1-氯二十一碳烷	$C_{20}H_{41}Cl$	—	—	0.899	—	—	—	—	—
	65	碘代十六烷	$C_{16}H_{33}I$	—	—	0.628	—	—	—	—	—
	66	1,54-二溴四环十二烷	$C_{54}H_{108}Br_2$	—	—	—	—	—	—	—	—
		合计		0.754	0	4.096	0.976	0.774	0.681	1.61	0.383

续表

种类	序号	化合物名称	化学式	样品及其相对含量							
				板枣	狗头枣	和田枣	壶瓶枣	黄河木枣	灰枣	金丝小枣	骏枣
胺烃类	67	2,4-二(2-甲基苯氧基)苯胺	$C_6H_8O_4$	1.299	0.164	—	0.204	0.684	0.247	0.281	0.272
	68	烟酰胺	$C_6H_6N_2O$	—	—	0.539	0.909	0.404	0.677	0.566	0.732
	69	芥酸酰胺	$C_{22}H_{43}NO$	—	—	—	1.373	—	—	—	—
	70	油酸酰胺	$C_{18}H_{35}NO$	0.511	—	0.585	0.889	1.605	0.847	0.957	0.658
	合计			1.81	0.164	1.124	3.375	2.693	1.771	1.804	1.662
杂环类	71	1,4-二甲基哌嗪	$C_6H_{14}N_2$	—	0.279	—	—	—	—	—	—
	72	2,3-二氢苯并呋喃	C_8H_8O	—	—	—	0.357	—	0.407	0.365	—
	73	十二烯基丁二酸酐	$C_{16}H_{26}O_3$	—	1.247	0.521	—	0.941	0.353	—	—
	合计			0	1.526	0.521	0.357	0.941	0.76	0.365	0

注:"—"表示未检出。

表6-24 8种红枣中各类物质的相对含量/%

挥发性成分	相对含量							
	板枣	狗头枣	和田枣	壶瓶枣	黄河木枣	灰枣	金丝小枣	骏枣
酸类	62.31	73.841	80.561	61.256	66.878	65.784	65.008	69.368
醇类	1.543	—	—	0.251	3.968	1.89	1.404	—
酮类	2.088	2.195	3.962	0.251	0.399	—	1.484	—
酯类	0.765	0.707	1.009	0.216	1.005	3.238	2.914	0.386
醛类	0.902	0.707	—	—	2.396	—	0.32	—
酚类	0.159	0.956	0.741	1.159	1.138	0.592	0.909	0.129
烯烃	1.122	1.551	1.965	0.911	—	1.258	0.917	1.64
烷烃	0.754	—	4.096	0.976	0.774	0.681	1.61	0.383
胺烃	1.81	0.164	1.124	3.375	2.693	1.771	1.804	1.662
杂环	—	1.526	0.521	0.357	0.941	0.76	0.365	—
合计	71.453	81.647	93.979	68.752	80.192	75.974	76.735	73.568

注："—"表示未检出。

158

2.8 种红枣的挥发性成分结果比较分析

（1）8 种红枣的相同的挥发性成分的比较

由表 6-24 可以看出，8 种品种的红枣共同组分共有 8 种，其中挥发性酸类化合物 7 种，酯类化合物 1 种。结合图 6-57 可以看出，挥发性酸类化合物的共同组分有：9-十六碳烯酸、棕榈酸、月桂酸、肉豆蔻酸、癸酸、氢化肉桂酸、正十五酸、邻苯二甲酸二丁酯；9-十六碳烯酸的含量在 8 种红枣中为最高，其相对含量在 8 种红枣中均占总峰面积的 20% 左右；其在和田枣中的相对含量最高，为 28.169%，在狗头枣中的相对含量最少，为 15.177%，但在吕珊等[9] 的检测结果中，在酸性成分中，乙酸的相对含量最高，一方面由于大枣在树上糖心过程中发酵产生部分乙酸，另一方面是一些长链脂肪酸在烘干过程中热氧化分解的结果。在本实验中所用到的枣类均为干制枣，且样品的处理方法也有所差别，所以导致结果有所差别。在这些共有的酸类物质中，氢化肉桂酸表现出枣味和微酸味、月桂酸表现出芳香味，对红枣的香气都有辅助作用。在不同品种的红枣中，这些共同组分含量也有一定的差异，说明红枣的挥发性成分差异和品种存在一定的关系。而酯类化合物共有的组分是邻苯二甲酸二丁酯，其含量也只占据不到总峰面积的 1%。

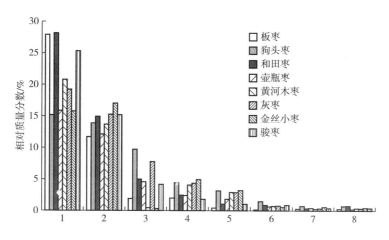

图 6-57 8 种红枣的挥发性成分

1—9-十六碳烯酸 2—棕榈酸 3—月桂酸 4—肉豆蔻酸 5—癸酸

6—氢化肉桂酸 7—正十五酸 8—邻苯二甲酸二丁酯

（2）8 种红枣不同的挥发性成分分类比较

①酸类。对比 8 种不同种类红枣可以发现，酸类物质是挥发性成分主要组成物质，其中和田枣中的酸类物质的质量分数高达 80.561%，而壶瓶枣中酸类物质的质量分数仅为 61.256%；在这 8 种红枣中，除去金丝小枣中棕榈酸的含量居多外，其

余 7 种红枣中含量最多的均为 9-十六碳烯酸，其质量分数分别为板枣（27.91%）、狗头枣（15.177%）、和田枣（28.169%）、壶瓶枣（15.885%）、黄河木枣（20.793%）、灰枣（19.236%）、骏枣（25.346%）；其余酸类物质也有一些特殊的气味，例如，乙酸可以表现出醋酸味，已酸表现出汗味，辛酸、庚酸具有脂肪样气味；丙酸表现出果香和酸味；（Z）-11-十四碳二烯酸表现出清新味。这些气味可能组成一些独特的风味。

②醇类。醇类主要来源于发酵、氨基酸的转化以及亚麻酸降解物的氧化，仅在板枣、壶瓶枣、黄河木枣、灰枣、金丝小枣中检测出来，其质量分数分别为1.543%、0.251%、3.968%、1.89%、1.404%；其中黄河木枣的醇类化合物质量分数最高为 3.968%，壶瓶枣中的醇类化合物质量分数最低为 0.251%；醇类化合物通常具有特殊的花香和果香味，在存储过程种可能转化为酯类化合物。

③酮类。酮类化合物在板枣、狗头枣、和田枣、壶瓶枣、黄河木枣、金丝小枣中的质量分数分别为 2.088%、2.195%、3.962%、0.251%、0.399%、1.484%；和田枣的酮类化合物的质量分数最高为 3.962%，壶瓶枣中酮类化合物的质量分数最低为 0.251%；酮类物质为 Maillard 反应的中间产物，通过 Strecker 降解产生；酮本身不是风味物质，但少量短链的羰基化合物呈果香、甜样的焦糖气味，如 3-羟基-2-丁酮散发出黄油、奶油和蘑菇味。

④酯类。酯类赋予红枣果香和花香的感官特性，对红枣总体香气的形成具有积极作用。酯类化合物在板枣、狗头枣、和田枣、壶瓶枣、黄河木枣、灰枣、金丝小枣、骏枣中的质量分数分别是 0.765%、0.707%、1.009%、0.216%、1.005%、3.238%、2.914%、0.386%；灰枣中酯类化合物的质量分数最高为 3.238%，壶瓶枣中酯类化合物的质量分数最低为 0.216%；酯类物质是形成水果香味的主要成分，可以给红枣提供一些清香味、果香味。

⑤醛类。醛类物质中的糠醛在前人有关枣挥发性成分的研究中均有报道，尤其在加热处理后的枣中含量较高。糠醛是抗坏血酸在热、氧条件下降解生成的低分子醛类物质。醛类物质在板枣、狗头枣、黄河木枣、金丝小枣中的质量分数分别为0.902%、0.707%、2.396%、0.32%；共检测出 4 种醛类物质，分别是板枣特有的5-羟甲基糠醛、金丝小枣特有的对羟基苯甲醛、狗头枣特有的（9Z）-十八碳-9，17-二烯醛和黄河木枣特有的（Z）-14-甲基-8-十六碳烯-1-缩醛；5-羟甲基糠醛具有焦香气味及糖果味，这类物质对食物香气的形成至关重要，许多能够促进人食欲的香味，就来源于此类物质；苯甲醛具有特殊的气味，相似于苦杏仁的味道。醛类物质具有脂肪香味，可以用来解释脂质的氧化程度，并与红枣的存储品质有一定的关系。

⑥酚类。酚类化合物在板枣、狗头枣、和田枣、壶瓶枣、黄河木枣、灰枣、金

丝小枣、骏枣中的质量分数分别为 0.159%、0.956%、0.741%、1.159%、1.138%、0.592%、0.909%、0.129%；8 种红枣共检测出 4-乙烯基-2-甲氧基苯酚、2，4-二叔丁基苯酚和 2，2'-亚甲基双-（4-甲基-6-叔丁苯酚）3 种酚类物质，其中除了板枣外，其余 7 种红枣均含有 2，2'-亚甲基双-（4-甲基-6-叔丁苯酚），并且在壶瓶枣中的含量最高，其质量分数高达 1.159%；酚类化合物大多具有特殊的芳香气味。

⑦烯烃类。烯烃类化合物在板枣、狗头枣、和田枣、壶瓶枣、灰枣、金丝小枣、骏枣中的质量分数分别为 1.122%、1.551%、1.965%、0.991%、1.258%、0.917%、1.64%；和田枣的烯烃化合物质量分数最高为 1.965%，壶瓶枣的烯烃化合物质量分数最低为 0.991%，但各种枣类的烯烃化合物的质量分数都在 1% 左右；烯烃类化合物是不饱和烃，对红枣的风味有一定贡献，不同品种中的烯烃化合物的差异可能会造成红枣风味的差异。

⑧烷烃类。烷烃类化合物在板枣、和田枣、壶瓶枣、黄河木枣、灰枣、金丝小枣、骏枣中的质量分数分别是 0.754%、4.096%、0.976%、0.774%、0.681%、1.61%、0.383%；其中和田枣中的烷烃类化合物质量分数最高为 4.096%，而骏枣中的烷烃化合物质量分数最低为 0.383%；其中十六烷的含量较高，在板枣、和田枣、壶瓶枣、黄河木枣、灰枣、金丝小枣、骏枣中的质量分数分别是 0.109%、0.147%、0.252%、0.368%、0.274%、0.14%、0.254%；本实验中鉴定出较多的烷烃类物质，但烷烃类物质一般无气味，对枣香气形成贡献不大。

⑨胺烃类。胺烃类物质共检测出 4 种，在板枣、狗头枣、和田枣、壶瓶枣、黄河木枣、灰枣、金丝小枣、骏枣中的质量分数分别是 1.81%、0.164%、1.124%、3.375%、2.693%、1.771%、1.804%、1.662%；这几类胺烃类物质对香气成分贡献不大，但烟酰胺在大多数情况下临床药物为 B 族维生素，用于防治糙皮病及口炎、舌炎等病症的治疗。

⑩杂环类。在 8 种红枣中检测出呋喃和哌嗪等杂环类物质，呋喃类的化合物通常具果香味，这些杂环类化合物风味阈值低，对红枣的风味也很重要。

三、结论

红枣的香味物质会因种类而各异，各地区的气候、风土、施肥条件等都会影响其香味物质组成。采用 GC-MS 联用技术对不同产地的 8 种红枣的香气成分进行分析，实验条件及方法：DB-17MS（30m×0.25mm×0.250μm）弹性石英毛细管柱、样品采用萃取法进行处理。程序升温的条件为：升温至 40℃，保持 2.5min；以 5℃/min 升至 200℃；再以 10℃/min 升至 250℃，保持 10min；在此条件下经气-质联用分析，得到 8 种不同产地红枣的挥发性成分。结果表明红枣的主要挥发性物质是酸类物质，质量分数约为70%，其次是酮类、酯类、醛类、醇类等各种物质；8种不同品种红枣共有8个共同组分，分别为7种挥发性酸类物质（棕榈酸、9-十六碳烯酸、月桂酸、肉豆蔻酸、癸酸、氢化肉桂酸、正十五酸）和1种酯类物质（邻苯二甲酸二丁酯），且这几种共同组分的含量也有所差异；不同品种的挥发性成分的差异主要体现在酸类、酮类、酯类、醛类以及醇类等物质，这些物质相互作用产生综合气味，从而使不同品种的红枣呈现不同的特点。

参考文献

[1] 李继泉，金幼菊，沈应柏，等．环境因子对植物释放挥发性化合物的影响[J]．植物学通报，2001，18（6）：649-656，677.

[2] 赵勋国．芳香疗法——精油的保健和治疗作用[J]．日用化学品科学，2005（6）：44-48.

[3] 朱晓兰，时亮，刘百战，等．利用GC和GC/MS分析枣子酊挥发性化学成分[J]．分析仪器，2000（4）：41-43.

[4] 穆启运，陈锦屏，张保善．红枣挥发性芳香物的气相色谱—质谱分析[J]．农业工程学报，1999，17（3）：251-255.

[5] 王颉，张子德，张占忠，等．枣挥发油的提取及其化学成分的气相色谱—质谱分析[J]．食品科学，1998，19（2）：38-40，2.

[6] 任卓英，朱海军，倪朝敏，等．干红枣ASE提取物的GC/MS分析及其在卷烟中的应用[J]．光谱实验室，2009，26（3）：491-494.

[7] 李焕荣，徐晓伟，许淼．干制方式对红枣部分营养成分和香气成分的影响[J]．食品科学，2008，29（10）：330-333.

[8] 陈恺，李琼，周彤，等．不同干制方式对新疆哈密大枣香气成分的影响[J]．食品科学，2017，38（14）：158-163.

[9] 吕姗，凌敏，董浩爽，等．烘干温度对大枣香气成分及理化指标的影响[J]．食品科学，2017，38（2）：139-145.

第十节　发酵红枣汁的加工工艺

红枣富含维他命，有"天然维生素之丸"之称，既有补胃的功效，也有补血的功效，并且它的种子和根茎都是可以入药的材料。另外，枣树属温性，耐旱耐涝，被称为"铁杆庄稼"，是节水型林果业的理想品种[1]。而稷山县的板枣位列中国十大名枣之首，其果皮很薄，肉质软厚，果核细小，肉质香醇，果实呈扁平的球形，略带上宽下窄状，故名板枣，其成熟时呈黯红色，果实呈青白色，干燥后的红枣果皮光滑丰满，富有弹力，肉质为浅红色，就算被挤压也可以恢复原状，可拉出30~60cm的金黄色细丝[2]。板枣具有很高的营养价值，每个板枣平均质量为16.7g，含糖量占比38.78%，其中每100g鲜枣中有972mg的维生素C、3.47mg的黄酮，被称为"人参之果"。干制枣含糖量占比高达74.3%，具有丰富的人体所需的18种氨基酸及钾、钠、钙等多种微量元素，不仅对高血压、毒疮等疾病有显著的治疗效果，还有健脑健脾的益处。

但是由于每年鲜枣有很大的生产量在同一时间节点成熟，而现在市场上关于鲜枣的保鲜还没有十分成熟有效的技术手段，导致鲜枣大量腐败变质。板枣是运城市稷山县的传统产业，而气候条件对板枣的影响很大，在板枣收获的季节，极易因为阴雨天的影响出现大量裂果和落果问题。例如2014年，稷山板枣产量丰富却几近绝收，就是因为在收获的季节遭遇了阴雨天；2017年和2019年裂果现象频发，很大程度上影响了板枣的产量和品质[3]。并且目前我们受制于自然分布、营养成分，以致对枣的相关认知和研究大多受限，导致对其深加工产品的技术研究比较少。

市面上常见的红枣汁饮品分为红枣汁、复合红枣汁、发酵红枣酒和红枣醋等。其中红枣汁营养丰富，具有独特风味，甜度适宜，适合大部分人群，并且有一定的保健作用；其次是复合红枣汁饮品，是在以红枣为主、其他果品蔬菜为辅基础上进行科学调配的饮品，复合红枣汁饮品不仅可以调配出独特的风味，而且可以充分利用不同果蔬的营养价值实现营养互补。目前市面上已经开发了琳琅满目的复合红枣汁饮料，如红枣山楂饮料、红枣枸杞茶、红枣芦荟饮料等。红枣还可以被制作成冲调饮品，即将枣果精加工制成各种不同口味的冲调饮品，这些饮品通常是枣果经过干燥和研磨制成的，然后用水或其他液体将其溶解，可达到美味的效果。相对于液体瓶装的饮料，冲调饮品更加小巧，包装简单，更容易携带，冲调饮用更加方便，能更好地还原红枣的美味，而且应用范围也更加广阔[4]。红枣还可以经过发酵制成枣酒和枣醋，枣酒不仅在口感上具有独特的风味，而且营养保健价值也不容小觑，属于红枣产业的深加工产品，其使红枣加工的产业链得以延长，目前，在陈化、澄清、发酵等方面应用了许多新技术，提高了枣酒的生产工艺，发展前景良好；枣醋既具有红枣的营养价值，还包含了食醋的有助于消化、防感冒、消除疲劳、醒酒、降脂、延缓衰老、软化血管等作用，枣醋酿造提升了残次枣的利用率，可变废为宝，不仅为农民增收，还提供了红枣深加工的新思路。

发酵果汁除了可以在发酵过程中产生较多的营养物质外，还能最大限度地保留水果自身所含有的营养组分，益生菌发酵不仅能够提高果汁的品质，还有改善肠道环境的益处，并且能够提高食用者的免疫力。Nayak等[5]研究了发酵诺丽果汁对糖尿病小鼠的作用效果，发现发酵后的诺丽果汁可以保护小鼠的肝脏并且降低了血糖。

发酵过程中微生物的代谢作用使果汁中的酶系组成和酚类物质的含量发生改变，提升了果汁的品质。经研究发现，益生菌发酵后检测其理化性质，果汁中的总酚、黄酮、维生素、矿物质、胞外多糖等多种营养物质含量增加[6]。卢嘉懿等[7]研究了5种不同的发酵果蔬汁，发现这5种果蔬汁在发酵前后有明显的物质变化，具体表现为挥发性风味物质占比及其种类、芳香族氨基酸、苯衍生风味物质增多，但是醛类物质和游离氨基酸占比降低，证明发酵过程中游离氨基酸可能发生了分解，并且产生了一些小分子挥发性呈味物质。刘秋豆等[8]研究发现，经乳酸菌发酵的芒果汁，总酚含量增加，抗氧化活性提高，显著改善了果汁的品质。

本实验以运城市稷山县板枣为原料，以植物乳杆菌进行单菌种发酵，通过分析发酵过程中板枣汁的风味变化从而探究发酵对枣汁品质的影响，筛选出较优发酵时间、发酵温度、果葡糖浆添加量以及菌种添加量，从而为开发出具有高附加值的枣汁保健饮品提供参考。

一、材料与方法

1. 材料

板枣：山西省运城市稷山县。

2. 方法

（1）样品前处理

恰当的蒸煮时间可以得到具有红棕色色泽、浓郁的板枣香气、口感甜美并且组织状态均匀良好的板枣汁。蒸煮时间过长，高温可能会破坏枣块的组织结构，导致枣汁中出现较多絮状物；而蒸煮时间过短，枣块不能充分浸提，使制成的枣汁没有浓郁的枣香。所以发酵枣汁之前要先对板枣进行前处理。

首先挑选外表无破损、大小均匀、无腐败变质现象的板枣，量取500g，用清水反复清洗几次，直到红枣表面无污渍为止。然后将清洗好的板枣放入鼓风干燥箱中干燥30~50min。之后将红枣去核，切成小于5mm的小块。称量200g碎枣块，蒸馏水中浸泡4h后，过滤，加入1500mL蒸馏水，分别煮制（15、30、45、60、75）min，然后进行感官评定。从产品上分析，当蒸煮时间为15min时，枣汁色泽过浅且没有浓郁的枣香，甜度不明显；随着蒸煮时间的递增，枣汁的颜色变得越来越深，枣香也越来越浓郁，甜度适口；当蒸煮时间增加到75min时，枣汁的色泽过深，呈现红黑色，枣香非常浓郁，但是入口发苦，结合感官评分，选择45min为最佳煮制时间。

得到的枣汁过滤备用。得到板枣汁，按照要求加入果葡糖浆后放入洗净的均质机中，放入的枣汁应不超过均质机料槽的2/3，均质过程不能离人，以防止均质过程中料液溢出。均质5min后，将板枣汁放入提前经过杀毒灭菌（玻璃瓶放在煮沸的锅中蒸煮15min）的玻璃瓶中，每瓶100mL，然后在超净工作台上将称量好的菌粉接种到样液中，摇匀后放入恒温生化培养箱中培养。发酵完成后转入4℃的冰箱中冷藏24h后取出即可品尝。

（2）单因素实验

以发酵温度37℃、发酵时间24h、果葡糖浆添加量10%为确定条件，采用不同的菌种接种量1%、2%、3%、4%、5%，放入恒温生化培养箱下发酵，对得到的发酵产物测定pH值，在4℃下冷藏24h后进行感官评定，确定植物乳杆菌较优接种量。

采用不同的培养温度27、32、37、43、48℃，按照3%的菌种接种量接种植物乳杆菌，添加10%的果葡糖浆，培养24h，测定pH值，在4℃冷藏24h后进行感官评定，确定较优培养温度。

按照3%的菌种接种量接种植物乳杆菌，于10%的果葡糖浆添加量、最佳培养温度37℃下培养，分别在培养12、18、24、30、36h后测定pH值，4℃下冷藏24h后进行感官评定，确定较优培养时间。

添加3%的植物乳杆菌，于最佳培养温度37℃下，添加6%、8%、10%、12%、14%的果葡糖浆后在恒温生化培养箱中培养24h，测定pH值，冷藏24h后进行感官评定，确定较优果葡糖浆添加量。

（3）正交实验

以菌种接种量、发酵温度、发酵时间、果葡糖浆添加为单因素，采用 $L_9(3^4)$ 正交实验设计，优化植物乳杆菌发酵板枣汁的工艺。因素与水平表见表6-25。

表6-25 正交实验因素与水平表

水平	因素			
	菌种接种量（A）/%	果葡糖浆添加量（B）/%	发酵时间（C）/h	发酵温度（D）/℃
1	1	6	12	37
2	2	8	18	42
3	3	10	24	47

（4）感官评价

采用百分制的评分方法对板枣汁和发酵板枣汁进行感官分析。分析评价指标包括色泽、香气、组织状态和口感四个方面，各项数据评分的标准见表6-26和表6-27，感官最后评分就是四个指标得分的总和。根据评分表，对结果进行统计分析。本次试验通过10名有一定知识和受过一定训练的老师和同学对发酵后的产品进行评分。

表 6-26 板枣汁感官评价标准

项目	评价标准	得分
色泽	枣汁呈现红棕色，色泽饱满且均匀一致，无杂色	15~20
	枣汁呈现红棕色，色泽较差，有少量杂色	10~14
	枣汁呈现浅红棕色，色泽不均匀，有杂色	<10
香气	枣汁有浓郁的板枣香气，且无异味	25~30
	枣汁中没有浓郁的板枣香气，无异味	20~24
	枣汁中没有浓郁的枣香，而且有异味	<20
口感	酸甜适中，红枣香气浓郁	25~30
	酸甜较适中，红枣香气较浓郁	20~24
	过酸或过甜，口感差，无明显的枣香味	<20
组织状态	枣汁均匀细腻，形态组织稳定，无沉淀分层	15~20
	枣汁较均匀，形态组织稳定，稍有沉淀，基本不分层	10~14
	枣汁不均匀，形态组织不稳定，沉淀较多，分层明显	<10

表 6-27 发酵板枣汁感官评定标准

指标	标准	分数
色泽	发酵枣汁呈现红棕色，色泽饱满均匀一致，无杂色	15~20
	发酵枣汁呈现红棕色，色泽饱满且均匀一致，少量杂色	10~14
	发酵枣汁呈现浅红棕色，色泽不均匀，有杂色	<10
香气	发酵枣汁有浓郁的板枣香味和适度的发酵香味	25~30
	发酵枣汁枣香味较淡，发酵香味不明显，无异味	20~24
	发酵枣汁无枣香味，发酵过度出现异味	<20
口感	发酵枣汁酸甜适口，柔和爽口，无异味	25~30
	发酵枣汁偏甜或偏酸，口味较浓或太淡，无异味	20~24
	发酵枣汁过甜或过酸，口感不适，有异味	<20
组织状态	发酵枣汁均匀细腻，形态组织稳定，无沉淀和分层	15~20
	发酵枣汁较均匀，形态组织稳定，稍有沉淀，基本不分层	10~14
	发酵枣汁不均匀，形态组织不稳定，沉淀较多，分层明显	<10

二、结果与分析

1. 单因素对发酵枣汁品质的影响

(1) 菌种接种量对发酵枣汁品质的影响

适量的接种量既可以保证有足够的植物乳杆菌菌种存活并生长，又能避免菌种过多造成营养物质不够限制其生长。由图 6-58 可知，在其他条件一致时，测定菌种接种量不同的枣汁的 pH，发现 pH 在 1%~3% 时先降后升，感官评分呈现上升的趋势；pH 在 3%~5% 时逐渐下降，说明菌种产酸量逐渐增多，这时的感官评分开始下降。从产品上分析，接种量为 1% 和 5% 的产品不酸或过酸，当接种量低于 3% 时，发酵枣汁发酵风味较淡，且有气泡产生；当接种量高于 3% 时，板枣香气被遮盖，有不良风味；而接种量为 3% 的发酵板枣汁发酵香味宜人，滋味醇正、协调悦人，并且发酵枣汁颜色呈红棕色，形态较好，没有不良风味，符合人们对于发酵饮料的口感。因此，结合感官评分选择菌种接种量为 1%、2% 和 3% 进行正交实验。

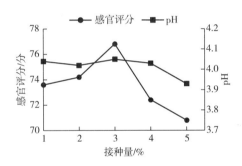

图 6-58　不同接种量对发酵板枣汁品质的影响

(2) 发酵温度对发酵枣汁品质的影响

蛋白质、核酸等生物大分子的结构和功能会被温度所影响。温度还会影响细胞结构，如细胞膜的流动性和完整性，并直接影响微生物的生长、繁殖和新陈代谢。微生物在适宜温度范围内，随着温度的升高，代谢活动加强，生长、繁殖加快；超过最适温度后，生长速率降低，生长周期也会延长。由图 6-59 可知，随着温度的升高，pH 先逐渐减小后又增大，在 37℃ 达到最小。说明在 37℃ 的发酵温度下，植物乳杆菌的代谢活动最强，并且此时的发酵枣汁口感甜润，色泽呈现红棕色，组织状态细腻均匀，有板枣风味和良好的发酵风味；当发酵温度低于 37℃ 时，发酵枣汁口感略淡，发酵风味略淡，枣汁微甜；当发酵温度高于 37℃ 时，发酵枣汁表面出现气泡，有不良风味。综合感官评分选择发酵温度为 37℃、42℃ 和 47℃ 进行正交试验。

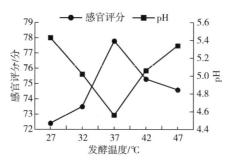

图 6-59　不同发酵温度对发酵板枣汁品质的影响

（3）发酵时间对发酵枣汁品质的影响

不同的发酵时间对发酵板枣汁的品质也有较大的影响：时间过短，菌种不能充分发酵，产品也就不会有恰当的发酵风味；时间过长，菌种容易过度发酵，会产生不良风味。如图 6-60 所示，随着发酵时间的增加，感官评分逐渐升高，在发酵时间为 24h 时达到了最高值 78.9 分，此时的发酵枣汁富有光泽，没有气泡产生，组织状态均匀无沉淀，符合人们对于饮料的要求；但是在发酵时间为 24~36h 时，感官得分开始下降，在 36h 降低到 73.9 分，此时的枣汁表面出现气泡，有不良发酵风味，口感不适。而 pH 随着培养时间的延长逐渐减小，于 24h 后，pH 趋于稳定。综合感官评分，在正交试验中发酵时间选择 12h、18h、24h。

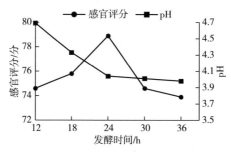

图 6-60　不同发酵时间对板枣汁品质的影响

（4）果葡糖浆对发酵枣汁品质的影响

果葡糖浆中的葡萄糖可以为菌种的生长提供碳源，还可以使枣汁风味更好。不同的果葡糖浆添加量对发酵板枣汁得分的影响如图 6-61 所示。随着果葡糖浆添加量的增加，感官评分呈现先增大后降低的趋势，而 pH 变化则是逐渐降低，是因为随着果葡糖浆添加量的增多，其为植物乳杆菌的生长提供了越来越丰富的碳源，使植物乳杆菌的生长活动越来越活跃，产生了大量的乳酸。综合感官评分，在添加果葡糖浆量为 14% 时感官评分最低，为 70.3 分，这时的 pH 也最低，为 4.11，可能是因为碳源充足所以植物乳杆菌代谢活动较强，产生了较多乳酸，使品尝时过酸。在果葡糖浆添加量在6%~10%时，随着果葡糖浆的增加感官评分越来越高，当添加果葡糖浆含量为10%时，感官评分最高，为78.6分；继续加大果葡糖浆添加量，感官评分开始下降，当加糖量为14%时，感官评分为70.3分，此时的枣汁发酵风味过重，有不良风味。综合感官评分在正交试验中果葡糖浆添加量选择6%、8%、10%。

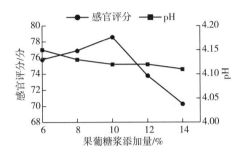

图6-61　果葡糖浆添加量对发酵板枣汁品质的影响

2. 正交实验结果

以感官评分为指标进行分析，如表6-28所示。

表6-28　正交实验结果

试验号	菌种接种量（A）	果葡糖浆添加量（B）	发酵时间（C）	发酵温度（D）	得分
1	1	1	1	1	74.8
2	1	2	2	2	71.0
3	1	3	3	3	70.0
4	2	1	2	3	69.0
5	2	2	3	1	67.0
6	2	3	1	2	68.4
7	3	1	3	2	71.2
8	3	2	1	3	70.2
9	3	3	2	1	78.8
k_1	71.9	71.7	71.1	73.5	
k_2	68.1	69.4	72.9	70.2	

续表

试验号	菌种接种量（A）	果葡糖浆添加量（B）	发酵时间（C）	发酵温度（D）	得分
k_3	73.4	72.4	69.4	69.7	
R	5.3	3	3.5	3.8	

从表6-28可以看出，综合评分最高的组合是 $A_3B_3C_2D_1$，即发酵温度37℃、发酵时间18h、菌种接种量3%以及果葡糖浆添加量10%。从极差 R 可以看出，因素 A（菌种接种量）的极差最大，是主要影响因素，其次是因素 D（发酵温度）和因素 C（发酵时间），而因素 B（果葡糖浆添加量）影响相对较小，故各因素对发酵板枣汁综合评分的影响程度依次为 $A>D>C>B$。

三、结论

本研究以运城市稷山县板枣为原料，经过对板枣提汁辅以适量果葡糖浆，利用植物乳杆菌进行发酵，研制出一种乳酸菌发酵饮料。先在单因素试验的基础上，确定较优的工艺条件：发酵温度37℃、发酵时间18h、菌种接种量3%和果葡糖浆添加量10%；然后以菌种接种量、发酵温度、发酵时间、果葡糖浆添加量为单因素，采用 $L_9(3^4)$ 正交试验设计，确定了植物乳杆菌发酵板枣汁的最佳工艺条件为：发酵温度37℃、发酵时间18h、菌种接种量3%和果葡糖浆添加量10%。

参考文献

［1］ Nawirs K A，Olszana S K，Kita Biesia D A，et al. Characteristics of antioxidant activity and composition of pumpkin seed oils in 12 cultivars ［J］. Food Chem，2013：139-143.

［2］ 李楠，张香飞，杨春杰. 板枣多糖初级结构表征及抗氧化活性 ［J］. 食品与机械，2022，38（10）：24-28，49.

［3］ 赵玉山. 山西稷山板枣丰收但裂果多 ［J］. 中国果业信息，2014，31（9）：53.

［4］ 王鑫. 黄河滩枣饮料加工工艺的研究及贮藏期品质观察 ［D］. 邯郸：河北工程大学，2020.

［5］ Nayak B S，Marshall J R，Isito R J，et al. Hypoglycemic and hepatoprotective activity of fermented fruit juice of Morinda citrifolia（noni）in diabetic rats ［J］. Evidence Based Complementary and Alternative Medicine，2011：263-275.

［6］ 沈燕飞. 乳酸菌发酵苹果原浆过程中的基本组分与抗氧化活性变化 ［D］.

杭州：浙江工业大学，2019.

［7］卢嘉懿. 乳酸菌发酵果蔬汁风味品质研究与控制［D］. 广州：华南理工大学，2019.

［8］刘秋豆，胡凯，陈亚淑，等. 益生菌芒果饮料加工和发酵过程中理化性质变化规律［J］. 华中农业大学学报，2019，38（3）：89-96.

第七章 山楂功能性研究与应用

第一节 山楂黄酮的提取工艺

山楂中含有黄酮、三萜类化合物、有机酸等，一般认为其活性功效多来源于黄酮。黄酮类化合物具有抗氧化功效，能清除体内自由基，延缓衰老，降血脂、降血糖并抑制癌细胞的生长。目前总黄酮的提取方法包括有机溶剂法、微波提取法、超声波提取法、酶辅助提取法、超高压提取法等，其中超声波提取速度快、操作方便、有助于活性成分的保留等，因而其在植物活性成分的提取中应用得越来越广泛。响应面法（RSM）是一种应用较为广泛的优化实验方法，其实验结果能给出直观图形，还能全面研究各个因素，有效确定各个因子的最佳条件[1]。

因此，本实验首先选取液料比、超声时间和乙醇体积分数为影响因子，山楂总黄酮的得率为响应值，利用响应面法优化其提取工艺；然后通过对 DPPH·、·OH 和 ABTS⁺·清除率的大小来评价其抗氧化活性，以期为山楂总黄酮的开发利用提供参考。

一、材料与方法

1. 材料

山楂（品种：大金星），成熟季节采摘于山西省运城市绛县，立即装入保鲜袋中，置于0℃冰箱，备用。

2. 方法

（1）标准曲线绘制

以芦丁为标品，采用 $NaNO_2$-$Al(NO_3)_3$-NaOH 比色法制作标准曲线。参考李利华等[2] 的方法并略作修改。取芦丁 0.0211g，50%乙醇溶解并定容至100mL，得到芦丁标准溶液。取上述溶液 0、1、2、3、4、5mL 分别于 10mL 比色管中，加 0.3mL 10% $NaNO_2$，6min 后加 0.3mL 10% $Al(NO_3)_3$，6min 后加 4mL 4% NaOH 并定容至刻度，15min 后在波长 510nm 处测定吸光度值。以吸光度值为纵坐标，芦丁质量浓度为横坐标，绘制标准曲线，得方程：$y = 0.0064x + 0.0303$，$R^2 = 0.99686$。实验表明：芦丁质量浓度在 $21.1 \sim 105.5\mu g/mL$ 范围内线性良好。

（2）山楂总黄酮的提取和测定

将山楂洗净擦干，去核，用研钵研成浆状，备用。

分别取山楂浆 0.50g，固定提取温度为 50℃，超声功率为 120W，在设定的液料比、超声时间和乙醇体积分数下提取总黄酮，收集滤液于 50mL 容量瓶并定容至刻度，得到山楂总黄酮试液。取上述试液 2mL 于 10mL 比色管中，按照标准曲线绘制方法测定吸光度值，根据标准曲线方程及公式（7-1）计算总黄酮的得率。

$$Z = \frac{C}{M} \times 10^{-3} \tag{7-1}$$

式中：Z——山楂中总黄酮得率，mg/g；

C——山楂总黄酮质量，μg；

M——山楂浆质量，g。

（3）实验设计

以液料比、超声时间和乙醇体积分数为单因素，研究不同提取条件对山楂总黄酮得率的影响，选取较优的实验条件。

根据单因素实验结果，设计响应面实验，因素水平表如表 7-1 所示。

表 7-1　响应面实验因素水平表

水平	液料比（A）/（mL/g）	超声时间（B）/min	乙醇体积分数（C）/%
-1	30：1	15	40
0	40：1	20	50
1	50：1	25	60

（4）抗氧化活性实验

按照本实验得出的最佳工艺进行实验，所得提取液稀释 1 倍，即得山楂总黄酮样液，备用。

①对 DPPH· 的清除作用。参考 Mishra 等[3] 的方法，并稍作修改。取上述样液（1、2、3、4、5）mL 于试管中，体积不足 5mL 的用 50% 乙醇补至 5mL，得到浓度梯度为（4.43、8.86、13.29、17.72、22.15）μg/mL 的样液。加入 0.2mmol/mL 的 DPPH 乙醇溶液 5mL，避光反应 30min，在波长 517nm 处测吸光度值，记为 A_1，乙醇作为对照测吸光度值，记为 A_0；对 DPPH· 的清除率＝（$1-A_1/A_0$）×100%。

②对 ·OH 的清除作用。参考李雅双等[4] 的方法，并稍作修改。制备浓度梯度为（4.43、8.86、13.29、17.72、22.15）μg/mL 样液 5mL（方法同上）。依次分别加入 0.6mL 25% $FeSO_4$ 溶液、12% 水杨酸-乙醇溶液、12mmol/L H_2O_2 溶液，混匀，37℃反应 30min，用去离子水调零，在波长 510nm 处测吸光度值，记为 A_1；用去离子水代替 12mmol/L H_2O_2 溶液重复上述操作，测得总黄酮样品的吸光度值，记为 A_2；最后用水代替山楂总黄酮样液，测得吸光度值，记为 A_0；对 ·OH 的清除率＝［$1-（A_1-A_2）/A_0$］×100%。

③对 ABTS⁺·的清除作用。参考 Ye 等[5] 的方法，并稍作修改。取 7mmol/L ABTS 溶液 5mL 与 88μL 140mmol/L $K_2S_2O_8$ 溶液混匀，阴暗处反应 12~16h，加入无水乙醇，使其在 734nm 处吸光度值为（0.7±0.02），备用。取样液（0.1、0.2、0.3、0.4、0.5）mL，体积不足 0.5mL 的用 50%乙醇补至 0.5mL，得到浓度梯度为（0.443、0.866、1.329、1.772、2.215）μg/mL 的样液。加入 ABTS⁺·溶液 2mL，6min 后在波长 734nm 处测吸光度值，记为 A_i；取不同体积样液加入 2mL 无水乙醇，测吸光度值，记为 A_j；取不同体积无水乙醇与 2mL ABTS 自由基溶液反应，测吸光度值，记为 A_0；对 ABTS⁺·的清除率=[1-（A_i-A_j）/A_0]×100%。

二、结果与分析

1. 单因素实验结果

（1）液料比对山楂总黄酮得率的影响

由图 7-1 可知，总黄酮得率随液料比的增加先上升后下降。在液料比为 40:1（mL/g）时得率最大，为 3.59mg/g；继续增加液料比，得率开始下降，原因可能是此时总黄酮已充分溶于乙醇。液料比在 10:1~20:1（mL/g）之间时，总黄酮没有提取完全，在此基础上继续增加液料比，总黄酮得率明显提高。

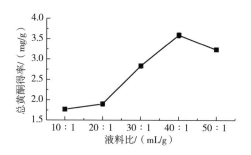

图 7-1 液料比对山楂总黄酮得率的影响

（2）超声时间对山楂总黄酮得率的影响

由图 7-2 可知，总黄酮得率随超声时间的延长先增大，然后下降。当超声时间为 20min 时得率最大，为 3.24mg/g；继续增加提取时间，得率下降。

（3）乙醇体积分数对山楂总黄酮得率的影响

由图 7-3 可知，总黄酮得率随乙醇体积分数的增加呈先上升后下降的趋势。当乙醇体积分数为 50%时得率最大，为 3.42mg/g；继续加大乙醇体积分数，得率有所下降，可能是因为体积分数不同，乙醇溶液的极性不同，因而黄酮的得率不同。

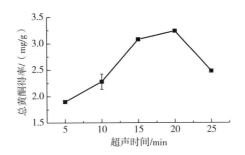

图 7-2　超声时间对山楂总黄酮得率的影响

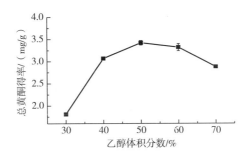

图 7-3　乙醇体积分数对山楂总黄酮得率的影响

2. 响应面实验结果

（1）响应面优化实验设计

以 3 个单因素为响应因子，以总黄酮得率为响应值，设计 3 因素 3 水平实验，如表 7-2 所示。

表 7-2　响应面实验设计及结果

实验序号	液料比（A）	超声时间（B）	乙醇体积分数（C）	总黄酮得率（Y）/（mg/g）	总黄酮得率预测值/（mg/g）
1	−1	1	0	3.30	3.29
2	1	−1	0	3.67	3.68
3	−1	0	1	3.40	3.50
4	0	0	0	4.51	4.49
5	0	1	1	3.12	3.12
6	1	0	1	3.58	3.58
7	0	1	−1	2.38	2.39
8	−1	−1	0	3.22	3.23

续表

实验序号	液料比 (A)	超声时间 (B)	乙醇体积分数 (C)	总黄酮得率 (Y) / (mg/g)	总黄酮得率预测值/ (mg/g)
9	−1	0	−1	2.68	2.68
10	1	1	0	3.41	3.40
11	0	−1	−1	2.61	2.61
12	0	0	0	4.57	4.49
13	0	0	0	4.59	4.49
14	0	−1	1	3.14	3.13
15	0	0	0	4.35	4.49
16	0	0	0	4.35	4.49
17	1	0	−1	3.17	3.16

（2）回归模型分析

对结果进行分析，得到 3 个单因素与总黄酮得率 Y 之间的方程为：$Y = 4.49 + 0.14A - 0.054B + 0.31C - 0.085AB - 0.10AC + 0.052BC - 0.34A^2 - 0.75B^2 - 0.92C^2$。式中，$Y$ 为总黄酮得率，A 为液料比，B 为超声时间，C 为乙醇体积分数。

由表 7-3 可知，$P < 0.0001$，模型极显著；矫正系数 $R_{Adj}^2 = 0.9885$，表明 98.85% 的总黄酮得率的变化由液料比、超声时间和乙醇体积分数 3 个变量引起。一次项中 A 和 C 对得率有极显著影响，B 对得率无显著影响；交互项 AC 对得率影响显著，二次项 A^2、B^2、C^2 达极显著水平；各因素对黄酮得率的影响依次为：乙醇体积分数>液料比>超声时间。变异系数 CV 值越小，实验稳定性越好，可信度越高；反之，可信度越低。本次实验的 CV 值为 2.16%，可信度较高。

表 7-3　响应面回归模型方差分析

方差来源	平方和	自由度	均方	F 值	P 值	显著性
模型	8.13	9	0.90	154.37	<0.001	**
A	0.16	1	0.16	27.75	0.0012	**
B	0.023	1	0.023	3.95	0.0873	
C	0.78	1	0.78	132.40	<0.0001	**
AB	0.029	1	0.029	4.94	0.0617	
AC	0.040	1	0.040	6.83	0.0347	*
BC	0.011	1	0.011	1.88	0.2123	
A²	0.48	1	0.48	81.33	<0.0001	**

方差来源	平方和	自由度	均方	F 值	P 值	显著性
B^2	2.39	1	2.39	408.67	<0.0001	**
C^2	3.59	1	3.59	613.80	<0.0001	**
残差	0.041	7	5.854×10^{-3}			
失拟项	9.750×10^{-4}	3	3.250×10^{-4}			
纯误差	0.040	4	0.010	0.032	0.9910	
总计	8.17	16				
$R^2 = 0.9950$		$R_{\mathrm{Adj}}^2 = 0.9885$		$CV = 2.16\%$		

注：* 差异显著，$P<0.05$；** 差异极显著，$P<0.01$。

（3）等高线与响应曲面图分析

图 7-4 为等高线和响应曲面图，考察 A、B、C 3 个因素之间的交互作用对总黄酮得率的影响。由图 7-4 可知，AC 交互作用的等高线最接近椭圆，响应曲面坡度最陡，所以 AC 交互作用对得率影响显著。3 个交互作用对总黄酮得率影响的大小依次为 $AC>AB>BC$。

（4）工艺优化及验证实验

通过响应面处理软件得到最佳提取条件为：液料比 41.93∶1（mL/g），超声时间 19.80min，乙醇体积分数 51.57%，此时山楂总黄酮得率的预测值为 4.53mg/g。考虑到实际操作，将工艺条件改为：液料比 42∶1（mL/g），超声时间 20min，乙醇体积分数 52%；在该条件下进行提取，得率的平均值为 4.43mg/g，实测值和理论值相差较小，仅比理论值低 0.1mg/g，表明该模型与实际情况有较好的拟合性。

3. 抗氧化活性分析

（1）对 DPPH· 清除作用

由图 7-5 可知，随黄酮浓度增加，其对 DPPH· 的清除率也逐渐升高，呈明显的剂量效应关系，相关系数为 0.9762。总黄酮质量浓度为 22.15μg/mL 时，清除率达到最大值 76.3%。

（2）对·OH 清除作用

由图 7-6 可知，随黄酮浓度增加，其对·OH 的清除率增加，在实验范围内，清除率最大为 86.3%。黄酮浓度与清除率之间的相关性较好，为 0.95738。

（3）对 ABTS⁺· 清除作用

由图 7-7 可以看出，总黄酮对 ABTS⁺· 的清除率也随浓度的升高而上升，剂量效应关系明显，相关系数达到 0.98212。当黄酮浓度为 2.215μg/mL 时，清除率最大，为 26.7%。

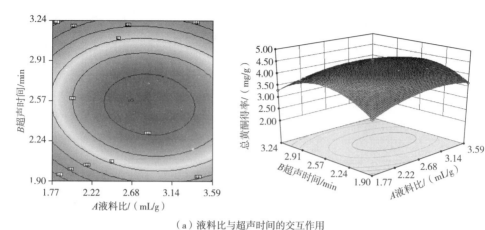

（a）液料比与超声时间的交互作用

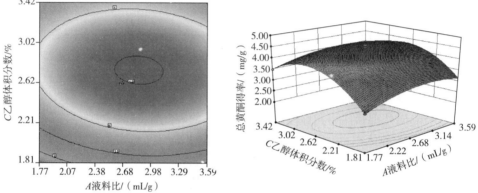

（b）液料比与乙醇体积分数的交互作用

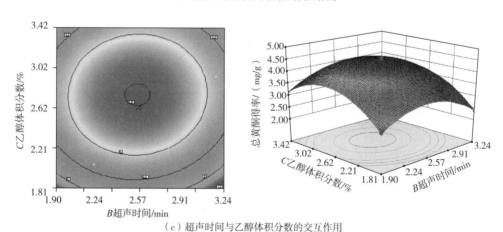

（c）超声时间与乙醇体积分数的交互作用

图7-4　各因素交互作用的等高线及响应曲面图

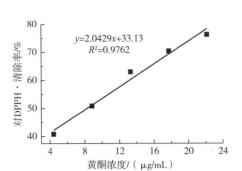

图 7-5　山楂总黄酮对 DPPH· 的清除作用

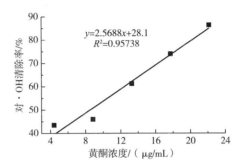

图 7-6　山楂总黄酮对·OH 的清除作用

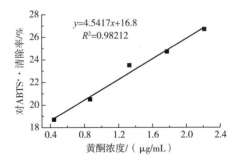

图 7-7　山楂总黄酮对 ABTS⁺· 的清除作用

三、结论

本实验以 50% 乙醇为提取剂，以超声辅助为提取手段。通过单因素和响应面实验得到山楂总黄酮的最佳提取条件：液料比 42∶1（mL/g），超声时间 20min，乙醇体积分数 52%。在该条件下进行实验，山楂总黄酮得率为 4.43mg/g，与理论值相差较小，说明该实验得出的提取条件切实可行。抗氧化活性实验表明，山楂总黄酮对

DPPH·、·OH 和 ABTS$^+$·有一定的清除作用，呈明显的剂量效应关系。该实验结果为开发研制新型山楂保健品、充分利用山楂资源提供了基础理论依据。

参考文献

［1］王玉茹，李楠. 山楂总黄酮提取工艺优化及其抗氧化活性研究［J］. 现代食品，2017（14）：65-71.

［2］李利华，夏冬辉. 山楂总黄酮的超声波辅助提取及抗氧化性能研究［J］. 中国食品添加剂，2014（5）：94-99.

［3］Mishra P K，Shukla R，Singh P，et al. Antifungal，anti-afatoxigenic，and antioxidant efficacy of Jamrosa essential oil for preservation of herbal raw material［J］. Int Biodeter Biodegr，2012，74：11-16.

［4］李雅双，连路宇，刘杰，等. 芜菁多糖提取工艺及清除自由基活性的研究［J］. 食品与发酵工业，2014，40（5）：235-240.

［5］Ye Chunlin，Dai Dehui，Hu Weilian. Antimicrobial and antioxidant activities of the essential oil from onion（*Allium cepa* L.）［J］. Food Control，2013，30（1）：48-53.

第二节　山楂有机酸的提取工艺

目前，对山楂的研究主要集中在山楂提取物中多酚、黄酮、原花青素的含量检测及其抗氧化性能和抑菌性能评价方面，而对山楂有机酸提取工艺的研究较少。本研究首先采用单因素实验探讨了超声波辅助水浸提工艺对山楂中有机酸得率的影响，然后利用响应面实验优化出最佳提取工艺。[1]

一、材料与方法

1. 材料

山楂：产地为山西省运城市绛县，品种为大金星。

2. 方法

（1）样品预处理

将山楂洗净，剔除病虫害果，去核，切片，置于研钵中研磨粉碎获得山楂样品，备用。

（2）提取工艺流程及操作要点

①提取工艺流程。山楂样品→加蒸馏水→超声提取→抽滤→定容→有机酸粗

提液。

②操作要点。参照《中华人民共和国药典（一部）》（2015 年版）并稍作修改[2]。提取有机酸采用纯水提取法，方法简单，提取效率高，而且水是一种安全环保的溶剂。资料中给出的方法是室温浸泡，所需时间较长，因此，本实验采用超声波辅助水提法。准确称取 5.0g 山楂样品于三角瓶中，按一定液料比加入蒸馏水，在确定的温度及功率条件下浸提一定时间，抽滤，将滤液转移至 250mL 容量瓶并定容、摇匀，得有机酸粗提液。

（3）测定方法

量取 50mL 有机酸粗提液于三角瓶中，加 2 滴酚酞指示液，用 NaOH 标准溶液（0.1043mol/L）滴至溶液呈淡红色，且 30 s 不褪色。同时，记录所消耗 NaOH 溶液的体积[3]。根据式（7-2）计算有机酸得率。

$$有机酸得率(\%) = \frac{c \times V \times K \times 250}{m \times 50} \tag{7-2}$$

式中：c——NaOH 标准溶液浓度，mol/L；

　　　V——消耗 NaOH 标准溶液的体积，mL；

　　　m——山楂样品质量，g；

　　　K——换算为适当酸的系数（本实验以枸橼酸计，故 $K=0.064$）。

二、结果与分析

1. 单因素实验结果

（1）液料比对有机酸得率的影响

固定温度 50℃，超声功率 350W，时间 30min，分别在液料比 20∶1、25∶1、30∶1、35∶1、40∶1、45∶1（mL/g）条件下提取，抽滤得滤液并测定有机酸得率，结果见图 7-8。

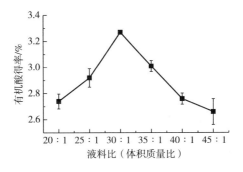

图 7-8　液料比对有机酸得率的影响

由图 7-8 可知，液料比在 20∶1~30∶1（mL/g）之间，有机酸得率随液料比增大而升高，当比例为 30∶1（mL/g）时达到最大值，说明蒸馏水用量在一定范围内越大越有利于有机酸类成分的浸出；而比例大于 30∶1（mL/g）后，得率随之下降，这可能是因为蒸馏水用量增加，山楂中溶于水的有效成分增加，提取液浓度增大，从而使有机酸类成分不易浸出。因此，液料比在 30∶1（mL/g）左右为宜。

（2）温度对有机酸得率的影响

固定液料比 30∶1（mL/g），超声功率 350W，时间 30min，分别在温度为 30、40、50、60、70、80℃的条件下提取，抽滤得滤液并测定有机酸得率，结果见图 7-9。

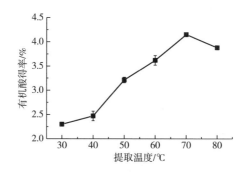

图 7-9　温度对有机酸得率的影响

由图 7-9 可知，在提取温度从 30℃升高到 70℃时，有机酸得率一直升高，70℃时达到最大，而后得率随之降低，可能是由于升高温度使分子运动加剧，扩散作用增强，有机酸浸出较多，而温度升高至一定程度后，高温可能破坏有机酸类成分，导致得率降低。因此，提取温度在 70℃左右为宜。

（3）时间对有机酸得率的影响

固定液料比 30∶1（mL/g），在提取温度 70℃和超声波功率 350W 的条件下分别提取 10、20、30、40、50、60min，抽滤得滤液并测定有机酸得率，结果见图 7-10。

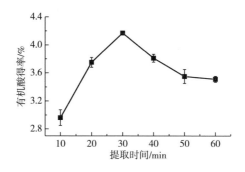

图 7-10　时间对有机酸得率的影响

由图 7-10 可知，时间在 10~30min，得率随时间延长而升高，提取 30min 时达到最大值，说明提取时间在合理范围内有助于有机酸的浸出；提取时间继续延长，得率反而降低。因此，提取时间在 30min 左右为宜。

（4）超声波功率对有机酸得率的影响

固定液料比 30∶1（mL/g），在温度 70℃和超声波功率分别为 280、350、420、490、560、630W 的条件下提取 30min，抽滤得滤液并测定有机酸得率，结果见图 7-11。

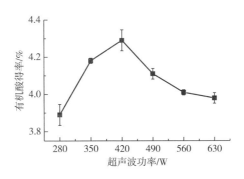

图 7-11 功率对有机酸得率的影响

由图 7-11 可知，得率随超声功率的增大先升后降，当功率为 420W 时最大，说明功率较低时，超声波产生的越来越强的空化效应会加速有机酸的浸出；而功率超过 420W 后，有机酸得率开始下降，且变化缓慢，这可能是因为空化作用太强，其他浸出成分增多，从而抑制了有机酸类成分的浸出。因此，超声波功率在 420W 左右为宜。

2. 响应面法优化实验结果

在单因素实验结果基础上，利用 Design-Expert 8.0.6 软件的 Box-Behnken 设计，进行 4 因素 3 水平的响应面实验，确定最佳提取工艺。响应面实验的因素及水平见表 7-4。

表 7-4 响应面实验因素与水平表

因素	水平		
	-1	0	1
A 液料比/（mL/g）	25∶1	30∶1	35∶1
B 提取温度/℃	65	70	75
C 提取时间/min	25	30	35
D 超声波功率/W	350	420	490

（1）响应面优化实验设计及结果分析

响应面优化实验设计及结果分析见表7-5、表7-6。

表7-5　实验设计与结果

实验序号	液料比（A）	提取温度（B）	提取时间（C）	超声波功率（D）	有机酸得率（Y）/%	有机酸得率预测值/%
1	0	0	0	0	4.33	4.29
2	−1	0	0	1	3.85	3.83
3	0	0	−1	−1	4.01	3.98
4	1	0	1	0	4.11	4.01
5	−1	0	1	0	3.93	3.92
6	0	1	0	1	3.82	3.83
7	−1	0	0	−1	3.91	3.93
8	−1	−1	0	0	3.34	3.35
9	0	1	1	0	3.79	3.81
10	0	−1	1	0	3.65	3.64
11	0	0	−1	1	3.92	3.89
12	0	0	1	1	4.09	4.13
13	1	−1	0	0	3.60	3.64
14	1	0	−1	0	4.02	3.97
15	0	−1	0	−1	3.71	3.64
16	1	0	0	1	3.97	4.00
17	0	0	0	0	4.32	4.29
18	0	0	0	0	4.30	4.29
19	0	0	1	−1	3.98	4.01
20	−1	0	−1	0	3.67	3.71
21	1	1	0	0	3.79	3.80
22	0	0	0	0	4.26	4.29
23	1	0	0	−1	4.04	4.11
24	0	0	0	0	4.22	4.29
25	0	1	−1	0	3.75	3.80
26	−1	1	0	0	3.77	3.74
27	0	−1	−1	0	3.36	3.39

续表

实验序号	液料比 (A)	提取温度 (B)	提取时间 (C)	超声波功率 (D)	有机酸得率 (Y) /%	有机酸得率预测值/%
28	0	−1	0	1	3.52	3.51
29	0	1	0	−1	3.94	3.90

表7-6 响应面回归模型方差分析

误差来源	平方和	自由度	均方	F 值	P 值	显著性
模型	1.91	14	0.14	45.20	<0.0001	**
A	0.094	1	0.094	30.95	<0.0001	**
B	0.24	1	0.24	77.75	<0.0001	**
C	0.056	1	0.056	18.52	0.0007	**
D	0.034	1	0.034	11.28	0.0047	**
AB	0.014	1	0.014	4.76	0.0467	*
AC	7.225×10^{-3}	1	7.225×10^{-3}	2.39	0.1446	
AD	2.500×10^{-5}	1	2.500×10^{-5}	8.264×10^{-3}	0.9289	
BC	0.016	1	0.016	5.16	0.0393	*
BD	1.225×10^{-3}	1	1.225×10^{-3}	0.40	0.5348	
CD	1.000×10^{-3}	1	1.000×10^{-3}	0.033	0.8583	
A^2	0.28	1	0.28	92.02	<0.0001	**
B^2	1.33	1	1.33	438.38	<0.0001	**
C^2	0.19	1	0.19	63.55	<0.0001	**
D^2	0.082	1	0.082	26.98	0.0001	**
残差	0.042	14	3.025×10^{-3}			
失拟误差	0.034	10	3.403×10^{-3}	1.64	0.3359	
纯误差	8.320×10^{-3}	4	2.080×10^{-3}			
离差	1.96	28				
$R^2 = 0.9784$		$R^2_{\mathrm{Adj}} = 0.9567$		变异系数 $CV = 1.41\%$		

注：* 差异显著，$P<0.05$；** 差异极显著，$P<0.01$。

通过 Design-Expert 8.0.6 软件对响应面实验结果进行二次多元回归拟合，得到 4 个单因素与有机酸得率之间的二次多项式回归方程：$Y = 4.29 + 0.088A + 0.14B + 0.068C - 0.053D - 0.060AB - 0.042AC - 2.500 \times 10^{-3}AD - 0.063BC + 0.017BD - 5.000 \times$

$10^{-3}CD-0.21A^2-0.45B^2-0.17C^2-0.11D^2$。式中，$Y$ 为山楂中有机酸得率，A、B、C、D 分别为液料比、提取温度、提取时间和超声波功率。

由表7-6可知，该模型 $P<0.0001$，表明回归模型整体具有极显著性；模型的校正确定系数 $R^2_{Adj}=0.9567$，说明95.67%的响应值变化是所选变量引起的，通过响应面法可以得到提取山楂有机酸的较优工艺。变异系数（CV）能够反映模型的可信度，其值越小，可信度越高。本次实验的 $CV=1.41\%$，表明可信度较高，模型方程能较好地反映实验真实值，可用该模型对响应值进行分析。

该回归模型方差分析结果表明，一次项中的 A 液料比、B 提取温度、C 提取时间、D 超声波功率对山楂中有机酸得率有极显著影响；二次项中的 A^2、B^2、C^2、D^2 对得率有极显著影响；交互项中的 AB、BC 对得率有显著影响，AC、AD、BD、CD 影响不显著。各因素对有机酸得率的影响大小为提取温度>液料比>提取时间>超声波功率。

（2）提取工艺优化及验证实验

通过上述软件对实验数据进行分析，得到最佳工艺条件为：液料比 30.90∶1（体积质量比），提取温度 70.64℃，提取时间 30.78min，超声波功率 403.69W，此时有机酸得率的预测值为 4.32%。为检验理论预测结果的可靠性，同时考虑到工业化生产中实际操作的可行性，将工艺参数修正为：液料比 31∶1（体积质量比），提取温度 71℃，提取时间 31min，超声波功率 420W；在该条件下进行验证实验，有机酸得率为 4.30%，实际测定值比理论预测值低 0.02%，说明该模型与实际情况有较好的拟合性。

由表7-5可知，在第一组实验条件下，有机酸得率最大为 4.33%，在该条件下再做重复实验进行验证，有机酸得率平均为 4.29%，其值小于修正条件下的有机酸得率。因此，可采用上述修正后的工艺参数。

三、结论

本研究采用超声波辅助水浸提法提取山楂中的有机酸，得到最佳工艺条件为：液料比 31∶1（体积质量比），提取温度 71℃，提取时间 31min，超声波功率 420W，该条件下有机酸得率为 4.30%，与预测值 4.32% 相差较小。该方法采用水作为提取溶剂，与采用乙醇等有机溶剂相比，不会污染环境；而且超声波法提取有机酸具有省时、高效、节能的优点，操作简单，结果可靠，适用于工业化生产。

参考文献

［1］ 李楠，杨春杰，付新武．响应面法探讨山楂有机酸最优提取工艺［J］．运城学院学报，2016，34（6）：35-39．

［2］国家药典委员会. 中华人民共和国药典（一部）［M］. 北京：中国医药科技出版社，2015：31.

［3］黄晓钰，刘邻渭. 食品化学与分析综合实验［M］. 北京：中国农业大学出版社，2009：153-154.

第三节　富含黄酮的山楂果酒发酵条件优化

我国山楂资源丰富，但由于其口感较酸，鲜食量不大，且山楂加工多是传统工艺，产品附加值低。果酒是以野生或人工种植植物的果实发酵而成的低酒精度饮料，其保留了水果原有的糖类、有机酸、黄酮和矿物质等成分。以山楂为原料生产果酒，不仅能够提高山楂的加工价值，而且能够利用山楂中已发现并被临床证实的黄酮等具有特殊治疗作用的活性物质，发挥山楂独特的保健、药理作用。但是，生物发酵是一个复杂的过程，酵母菌的种类、发酵温度、含糖量、发酵液初始 pH 值等因素都会对发酵结果产生影响，进而影响果酒中总黄酮的含量，不适宜的发酵条件还会导致果酒中黄酮等活性物质失去活性。目前，针对提高山楂酒中黄酮含量的发酵条件优化研究尚未见报道，因此本研究旨在以保留山楂中活性因子总黄酮为目标，探讨发酵温度、酵母接种量、糖浓度和发酵液初始 pH 值对山楂果酒中总黄酮含量的影响，通过单因素和响应面实验优化出高黄酮含量的山楂果酒的生产工艺，以期为新型山楂果酒的开发提供理论与实践依据。

一、材料与方法

1. 材料

山楂：产地为山西省运城市绛县，品种为大金星，采摘后在冰箱中密闭冷藏保存。

2. 方法

（1）山楂果酒发酵工艺流程

果胶酶
↓

山楂→挑选和清洗→切片→打浆［料液比 1∶3（mL/g）］→软化处理→酶解→调整成分（调糖度，酸度，加 H_2SO_3）→接种活化好的酵母→发酵→分离、澄清→山楂酒样品。

切片：将山楂去梗、去蒂、去核，切成片后立即放入 4%D-异抗坏血酸钠溶液中，防止其褐变；打浆：将用 D-异抗坏血酸钠溶液浸泡的山楂沥干水分，放入组织捣碎机中，再加入蒸馏水［料液比1∶3（mL/g）］，充分搅打至浆状；软化处理：在山楂浆中加入0.02%的果胶酶，搅匀；酶解：45℃恒温酶解2h[1]；调整成分：根据实验设计，用白砂糖调整山楂浆的糖度，柠檬酸或氢氧化钠调整山楂浆的酸度，并加入1mL/L H_2SO_3抑制杂菌生长和防止氧化；发酵：在实验设置的温度下发酵7天左右，残糖含量基本稳定时发酵结束；分离、澄清：取上层酒液，4000r/min离心10min，测定上清液中总黄酮含量。

（2）总黄酮含量测定

参照文献[2]所述方法并稍作修改。以芦丁作为标品绘制标准曲线，总黄酮含量的测定采用紫外可见分光光度法。配制0.4mg/mL的芦丁标准溶液，准确吸取（0.0、2.0、4.0、6.0、8.0、10.0）mL，依次置于50mL容量瓶中。分别加入5% $NaNO_2$溶液0.8mL并充分摇荡，6min后，加入10% $Al(NO_3)_3$溶液0.8mL，混匀，静置6min，再加入1mol/L NaOH溶液10mL，充分摇荡，25℃反应15min后用30%乙醇定容至刻度线，于波长510nm处测定吸光度值。标准曲线的回归方程为：$y = 0.0569x + 0.0017$，相关系数$R^2 = 0.9997$。式中，x为总黄酮浓度（mg/100mL），y为吸光度。

测定酒中总黄酮的含量时，精确量取0.4mL酒样，测定方法与绘制标准曲线相同，利用回归方程和测得的吸光度值计算酒液中总黄酮的含量（以芦丁计）。

（3）总糖含量测定[3]

参照GB/T 15038—2006中直接滴定法。

（4）酒精含量测定[3]

参照GB/T 15038—2006中酒精计法。

（5）感官质量分析[3,4]

参照GB/T 15038—2006、QB/T 1983—1994中感官分析方法（表7-7）。

表7-7　感官指标

项目	优等品	合格品
色泽	宝石红、橘红色	浅橘红色
外观	酒质澄清、透明，无明显悬浮物、沉淀物	
气味	具有浓郁的山楂果香和酒香	具有较明显的山楂果香和酒香
滋味	味醇正，酸甜适口，稍有愉快的收敛感，醇厚和谐，余味悠长	味较醇正，酸甜适口，酒体协调
风格	具有本产品的典型风格	

（6）发酵条件的单因素实验设计

发酵温度：取已酶解的山楂果浆，按照 1mL/L 的量加入 H_2SO_3，固定酵母接种量 0.3g/L、糖浓度 10%、pH 3.0，分别在温度（15、20、25、30、35）℃条件下发酵。发酵结束后，离心，取上层清液测定总黄酮含量。

酵母接种量：改变接种量这一因素，变化范围为（0.1、0.2、0.3、0.4、0.5）g/L。其他因素水平分别固定为发酵温度 25℃、糖浓度 10%、pH 值 3.0。

糖浓度：改变糖浓度这一因素，变化范围为 10%、15%、20%、25%、30%。其他因素水平分别固定为发酵温度 25℃、酵母接种量 0.3g/L、发酵液 pH 值 3.0。

发酵液初始 pH：改变 pH 这一因素，变化范围为 2.0、3.0、4.0、5.0、6.0。其他因素水平分别固定为发酵温度 25℃、酵母接种量 0.3g/L、糖浓度 10%。

（7）发酵条件的 Box-Behnken 实验设计

根据单因素实验结果，确定响应面实验因素水平表。使用 Design-Expert 8.0.6 软件的 Box-Behnken 方法设计 4 因素 3 水平实验，见表 7-8。

表 7-8　因素水平表

因素	水平		
	-1	0	1
发酵温度（A）/℃	20	25	30
酵母接种量（B）/（g/L）	0.3	0.4	0.5
糖浓度（C）/%	10	15	20
pH（D）	2	3	4

二、结果与分析

1. 单因素实验对发酵条件的影响

（1）发酵温度对总黄酮含量的影响

由图 7-12 可以看出，当发酵温度在 15~35℃范围时，山楂果酒中总黄酮含量呈现先上升后下降的趋势，其中 15~25℃为上升阶段，25~35℃为下降阶段。15℃时温度较低，酵母的生长代谢缓慢，产生的酒精少，溶解在酒中的黄酮也少；35℃时温度过高，发酵速率虽快，但发酵停止得也快，酵母没有进行充足的糖代谢，过早地衰老，酒精度低，溶解的黄酮也少。当温度为 25℃时，酵母的生长代谢条件适宜，酒精产量较高，黄酮在酒中的溶解量达到最高。因此，发酵温度选择 25℃为宜。

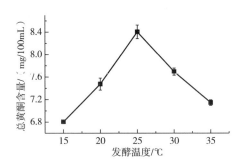

图 7-12　发酵温度对总黄酮含量的影响

（2）酵母接种量对总黄酮含量的影响

由图 7-13 可以看出，当酵母接种量在 0.1~0.5g/L 范围变化时，随着接种量的不断增大，总黄酮含量呈现先升后降的趋势，其中 0.1~0.4g/L 范围总黄酮含量一直上升；到 0.5g/L 时，含量反而下降。这是因为，当糖浓度和温度固定时，0.1g/L 的酵母接种量过小，发酵启动慢，7 天内产生的酒精量少，所以溶解在酒中的黄酮量也少；0.5g/L 的酵母接种量过大，可用于酵母菌代谢的糖分就相对较少，酵母繁殖数目少，易衰老，酒精产量低，酒中的黄酮含量也较低。当酵母接种量为 0.4g/L 时，发酵较快，7 天内的酒精产量也较高，黄酮含量也达到了最大值。因此，酵母接种量选择 0.4g/L 为宜。

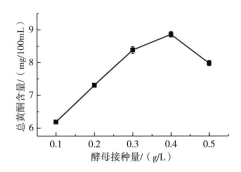

图 7-13　酵母接种量对总黄酮含量的影响

（3）发酵液糖浓度对总黄酮含量的影响

山楂浆的原始糖浓度为 3.7%，低糖度不能产生足够量的酒精，因此需要在原始山楂浆中加入一定量的糖来提高山楂浆的糖度。本实验设置的糖浓度梯度变化范围是 10%~30%。从图 7-14 可以看出，糖浓度为 15% 时，总黄酮含量最高。从 15%~30%，总黄酮含量逐渐下降。糖浓度的高低能够对酵母的生长和代谢产生重要的影响，而酵母的生长和代谢又直接关系到酒精度的高低。分析其原因，当糖浓度为

10%时，糖浓度较低，代谢生成的酒精含量也低，不利于黄酮在酒中溶出。当糖浓度上升到15%时，比较适宜酵母菌的生长，酒精的产量也能达到一个比较高的水平，进而使果酒中总黄酮含量达到最高。从15%开始，随着糖浓度的上升，果酒中的总黄酮含量反而越来越低，原因可能是酵母的生长和代谢受到抑制，糖浓度太高时甚至可在一定程度上导致发酵停止。所以，综合考虑，糖浓度选择15%为宜。

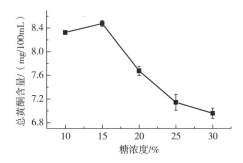

图7-14　发酵液糖浓度对总黄酮含量的影响

（4）发酵液pH对总黄酮含量的影响

由图7-15可以看出，pH在2~6范围，总黄酮含量表现出先上升后下降的规律，当pH为3时，总黄酮含量最高。原因可能是，在pH为2的强酸环境下，酵母菌的生长和代谢受到抑制，酒精产量较低，溶出的黄酮也较少。此外，过高的pH会使山楂果酒受到杂菌污染，黄酮类化合物也不能稳定存在。因此，pH选择3为宜。

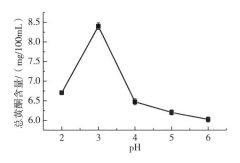

图7-15　发酵液pH值对总黄酮含量的影响

2. 响应面法优化发酵条件

（1）回归模型的建立及方差分析

响应面实验设计及结果分析见表7-9、表7-10。

表 7-9　响应面实验设计及结果

实验编号	发酵温度（A）	酵母接种量（B）	糖浓度（C）	pH（D）	总黄酮含量（Y）/ （mg/100mL）
1	0	0	0	0	11.37
2	1	0	1	0	9.02
3	1	−1	0	0	9.83
4	1	0	−1	0	8.87
5	0	−1	0	−1	7.06
6	1	0	0	1	9.65
7	0	0	0	0	10.58
8	0	1	1	0	9.48
9	−1	0	−1	0	6.67
10	0	−1	−1	0	8.39
11	1	0	0	−1	7.92
12	0	0	−1	−1	7.86
13	−1	1	0	0	7.18
14	−1	−1	0	0	6.40
15	0	1	0	1	8.76
16	−1	0	1	0	7.42
17	0	0	−1	1	8.94
18	0	0	0	0	10.08
19	0	−1	1	0	7.34
20	0	−1	0	1	8.08
21	−1	0	0	1	7.54
22	0	0	0	0	10.96
23	1	1	0	0	7.98
24	0	0	1	1	9.00
25	0	0	1	−1	7.61
26	−1	0	0	−1	6.58
27	0	1	−1	0	7.95
28	0	1	0	−1	6.98
29	0	0	0	0	11.11

表 7-10　响应面模型方差分析结果

误差来源	平方和	自由度	均方	F 值	P 值	显著性
模型	53.62	14	3.83	21.07	<0.0001	**
A	10.98	1	10.98	60.40	<0.0001	**
B	0.12	1	0.12	0.68	0.4251	
C	0.11	1	0.11	0.63	0.4421	
D	5.27	1	5.27	29.00	<0.0001	**
AB	1.74	1	1.74	9.57	0.0079	**
AC	0.089	1	0.089	0.49	0.4960	
AD	0.15	1	0.15	0.80	0.3859	
BC	1.66	1	1.66	9.15	0.0091	**
BD	0.15	1	0.15	0.81	0.3825	
CD	0.024	1	0.024	0.13	0.7236	
A^2	15.55	1	15.55	85.51	<0.0001	**
B^2	14.61	1	14.61	80.36	<0.0001	**
C^2	8.05	1	8.05	44.30	<0.0001	**
D^2	13.33	1	13.33	73.33	<0.0001	**
残差	2.55	14	0.18			
失拟误差	1.53	10	0.15	0.61	0.7631	
纯误差	1.01	4	0.25			
总计	56.16	28				
	$R^2=0.9547$		$R^2_{\mathrm{Adj}}=0.9094$		变异系数 $CV=5.01\%$	

注：* 差异显著，$P<0.05$；** 差异极显著，$P<0.01$。

采用 Design-Expert 8.0.6 软件对表 7-10 中数据进行分析和推导，得到回归方程：$Y=10.82+0.96A+0.10B+0.097C+0.66D-0.66AB-0.15AC+0.19AD+0.64BC+0.19BD+0.077CD-1.55A^2-1.50B^2-1.11C^2-1.43D^2$。式中，$Y$ 为果酒中总黄酮含量，A、B、C、D 分别为发酵温度、酵母接种量、糖浓度和 pH。

表 7-10 是回归方程的方差分析。由表可以看出，确定系数 $R^2=0.9547$，校正确定系数 $R^2_{\mathrm{Adj}}=0.9094$，说明 90.94% 的响应值变化是由所选变量引起的，方程的拟合程度较优；失拟项差异不显著（$P=0.7631>0.05$），说明实验误差较小；总黄酮含量的变异系数为 5.01%，说明实验的精确度和可靠性都达到了一个较优水平，通过响应面法对山楂果酒中总黄酮含量进行优化是可行的。

使用 F 检验判定回归方程中 4 个变量对总黄酮含量影响的显著性，即 P 值越小，相应变量的显著性越高。从表 7-10 可以看出，该模型的 P 值小于 0.01，表明该模型是极显著的。发酵温度 (A)、pH (D)、交互项 AB 与 BC 以及 4 个变量的二次项 (A^2、B^2、C^2、D^2) 对总黄酮含量有极显著影响。从各变量 F 值及 P 值的大小，得出 4 个变量对山楂果酒中总黄酮含量的影响大小依次是发酵温度 > pH > 酵母接种量 > 糖浓度。

（2）响应曲面分析

依据回归方程得到每两个因素对山楂果酒中总黄酮含量影响的响应面图，重点研究 AB 和 BC 这两组交互作用显著的因素，如图 7-16 和图 7-17 所示。图 7-16 是发酵温度和酵母接种量交互作用对总黄酮含量的影响，由 3D 响应面图可以看出，随着发酵温度和酵母接种量不断增大，总黄酮含量先上升后下降，说明这两者过大或过小都不能使总黄酮含量达到最大，只有当它们取某个适中值时，总黄酮含量才可达到最大。图 7-17 表示酵母接种量和糖浓度交互作用对总黄酮含量的影响，由 3D 图可以看出，当糖浓度在 14%~16% 范围变化时，总黄酮含量先升高达到最大值后降低。

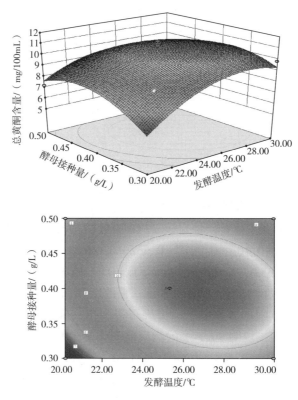

图 7-16　发酵温度和酵母接种量交互作用对总黄酮含量的响应面分析

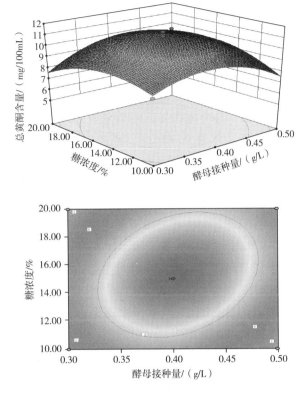

图 7-17 酵母接种量和糖浓度交互作用对总黄酮含量的响应面分析

2D 等高线图与 3D 响应面图相对应，等高线图形状接近椭圆形，说明两个变量交互作用显著，且曲线越陡交互作用越显著，因此，发酵温度和酵母接种量的交互作用>酵母接种量和糖浓度的交互作用，通过表 7-10 中 P 值的大小（$P_{AB} < P_{BC}$）进行验证，结果一致。

（3）验证实验

通过 Design-Expert 软件得到的最优发酵条件为：发酵温度 26.6℃、酵母接种量 0.4g/L、糖浓度 15.1%、pH 3.2，总黄酮含量理论最大值为 11.06mg/100mL。在优化得出的最优条件下做 3 次平行实验进行验证，得到总黄酮含量平均值为（10.75±0.20）mg/100mL，与理论预测值接近，酒中总糖（以葡萄糖计）含量为（10.6±0.2）g/L，酒精度（20℃）为（7.5±0.1）%。

三、结论

通过 Design-Expert 软件得到 4 个因素对总黄酮含量影响的主次顺序为发酵温度>pH>酵母接种量>糖浓度，发酵温度与酵母接种量的交互作用>酵母接种量与糖浓度的交互作用。

采用响应面法得出高黄酮含量山楂果酒的最优发酵条件为：发酵温度26.6℃、酵母接种量0.4g/L、糖浓度15.1%、pH 3.2，该条件下山楂果酒中总黄酮含量为（10.75±0.20）mg/100mL，与理论预测最大值11.06mg/100mL相差较小，说明该模型能较好地预测各因素与总黄酮含量之间的关系；山楂果酒成品酒质澄清透明，色泽呈橘红色，无明显悬浮物，具有较明显的山楂果香，酸甜协调，满足基本的山楂果酒感官指标要求，总糖（以葡萄糖计）含量为（10.6±0.2）g/L，酒精度（20℃）为（7.5±0.1）%。本研究对提高山楂果酒营养价值具有一定的参考价值。

参考文献

［1］张志军. 果胶酶处理对山楂汁提取及理化指标影响的研究［J］. 天津农业科学，2003，9（4）：18-20.

［2］胡冀太，杜金华，何桂芬. 果酒酵母对发酵山楂酒品质及抗氧化性的影响［J］. 酿酒，2010，39（5）：52-56.

［3］葡萄酒、果酒通用分析方法：GB/T 15038—2006［S］. 北京：中国国家标准化管理委员会，2006.

［4］山楂酒：QB/T 1983—1994［S］. 北京：中华人民共和国轻工业部，1994.

第四节　山楂果酒中有机酸的 HPLC 测定

山楂果酒是通过发酵而制成的一种营养丰富、口味醇正的果酒饮品，具有消积化食、降血压、舒张血管、利尿等保健功能，山楂酒沁人心脾，果味浓郁，既有山楂原有的果香味，又具有极高的营养价值。山楂中含有柠檬酸、苹果酸、琥珀酸等多种有机酸和黄酮类化合物，还含多种矿物质和维生素。有机酸作为山楂健胃消食作用的主要有效成分，主要包括酒石酸、苹果酸、绿原酸、咖啡酸、柠檬酸等，其主要功能是抗菌、抗氧化、调节血脂血糖等。本研究建立了对于山楂酒中有机酸的快速 HPLC 检测方法，同时测定了山楂酒中柠檬酸、苹果酸、乳酸等多种有机酸的含量，以期为山楂酒中有机酸的测定提供了参考依据。

一、材料与方法

1. 材料

山楂：产地为山西省运城市绛县，品种为大金星，采摘后在冰箱中密闭冷藏保存。

2. 方法

（1）山楂果酒发酵工艺

山楂果酒参照第七章第三节前期优化工艺研究进行发酵。山楂果实经清洗、去梗、去蒂，剔除果核等预处理后，加入适量 4% D-异抗坏血酸钠溶液，用组织捣碎匀浆机破碎，搅打至浆状；山楂浆添加果胶酶酶解（添加量 0.02g/L；温度 45℃；时间 2h）；用蔗糖调整山楂浆糖度，加入 0.01mL/L H_2SO_3 抑菌；用活化好的酵母接种（接种量 0.40g/L），进行前发酵（温度 27℃；时间 7 天）；再次进行后发酵直至发酵完成。

（2）HPLC 的测定

①色谱条件。色谱条件参考梁国伟等、韩晓鹏等的文章[1,2]并稍作修改。色谱柱：Agilent 5 TC-C18（250×4.6mm）；流动相：磷酸二氢钾（0.01mol/L，pH 3.0）：甲醇=97：3；流速：1mL/min；进样量：10μL；检测波长：210nm；柱温：25℃。

②有机酸标准曲线绘制。有机酸混标的配制：准确称取酒石酸 0.075g、柠檬酸 0.300g、DL-苹果酸 0.300g、琥珀酸 0.500g；准确量取乳酸 0.36mL、乙酸 0.84mL 于 50mL 的容量瓶中，用超纯水定容至 50mL。

各有机酸的标准曲线的绘制参考韩晓鹏等的方法[2]并稍作修改。将配制好的混酸溶液分别稀释（2、4、6、8、10、12）倍然后进行色谱分析，得出有机酸标准图，以各有机酸的峰面积为纵坐标，以各有机酸的浓度为横坐标分别绘制各有机酸的标准曲线，得出各有机酸的回归方程。

③样品的处理。取山楂酒样品 25mL，用超纯水定容至 100mL，经 0.22μm 微孔滤膜过滤，待测。

④精密度实验。标品精密度实验：取同一对照品溶液（本实验选择稀释 2 倍的混酸溶液为对照品），按照①所述的色谱条件进行测定，连续进样 5 次，记录色谱峰面积，计算相对标准偏差 RSD[3]。

山楂酒样品精密度实验：按照①所述的有机酸的检测条件，根据山楂酒样品连续进样 5 次得到的数据，计算相对标准偏差[2]。

二、结果与分析

通过有机酸标品和样品的色谱图对比可知（图 7-18、图 7-19），酒样中分离的各种有机酸色谱峰与标准品匹配度较高，而且单峰的分离度和对称性也较好。山楂酒有机酸的测定必须经过适当的稀释，以便达到好的分离效果。山楂酒中各有机酸的含量测定线性回归方程、线性相关系数、相对标准偏差和含量结果如下。

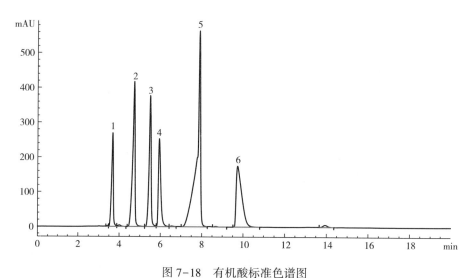

图 7-18 有机酸标准色谱图

1—酒石酸 2—D-苹果酸 3—乳酸 4—乙酸 5—柠檬酸 6—琥珀酸

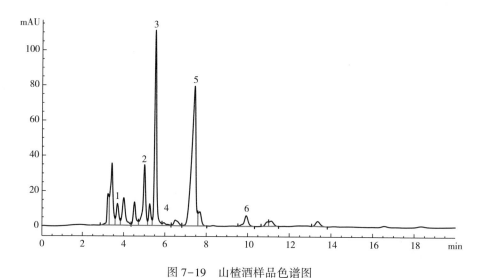

图 7-19 山楂酒样品色谱图

1—酒石酸 2—D-苹果酸 3—乳酸 4—乙酸 5—柠檬酸 6—琥珀酸

由表 7-11 可知，混标通过稀释（2、4、6、8、10、12）倍后得出的有机酸的回归方程，其相关性系数 R^2 的值都为 0.99 以上且其相对标准偏差均为 0.26~2.14，相对偏差较小，说明测定的回归方程的准确度和可靠性较高。

表7-11 各种有机酸的回归方程、相关性系数

有机酸种类	回归方程	保留时间/min	线性范围/(g/L)	相对标准偏差RSD/%	相关系数(R²)
酒石酸	$y=61.727x+6.067$	3.694	0.125~0.75	2.14	$R^2=0.9909$
D-苹果酸	$y=117.86x+19.575$	4.736	0.5~3	0.38	$R^2=0.9917$
乳酸	$y=74.785x+7.3931$	5.503	0.216~1.296	1.68	$R^2=0.9926$
乙酸	$y=136.1x+13.092$	5.902	1.19~7.14	1.00	$R^2=0.9906$
柠檬酸	$y=103.33x+17.371$	7.868	0.5~3	0.64	$R^2=0.9922$
琥珀酸	$y=166.36x+12.372$	9.308	0.83~5	0.26	$R^2=0.9915$

由表7-12可以看出，5次平行进样后测得的山楂酒中有机酸的含量的相对标准偏差在1.09~2.30之间，相对标准偏差较小，说明该方法的重现性较好，能够稳定、可靠地用于山楂酒中有机酸含量的测定。

表7-12 山楂酒有机酸的方法重现性

测定次数	酒石酸	D-苹果酸	乳酸	乙酸	柠檬酸	琥珀酸
1	2.06	4.27	9.22	0.36	10.77	0.79
2	2.05	4.13	8.92	0.35	10.49	0.79
3	2.05	4.15	9.06	0.34	10.51	0.77
4	2.04	4.16	9.12	0.35	10.54	0.78
5	1.99	4.17	9.03	0.34	10.52	0.76
平均值	2.04	4.18	9.07	0.35	10.57	0.78
标准偏差	0.03	0.05	0.11	0.01	0.11	0.01
RSD（%）	1.41	1.26	1.20	2.30	1.09	1.66

由表7-13可知，山楂酒以柠檬酸为主体，其含量达到42.26mg/L，其次是乳酸36.28mg/L、D-苹果酸16.71mg/L、酒石酸8.15mg/L、琥珀酸3.11mg/L、乙酸1.40mg/L。

表7-13 山楂酒中有机酸的含量测定结果

有机酸	含量/（mg/L）	有机酸	含量/（mg/L）
酒石酸	8.15	乙酸	1.40
D-苹果酸	16.71	柠檬酸	42.26
乳酸	36.28	琥珀酸	3.11

三、结论

本实验建立了山楂酒中有机酸含量的测定方法。经检测该方法对有机酸的分离度较高，有机酸含量的相对标准偏差较小，准确度较高。山楂酒中的有机酸含量以柠檬酸最多，其含量达到 42.26mg/L，其次是乳酸 36.28mg/L、D-苹果酸 16.71mg/L、酒石酸 8.15mg/L、琥珀酸 3.11mg/L、乙酸 1.40mg/L。

参考文献

［1］梁国伟，徐亮，张宝荣，等．山楂酒酿造工艺研究及山楂酒中有机酸的 HPLC 测定［J］．酿酒技术，2009（7）：106-113．

［2］韩晓鹏，赵英莲，李艳，等．HPLC 法检测树莓果汁和果酒的有机酸［J］．2015（5）：107-110．

［3］袁光耀，郭振福，贾艳霞．高校液相色谱（HPLC）测定山楂片中的熊果酸和齐墩果酸［J］．食品研究与开发，2007（8）：137-138．

第五节　山楂果酒发酵过程中品质特性变化规律

山楂果酒是以成熟山楂果为原料，经酵母发酵而成的一种山楂深加工产品。目前关于山楂果酒的研究主要集中在发酵工艺优化、成品酒品质分析方面，发酵过程中品质特性变化方面的研究较少。李志西等[1] 研究了山楂果酒发酵过程中总糖、总酸、酒精度的变化，张文叶等[2] 研究了山楂果酒发酵过程中不同结合态水的变化，相关研究的检测指标偏少，难以有效研究山楂果酒的发酵规律。因此，本研究通过检测山楂果酒发酵过程中的 pH、可溶性固形物、酒精度、总黄酮、总酚等理化指标的变化，分析各指标的变化规律及其原因，以期为山楂果酒的发酵优化及品质提升提供一定的理论和实践基础[3]。

一、材料与方法

1. 材料

山楂：产地为山西省运城市绛县，品种为大金星，采摘后在冰箱中密闭冷藏保存；酿酒酵母：安琪果酒酵母，湖北安琪酵母有限公司。

2. 方法

（1）山楂果酒发酵工艺

山楂果酒参照第七章第三节前期优化工艺研究进行发酵。山楂果实经清洗、去梗、去蒂，剔除果核等预处理后，加入适量 4% D-异抗坏血酸钠溶液，用组织捣碎匀浆机破碎，搅拌至浆状；山楂浆添加果胶酶酶解（添加量 0.02g/L；温度 45℃；时间 2h）；用蔗糖调整山楂浆糖度，加入 0.01mL/L H_2SO_3 抑菌；用活化好的酵母接种（接种量 0.40g/L），进行前发酵（温度 27℃；时间 7d）；再次进行后发酵直至发酵完成。

（2）山楂果酒发酵过程品质特性测定

①pH 的测定。自发酵起始，每隔 24h 用 pH 计测定果酒发酵液 pH 值。

②可溶性固形物。自发酵起始，每隔 24h 用糖度计测定山楂酒发酵液可溶性固形物含量。

③酒精度。自发酵起始，每隔 24h 用酒精计法测定果酒的酒精度。

④总黄酮。采用 $NaNO_2$-$Al(NO_3)_3$-$NaOH$ 比色法测定山楂果酒中总黄酮的含量[4]。以芦丁作为标品绘制标准曲线：准确吸取 0、2.0、4.0、6.0、8.0、10.0mL 的 0.4mg/mL 芦丁标液，分别加入 0.8mL 5% $NaNO_2$ 溶液，充分摇荡 6min；加入 0.8mL 10% $Al(NO_3)_3$ 溶液，充分摇荡，静置 6min；加入 10mL 1mol/L $NaOH$ 溶液，充分摇荡，于 25℃反应 15min；用体积分数 30%的乙醇定容至 50mL，在波长 510nm 下测定吸光度值。得标准曲线方程：$y = 10.468x + 0.0226$，相关系数 $R^2 = 0.9975$。样品测定时，精确移取 0.4mL 酒样，其余测定方法与绘制标准曲线相同，最后计算样品中总黄酮含量（以芦丁计）。

⑤总酚。采用福林酚法测定山楂果酒中总酚的含量[5]。用移液管分别从 0、10、20、30、40、50、60、70μg/mL 的没食子酸标准溶液中吸取 1.0mL，分别加 4mL 水、2mL 福林酚显色剂、3mL 15% Na_2CO_3 溶液，在 30℃下避光放置 30min 后，在波长 760nm 波长下测定吸光度值，绘制标准曲线，得方程：$y = 0.1203x + 0.0415$，$R^2 = 0.99696$。样品测定时，精确移取 1.0mL 酒样，其余测定方法与绘制标准曲线相同，最后计算样品中总酚含量（以没食子酸计）。

二、结果与分析

1. 发酵过程中 pH 的变化

pH 不仅反映发酵过程中游离酸的变化，还是影响果酒成品口感和颜色的重要因素。在整个发酵过程中，山楂果酒的 pH 整体呈下降趋势，下降至一定值后基本保持不变（图 7-20）。在发酵的前 4 天里，pH 有所下降，到第 4 天时，pH 为 3.09；在第 5~9 天，趋势近于平缓，变化不大，第 9 天时，pH 为 2.87，说明在后发酵过程中，pH 基本保持不变。pH 的变化主要取决于有机酸种类及其含量的变化，有机酸主要来源于两种途径：山楂果实自身含有较多的苹果酸、柠檬酸、草酸等有机酸；发酵过程中酵母代谢产生丙酮酸、乳酸、乙酸、琥珀酸等有机酸。随着发酵的进行，酵母由于糖类物质减少、pH 降低等因素，产酸代谢被抑制，最终使果酒的 pH 保持平衡。

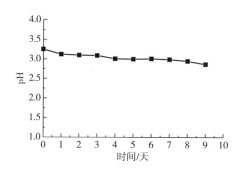

图 7-20　山楂果酒发酵过程中 pH 变化曲线

2. 发酵过程中可溶性固形物的变化

发酵过程中的可溶性固形物主要是果实自身含有的葡萄糖、蔗糖等可溶性糖和外加蔗糖。由图 7-21 可看出，可溶性固形物的含量随着发酵天数的增加不断降低，到第 9 天时，可溶性固形物降至 7.9%。随着发酵的进行，酵母持续分解利用糖类物质，在发酵前期，酵母繁殖代谢旺盛，分解糖类物质速度快，因此可溶性固形物含量下降速度较快，但是发酵过程中乙醇逐渐积累、pH 降低以及糖类物质减少等因素均会抑制酵母的合成代谢活动，进而使可溶性固形物下降速度减慢直至发酵后期保持平衡。

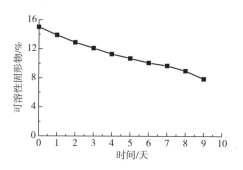

图 7-21　山楂果酒发酵过程中可溶性固形物含量变化曲线

3. 发酵过程中酒精度的变化

酒精是评价果酒质量的重要化学成分之一，它的含量多少对酒的风味及质量具有重要影响。由图 7-22 可看出，山楂果酒酒精度随着发酵天数的增加不断增大，到第 9 天时达到最大值（10.2%），此后基本保持不变，陈酿 3 个多月的成品山楂果酒酒精度为 10.0%。结合图 7-21 可得出，山楂果酒的酒精度与可溶性固形物的含量变化趋势呈负相关关系：发酵初始，酵母糖代谢旺盛，酒精积累速度快；发酵进行到一定阶段（实验为发酵 7 天后），由于 pH、糖分、酒精度等外界因素和菌体衰老等内部因素的影响，导致酵母合成乙醇速度降低，直至发酵后期保持稳定。

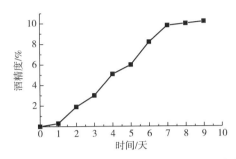

图 7-22　山楂果酒发酵过程中酒精度变化曲线

4. 发酵过程中总黄酮的变化

山楂果实中含有丰富的黄酮类物质，主要包括槲皮素、柚皮苷等，黄酮类成分对心血管系统具有明显的药理学作用。由图 7-23 可看出，随着发酵的进行，山楂果酒中黄酮含量逐渐增加，前期发酵增加较快，后期发酵增加速度趋缓。发酵液中的酵母是导致黄酮含量呈现上述变化趋势的关键因素：一是大多数黄酮类物质难溶或不溶于水，但易溶于乙醇，酵母发酵糖类产生酒精，发酵液逐渐增加的酒精体积分数会促进黄酮类物质的溶解；二是发酵液中酵母能产生果胶酶，果胶酶破坏山楂细胞壁，从而促进细胞中黄酮类物质的溶出。

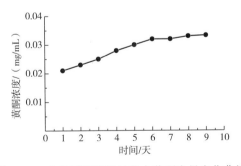

图 7-23　山楂果酒发酵过程中黄酮含量变化曲线

5. 发酵过程中总酚的变化

山楂中的多酚类物质主要是原花青素的不同聚合体和绿原酸。多酚具有抗氧化、清除自由基等功效，还对果酒的颜色、滋味等感官品质具有显著影响。由图 7-24

可知，山楂果酒在发酵过程中多酚含量总体处于稳定状态，延长山楂果酒发酵时间也不会使山楂果酒中的总酚含量明显增加。目前，关于果酒发酵过程中多酚类物质变化情况的研究结论并不一致：李国薇等[6] 发现，苹果酒发酵过程中总酚含量呈微量减少趋势；戚一曼等[7] 发现，在猕猴桃酒发酵过程中多酚含量呈波动变化；哈之才[8] 发现，寒富苹果酒发酵过程中多酚含量呈波动减少趋势；胡冀太等[9] 发现，在山楂酒发酵过程中总酚含量呈上升趋势。导致上述不同研究结果的原因主要在于，影响多酚含量变化的因素较多，如水果自身特性、发酵工艺条件（如浸渍、发酵的温度、时间）等，因此山楂果酒发酵过程中总多酚乃至各多酚单体的变化规律及机理需要结合具体发酵工艺进行进一步研究。

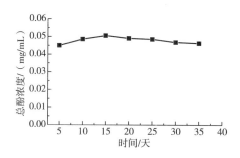

图 7-24　山楂果酒发酵过程中总酚含量变化曲线

三、结论

山楂果酒发酵过程中 pH 和可溶性固形物含量呈下降趋势，酒精度和总黄酮呈上升趋势；pH、可溶性固形物、酒精度以及总黄酮的变化均与酵母有密切关系：酵母转化糖类产酶、产酸、产乙醇的合成代谢活动直接或间接导致前述四个品质特性变化，同时四个品质特性变化又会影响酵母合成代谢，最终分别达到平衡，完成发酵。

山楂果酒发酵过程中总酚含量总体处于稳定状态，由于影响多酚含量的原因复杂，对于总酚含量的变化规律及机理还需要进一步深入研究。

参考文献

［1］李志西，齐汇汇，刘志政 . 山楂果酒发酵过程中主要成分消长规律的研究［J］. 陕西林业科技，1993（1）：42-45.

［2］张文叶，张磊，吴庆伟，等 . 利用低场核磁共振技术研究山楂酒发酵过程中水分的变化规律［J］. 中国酿造，2015，34（12）：137-140.

［3］李楠 . 山楂果酒发酵过程中品质特性的变化规律［J］. 食品工业，2019，40（3）：60-63.

[4] 李楠，杨春杰，邓随胜，等．富含黄酮的山楂果酒发酵条件优化［J］．中国酿造，2016，35（11）：112-116.

[5] 王毓宁，李鹏霞，胡花丽，等．Folin-酚法测定水蜜桃果酒中总多酚［J］．酿酒，2012，39（5）：60-62.

[6] 李国薇，樊明涛，王胜利，等．酵母菌种对苹果酒主发酵过程中的多酚组成及抗氧化活性的影响［J］．中国酿造，2012，31（10）：33-37.

[7] 戚一曼，樊明涛，程拯艮．猕猴桃酒主发酵过程中多酚及抗氧化性的研究［J］．食品研究与开发，2016，37（24）：6-12.

[8] 哈之才．寒富苹果酒发酵过程中多酚变化规律研究［D］．沈阳：沈阳农业大学，2017.

[9] 胡冀太，杜金华，何桂芬．果酒酵母对发酵山楂酒品质及抗氧化性的影响［J］．酿酒，2012，39（5）：52-56.

第六节　山楂果酒抗氧化活性及香气成分分析

山楂果酒是以山楂果实为原料，在保持山楂原有营养成分的情况下，经过一定的发酵工艺条件酿制而成的低度饮料酒，具有很高的营养价值，可调节人体的新陈代谢，促进血液循环，长期饮用山楂果酒还可防止坏血病、贫血、软化血管、促进消化。山楂果酒酒质醇厚，风味独特，营养价值高，具有特殊的保健功能，倍受消费者青睐。山楂富含多酚、有机酸、黄酮和多糖等功能成分，并具有抗氧化、抑菌、降压、降脂、保肝、抗肿瘤和加强心肌收缩力等多种生物活性。研究表明，人体内自由基的产生和清除是处于动态平衡的，如果自由基在人体内产生或者清除过慢，会诱发各种疾病，加快衰老。山楂中含有的多酚类和黄酮类物质被认为是潜在的抗氧化物质，可以清除人体内的内源性活性氧自由基，从而减少疾病的发病率。

果酒香气是果酒最主要的特征，也是评价果酒品质的重要指标。依酿造方法不同可分为四种：一是选用果浆发酵成的发酵酒；二是用发酵酒经蒸馏得到的蒸馏酒；三是用果汁加入其他成分调配成的配制酒；四是含有大量 CO_2 的汽酒。果酒的香味成分主要包括醇类、酯类、酸类、醛类、酚类、羟基化合物等。果酒既富有其果实典型的风味，又有醇厚浓郁的酒香。果酒的芳香物质较白酒低十倍甚至百倍以上，但成分较为复杂。本研究采用气相色谱-质谱（gas chromatography-mass spectrometry，GC-MS）联用仪对山楂果酒样品香气成分进行分析，并对山楂果酒的总酚含量以及抗氧化活性进行研究，旨在为开发优质山楂果酒高值化途径提供科学依据。

一、材料与方法

1. 材料

山楂：产地为山西省运城市绛县，品种为大金星，采摘后在冰箱中密闭冷藏保存；酿酒酵母：安琪果酒酵母，湖北安琪酵母有限公司。

2. 方法

（1）山楂果酒发酵条件

山楂果酒参照第七章第三节前期优化工艺研究进行发酵。山楂果实经清洗、去梗、去蒂，剔除果核等预处理后，加入适量 4% D-异抗坏血酸钠溶液，用组织捣碎匀浆机破碎，搅打至浆状；山楂浆添加果胶酶酶解（添加量 0.02g/L；温度 45℃；时间 2h）；用蔗糖调整山楂浆糖度，加入 0.01mL/L H_2SO_3 抑菌；用活化好的酵母接种（接种量 0.40g/L），进行前发酵（温度 27℃；时间 7d），再次进行后发酵直至发酵完成。

（2）山楂果酒抗氧化活性的研究

①山楂果酒对 DPPH·清除率

分别准确吸取稀释 10 倍的山楂果酒 20、40、60、80、100、120、140、160、180、200μL 加入 10 支 10mL 比色管中，各加入 $2×10^{-4}$mmol/L 的 DPPH 溶液 2mL，用蒸馏水定容至 5mL，避光静置反应 30min 后，在波长 517nm 处测吸光度值。以 0.1mg/L 的抗坏血酸做阳性对照。清除率计算公式：DPPH·清除率 =（A_0-A）/A_0×100%。式中，A_0 为不加酒样时测定的吸光度值，A 为加酒样后测定的吸光度值。

②山楂果酒对·OH 的清除率

采用水杨酸比色法，参考李志英等[1] 的方法，并稍作修改。取 8 支 10mL 的比色管，分别依次加入 1mL 8mmol/L 的硫酸亚铁，1mL 10mmol/L 的水杨酸-乙醇溶液，1mL 10mmol/L 的 H_2O_2，然后向 8 支比色管中依次加入稀释 10 倍的山楂果酒的体积为 0.0、0.1、0.2、0.4、0.6、0.8、1.0、2.0mL，混匀，用去蒸馏水定容至刻度，37℃水浴或静置 30min 后，在波长 510nm 处测吸光度值。并以蒸馏水为对照，测定吸光度值。以 0.3mg/mL 的抗坏血酸做对照。清除率计算公式：·OH 清除率 = ［A_0-（A_1-A_2）］/A_0×100%。式中，A_0 为空白的吸光度值，A_1 为加入果酒的吸光度值，A_2 为不加显色剂 H_2O_2 山楂果酒本底值的吸光度值。

③山楂果酒对 $ABTS^+$·的清除能力

ABTS 与过硫酸钾反应生成稳定的蓝绿色阳离子自由基 $ABTS^+$·，向其中加入山楂果酒，如果果酒中存在抗氧化成分，果酒会与 ABTS 反应使反应体系褪色。参考崔同等[2] 的方法，并稍作修改。取 7mmol/L 的 ABTS 5mL 和 140mmoL/L 的过硫酸钾溶液 88μL 混合，在室温、避光条件下静置过夜，形成 ABTS 储备液，使用前用无水乙醇稀释成工作液，要求其在734nm波长下的吸光度值为（0.70±0.02），得到ABTS工作液；取ABTS工作液4mL加入10mL比色管中，向其中分别加入稀释50倍的山楂果酒20、60、100、140、180、200μL，旋涡混匀，30℃水浴反应15min，在734nm处测定吸光度值A，同时以20~200μL的乙醇替代果酒分别做空白实验。以0.1mg/mL的抗坏血酸做对照。清除率计算公式：$ABTS^+ \cdot$清除率 $=（1-A/A_0）\times 100\%$。式中，A为样品反应体系的吸光度值，A_0为空白对照的吸光度值。

（3）山楂果酒香气成分的GC-MS分析法

①香气成分的提取[3]

有机溶剂萃取（液液萃取）：萃取过程在通风橱内进行，准确量取酿造好的山楂果酒100mL，放置于分液漏斗中，分别用100、50、30mL的二氯甲烷萃取三次，反复振荡，充分混合，静置至明显分层，收集并合并有机相，用无水硫酸钠脱水，37℃旋转蒸发浓缩至1~2mL，用滤膜过滤，供GC-MS分析使用。

②GC-MS分析条件

气相色谱条件：色谱柱为DB-FFAP（30m×0.25mm×0.25μm）；载气为氦气（99.999%），流速1.0mL/min；升温程序为45℃保持5min，以5℃/min升至240℃保持10min。进样口温度250℃，进样量1.0μL，分流进样，分流比3∶1。

质谱条件：离子源温度230℃；四级杆温度150℃；电离方式EI，电子能量70eV；扫描质量范围为45~550AMU，溶剂延迟3min。

二、结果与分析

1. 成品山楂果酒分析

经本实验室前期研究，优化出来的山楂果酒的最佳发酵条件为发酵温度26.6℃、酵母接种量0.40g/L、糖浓度15.1%、pH 3.2，本实验酿造山楂果酒的工艺条件均采用了前期优化出来的条件。在此条件下，陈酿3个多月的山楂果酒最终酒精度可达10.0%，处于常见果酒的酒度范围内。发酵完成的山楂果酒，色泽为橘红色，颜色非常诱人，外观上清澈透明，酒体醇厚圆润，酒精度适宜，果香和酒香融为一体、香味协调、回味长久，是营养丰富的保健型果酒。

2. 山楂果酒的抗氧化活性

（1）山楂果酒对DPPH·清除率

通过实验发现，山楂果酒对DPPH·具有较强的清除能力，几乎在加入样品的同时，DPPH溶液紫红色消失，而且反应液中有絮状物出现，会影响最终测定结果。以抗坏血酸为对比，通过把山楂酒稀释一定的倍数，并调整其在反应体系中的量，解决了以上问题。

由图7-25可看出，山楂果酒对DPPH·有很强的清除作用，清除能力随着加入量的增加而增大。在加入量<120μL时，山楂果酒的清除作用明显高于0.1mg/mL的抗坏血酸，当用量增至120～200μL范围，二者的清除率不断上升，清除能力基本相当。

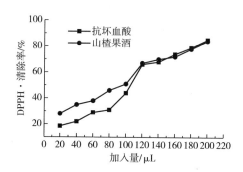

图7-25 山楂果酒对DPPH·的清除能力

（2）山楂果酒对·OH清除率

由图7-26可看出，山楂果酒对·OH有很强的清除能力，随着加入量的增加，清除率逐渐增大。在加入量为0.2mL时清除率就达到了35%，在实验选取用量范围内，加入相同量时山楂果酒的清除能力显著高于0.3mg/mL的抗坏血酸，加入量为1.0mL时山楂果酒对·OH的清除率达到了84%，抗坏血酸对·OH的清除率达到了78%，说明山楂果酒作为自由基抑制剂，可以降低·OH对人体的伤害。

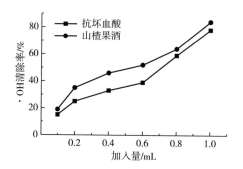

图7-26 山楂果酒对·OH的清除能力

（3）山楂果酒对ABTS⁺·的清除能力

由于山楂果酒的抗氧化机理复杂，在反应过程中抗氧化反应和促氧化反应可能同时存在，只有在适宜稀释倍数时果酒的抗氧化活性才能得以体现。通过反复实验，把山楂果酒稀释50倍，加入反应体系中。

由图7-27可看出，山楂果酒对ABTS⁺·有很强的清除能力，清除能力随着加入量的增加而增大。在加入量相同的情况下，0.1mg/mL 抗坏血酸的清除能力显著高于稀释 50 倍山楂果酒的清除率，随着山楂果酒加入量的增多，其清除能力越接近抗坏血酸，说明山楂果酒作为自由基抑制剂，可以降低 $ABTS^+\cdot$ 对人体的伤害。

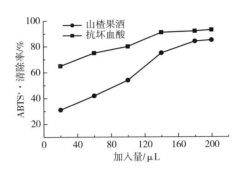

图 7-27　山楂果酒对 $ABTS^+\cdot$ 的清除能力

3. 山楂果酒香气成分的 GC-MS 分析结果

山楂果酒 GC-MS 总离子流图见图 7-28。GC-MS 检测出的山楂果酒中的香气物质成分及含量见表 7-14。

由图 7-28 可看出，山楂果酒的香气物质种类及相对含量差异较大，说明所用香气物质的萃取方法和 GC-MS 检测条件适合检测山楂果酒中的香气物质。

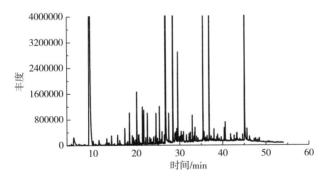

图 7-28　山楂果酒的总离子流图

由表 7-14 可知，山楂果酒共检测出 44 种香气物质，其中：共检测出 12 种醇类物质，醇类是山楂果酒中重要挥发性物质之一，主要包括正戊醇、异丁醇、异戊醇、苯乙醇等，占 51.1%。共检测出酯类物质 16 种，酵母发酵是酯类物质形成的主要途径，在山楂果酒发酵过程中，酵母细胞中酶促反应的一些酶会参与一些酯类成分的形成，主要包括己酸乙酯、辛酸乙酯、柠檬酸三乙酯、丁二酸单乙酯、硫氰酸乙酯等，占 15.04%。检测出酸类物质 5 种，酸类组分主要来自原料和发酵过程，同时酸类化合物也是山楂果酒中的一种重要的风味物质，主要包括己酸、异丁酸、辛酸、新癸酸等，占 3.4%；除了醇类、酯类、酸类化合物外，山楂果酒中还检测到其他类物质 11 种，如十二醛二甲缩醛等，占 1.3%。

表 7-14　山楂果酒中主要香气成分的种类及其相对含量

序号	保留时间/min	化合物	百分含量/%	分子式	香气
1	5.450	异丁醇	1.0033	$C_4H_{10}O$	酒香，果香，草香
2	9.185	正戊醇	24.2455	$C_5H_{12}O$	酒香，果香，草香
3	9.358	异戊醇	5.78880	$C_5H_{12}O$	酒香，果香，草香
4	10.051	己酸乙酯	0.1723	$C_8H_{16}O_2$	果香、酒香
5	13.208	十二醛二甲缩醛	0.1444	$C_{14}H_{30}O_2$	
6	14.302	叶醇	0.2742	$C_6H_{12}O$	药草香、苹果青香
7	15.707	辛酸乙酯	0.1737	$C_{10}H_{20}O_2$	水果香
8	17.36	二甲基硫代乙酰胺	0.2831	C_4H_9NS	
9	19.078	异丁酸	0.2152	$C_4H_8O_2$	
10	19.343	1-己烯-3-醇	0.0929	$C_6H_{12}O$	
11	20.116	硫氰酸乙酯	1.0948	C_3H_5NS	
12	20.475	2-糠酸乙酯	0.1573	$C_7H_8O_3$	
13	20.577	4-羟基丁酸内酯	0.3654	$C_4H_6O_2$	
14	21.401	糖醇	0.7369	$C_5H_6O_2$	微有香气
15	21.713	琥珀酸二乙酯	0.5277	$C_8H_{14}O_4$	果香
16	22.551	3-甲硫基丙醇	0.5381	$C_4H_{10}OS$	
17	23.077	1,3-丙二醇二乙酸酯	0.0715	$C_7H_{12}O_4$	
18	23.356	衣康酸二乙酯	0.0558	$C_9H_{14}O_4$	
19	24.539	新癸酸	0.6543	$C_{10}H_{20}O_2$	
20	24.702	乙酸苯乙酯	0.0653	$C_{10}H_{12}O_2$	花香、甜蜜香味
21	24.883	二甲基硫代乙酰胺	0.0633	C_3H_7NOS	
22	25.321	己酸	0.7259	$C_6H_{12}O_2$	油脂香
23	25.698	邻甲氧基苯酚	0.0538	$C_7H_8O_2$	芳香，香甜气味
24	26.773	苯乙醇	15.0503	$C_8H_{10}O$	玫瑰香气
25	29.348	马来酸二乙酯	0.1961	$C_4H_6O_2$	
26	29.594	辛酸/羊脂酸	1.5914	$C_8H_{16}O_2$	水果香

续表

序号	保留时间/min	化合物	百分含量/%	分子式	香气
27	30.879	反-4-辛烯	0.1644	C_8H_{16}	
28	31.568	乙酰甘氨酸乙酯	0.1125	$C_6H_{11}NO_3$	
29	32.215	对乙烯基愈创木酚	0.065	$C_9H_{10}O_2$	
30	32.453	棕榈酸甲酯	0.1166	$C_{17}H_{34}O_2$	
31	33.281	苯甲醛缩二甲醇	0.0752	$C_9H_{12}O_2$	
32	33.472	癸酸	0.2132	$C_{10}H_{20}O_2$	
33	33.547	苯乙酸-2-丙烯酯	0.1833	$C_{11}H_{12}O_2$	
34	34.24	2,4-二叔丁基苯酚	0.0501	$C_{14}H_{22}O$	
35	35.418	丁二酸单乙酯	7.3413	$C_6H_{10}O_4$	
36	35.637	2,3-二氢苯并呋喃	0.1169	C_8H_8O	
37	36.005	硬脂酸甲酯	0.0561	$C_{19}H_{38}O_2$	
38	36.847	柠檬酸三乙酯	4.3509	$C_{12}H_{20}O_7$	果香
39	38.621	2,3,5,6-四氟茴香醚	0.083	$C_7H_4F_4O$	
40	39.64	3,4-二甲基苯甲醇	0.0679	$C_9H_{12}O$	
41	43.262	3,4,5-三甲氧基苄醇	0.0957	$C_{10}H_{14}O_4$	
42	45.064	对羟基苯乙醇	3.2088	$C_8H_{10}O_2$	
43	45.622	反式角鲨烯	0.2003	$C_{30}H_{50}$	
44	48.481	棕榈酰胺	0.0901	$C_{16}H_{33}NO$	

三、结论

本实验酿造山楂果酒采用的是本实验室前期研究优化出来的工艺条件,在此基础上最后的成品酒酒精体积分数达到了 10.0%,符合果酒的酒度范围。对陈酿 3 个多月的山楂成品果酒进行抗氧化实验,并以抗坏血酸做对照。经过大量的实验表明,山楂果酒具有很强的对 DPPH·清除能力、对·OH 清除能力、对 ABTS$^+$·清除能力,山楂果酒具有很强的抗氧化活性。

采用液液萃取法结合 GC-MS 法共检测出山楂果酒中 44 种香气成分,其中:12 种醇类物质,主要包括正戊醇、异丁醇、异戊醇、苯乙醇等;16 种酯类物质,主要包括己酸乙酯、辛酸乙酯、柠檬酸三乙酯、丁二酸单乙酯等;5 种酸类物质,主要包括己酸、异丁酸、辛酸、新癸酸等;11 种其他类物质,主要包括烷烃类、酮醛类。

参考文献

［1］李志英，张海容. 5 种葡萄酒清除羟自由基的比较［J］. 酿酒科技，2006
　　（4）：26-28.

［2］崔同，李喜悦. 山楂酒甲醇含量的测定及清除 DPPH 和 ABTS 自由基活性
　　的研究［J］. 酿酒科技，2015（7）：17-20.

［3］郭静. 猕猴桃果实及果酒香气成分研究［D］. 咸阳：西北农林科技大
　　学，2003.

第八章　杂粮功能性研究与应用

第一节　燕麦多酚的提取工艺及稳定性

燕麦（*Avena sativa* L.）是禾本科燕麦属一年生草本植物，我国的种植区主要为山西、河北、内蒙古等。近些年，随着人们保健意识的增加，燕麦因其独特的营养和保健功能受到科研人员的重视。燕麦含有较多的抗氧化物质，如多酚、植酸、维生素 E、蒽酰胺等，具有降血压、降血糖、预防心血管疾病等功效。研究表明，燕麦多酚具有较强的清除 DPPH 自由基能力，且可以抑制低密度脂蛋白氧化的功能，谷物多酚与蔬菜水果多酚组成不同，两者在体内可以通过协同作用增强生物活性。

近年来对燕麦多酚的分离纯化及其抗氧化性的研究较多，而对燕麦多酚的稳定性的研究较少。多酚是分子内含有一个或多个羟基与一个或几个苯环相联的一类植物化合物的总称，燕麦多酚应用于食品加工或者贮藏等过程中时，容易受到温度、pH、光照等的影响而降解，使抗氧化活性降低。本文以燕麦为原料，采用超声波辅助有机溶剂浸提的方法优化燕麦多酚的提取工艺，并研究燕麦多酚的稳定性，旨在为提高燕麦多酚的提取率、稳定性及其开发利用价值提供理论依据和方法参考[1]。

一、材料与方法

1. 材料

燕麦：山西省朔州市山阴县，经中药粉碎机粉碎过 60 目筛，将燕麦粉与无水石油醚按 1∶2 的比例装入磨口三角瓶中，脱脂处理 48h，干燥箱干燥至呈无结块粉末状，备用。

2. 方法

（1）单因素实验

分别选取料液比（1∶10、1∶15、1∶20、1∶25、1∶30）（mL/g）、提取温度（20℃、30℃、40℃、50℃、60℃）、提取时间（10min、20min、30min、40min、50min）、乙醇浓度（40%、50%、60%、70%、80%）为单因素进行燕麦多酚的提取，计算得率。

（2）响应面实验

以单因素实验为基础，应用 Box-Benhnken 中心组合实验设计，采用 3 因素 3 水平进行响应面实验。因素水平编码表见表 8-1。

表 8-1　响应面因素水平编码表

水平	因素		
	液料比（A）（mL/g）	提取温度（B）/℃	乙醇浓度（C）/%
-1	15∶1	30	40
0	20∶1	40	50
1	25∶1	50	60

（3）多酚含量测定

参考王红[2] 的方法，采用福林酚法测定多酚含量。分别取 0、1.0、2.0、3.0、4.0、5.0、6.0mL 浓度为 $100\mu g/mL$ 的没食子酸溶液于 50mL 棕色容量瓶中，加入 3mL 稀释 10 倍的 Folin 试剂，再加入 9mL 10% Na_2CO_3，蒸馏水定容，摇匀，避光反应 30min，以蒸馏水做对照，在波长 760nm 处测定吸光度值三次并取平均值。以吸光度值 A 为纵坐标，没食子酸浓度 C（$\mu g/mL$）为横坐标绘制标准曲线。得回归方程：$A = 0.0487C - 0.0121$，相关系数 $R^2 = 0.9937$。

反应体系中多酚提取液加入量为 5mL，其余步骤和标准曲线一致。样品中多酚含量的计算公式（8-1）如下：

$$M = \frac{c \times V \times N}{m}$$
（8-1）

式中：M——多酚含量，$\mu g/g$；

　　　V——提取液体积，mL；

　　　c——没食子酸质量浓度，$\mu g/mL$；

　　　m——样品质量，g；

　　　N——稀释倍数。

（4）燕麦多酚的稳定性实验

①温度的影响。将燕麦多酚提取液分别置于 4℃、25℃、50℃、75℃、100℃下避光恒温处理，每隔 1h 用福林酚法测定多酚含量并计算保留率（保留率 = 处理后的吸光值/处理前的吸光值），比较温度对多酚稳定性的影响。

②pH 的影响。参考冯婧等[3] 的方法，并稍作修改。用稀氢氧化钠和稀盐酸调节去离子水 pH 分别至 3、5、7、9、11，以不同 pH 去离子水∶多酚提取液 = 10∶1 的比例加入多酚提取液，室温黑暗处理，每隔 1h 测定多酚含量并计算保留率，比较不同 pH 对多酚稳定性的影响。

③光照的影响。取 2 份相同的多酚提取液，一份密封室内自然光照处理，另一份密封避光处理，每隔 1h 测定多酚含量并计算保留率，研究光照对多酚稳定性的影响。

二、结果与分析

1. 单因素实验结果

（1）液料比对多酚得率的影响

图 8-1 为提取温度 40℃、乙醇浓度 60%、提取时间 30min 条件下，不同液料比对多酚得率的影响。随着提取溶剂液料比的增加，得率增大，当液料比为 20∶1（mL/g）时，增大趋势逐渐趋于平缓。液料比过大会造成原料浪费，还会使碳水化合物、果胶、蛋白质等醇溶性成分溶出，综合考虑生产成本和提取效果选取液料比为 15∶1、20∶1、25∶1（mL/g）进行响应面实验。

（2）提取温度对多酚得率的影响

设定液料比 20∶1、乙醇浓度 60%、提取时间 30min，在不同提取温度下多酚得率见图 8-2。随着温度的升高，燕麦多酚得率先升高后降低，原因可能是当温度升高时，分子间运动增加，溶剂的黏度降低，多酚的渗透、溶解、扩散速率增快，使多酚更易从燕麦中溶出。当温度达到 40℃ 之后，蛋白质、维生素等大分子溶出，影响了多酚的得率。因此，选取提取温度为（30、40、50）℃进行响应面实验。

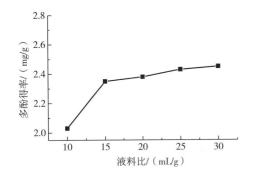

图 8-1　液料比对多酚得率的影响

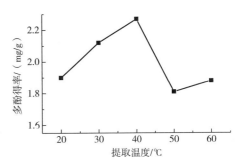

图 8-2　提取温度对多酚得率的影响

（3）提取时间对多酚得率的影响

液料比 20∶1（mL/g）、乙醇浓度 60%、提取温度 40℃条件下，研究不同提取时间对多酚得率的影响，结果见图 8-3。10~20min 多酚得率增加较多，20~30min 上升缓慢，30min 之后逐渐趋于平稳，原因可能是 30min 时多酚在提取溶剂中的溶解度已经达到最大值。所以，在进行响应面实验时固定提取时间 30min。

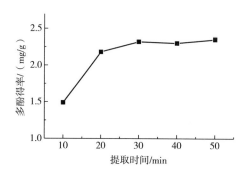

图 8-3 提取时间对多酚得率的影响

（4）乙醇浓度对多酚得率的影响

液料比 20∶1（mL/g）、提取时间 30min、提取温度 40℃条件下，乙醇浓度对多酚得率的影响见图 8-4。由图可知，得率随乙醇浓度的增加先升高后降低，当乙醇浓度为 50% 时，多酚得率为 2.31mg/g。乙醇浓度会影响溶剂的极性，从而影响活性物质的溶出能力。适当增加乙醇浓度会增高多酚得率，但是过高的乙醇浓度会破坏氢键，导致多酚得率下降。所以，选取乙醇浓度 40%、50%、60% 进行响应面实验。

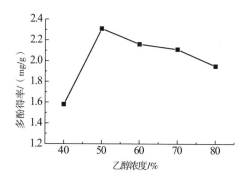

图 8-4 乙醇浓度对多酚得率的影响

2. 响应面设计及结果分析

在单因素实验基础上进行 3 因素 3 水平响应面实验。实验设计共 17 个实验点，其中 12 个析因点、5 个零点，零点位于区域的中心，重复 5 次，用于估算实验误差。实验设计及结果见表 8-2。

表8-2 响应面设计及结果

实验序号	液料比（A）（mL/g）	提取温度（B）/℃	乙醇浓度（C）/%	多酚得率（Y）/（mg/g）
1	-1	-1	0	1.701
2	1	-1	0	1.389
3	-1	1	0	1.865
4	1	1	0	1.972
5	-1	0	-1	1.479
6	1	0	-1	1.623
7	-1	0	1	2.041
8	1	0	1	1.586
9	0	-1	-1	1.701
10	0	1	-1	1.783
11	0	-1	1	1.389
12	0	1	1	2.156
13	0	0	0	2.317
14	0	0	0	2.448
15	0	0	0	2.395
16	0	0	0	2.329
17	0	0	0	2.477

用Design-Expert软件对表8-2中数据进行多元回归拟合，得到燕麦多酚得率（Y）与液料比（A）、提取温度（B）、乙醇浓度（C）的二次回归方程：$Y = 48.16A + 0.03B + 0.08C + 0.17AB - 0.24AC + 4.18 \times 10^{-4}BC - 398.56A^2 - 7.14 \times 10^{-4}B^2 - 8.34 \times 10^{-4}C^2 - 3.55$。

由表8-3可知，模型的P值小于0.01，说明模型极显著。校正系数$R^2 = 0.9783$，说明多酚得率与三个影响因子之间的拟合状态良好，多酚得率变化的97.83%是由所选因子影响的，失拟误差（$P = 0.2594$）不显著。三个因素对多酚得率影响的大小顺序为提取温度>乙醇浓度>液料比。方差分析结果表明，一次项中提取温度（B），交互项AC、BC，二次项A^2、B^2、C^2对结果影响极显著；一次项乙醇浓度C和交互项AB对结果影响显著；其余不显著。

表 8-3　回归模型方差分析

变异来源	平方和	自由度	均方	F 值	P 值	显著性
模型	0.13	9	0.015	35.10	<0.0001	**
A	$1.984×10^{-3}$	1	$1.984×10^{-3}$	4.72	0.0664	
B	0.019	1	0.019	44.98	0.0003	**
C	$2.556×10^{-3}$	1	$2.556×10^{-3}$	6.08	0.0431	*
AB	$2.601×10^{-3}$	1	$2.601×10^{-3}$	6.18	0.0418	*
AC	$5.329×10^{-3}$	1	$5.329×10^{-3}$	12.67	0.0092	**
BC	$6.972×10^{-3}$	1	$6.972×10^{-3}$	16.58	0.0047	**
A^2	0.034	1	0.034	80.51	< 0.0001	**
B^2	0.021	1	0.021	51.07	0.0002	**
C^2	0.029	1	0.029	69.68	< 0.0001	**
残差	$2.944×10^{-3}$	7	$4.206×10^{-4}$			
失拟项	$1.759×10^{-3}$	3	$5.863×10^{-4}$	1.98	0.2594	
净误差	$1.185×10^{-3}$	4	$2.963×10^{-4}$			
总误差	0.14	16				
$R^2 = 0.9783$			$R_{Adj}^2 = 0.9505$		$CV = 4.38\%$	

注: * 差异显著, $P<0.05$; ** 差异极显著, $P<0.01$。

上述软件给出的最佳工艺条件为液料比 16.39∶1（mL/g），提取温度 45.29℃，乙醇浓度 54%，此时多酚得率预测值为 2.341mg/g，考虑实际条件，将工艺参数修正为液料比 16∶1（mL/g），提取温度 45℃，乙醇浓度 54%；在此条件下做 3 次平行实验，多酚得率为 2.36mg/g，说明该模型可以应用于实际生产。

3. 燕麦多酚稳定性结果

（1）温度对多酚稳定性的影响

由图 8-5 可知，多酚的保留率在不同温度下均随着时间的延长而降低。温度为 4~25℃时，随着时间的延长多酚含量下降缓慢，在 25℃贮存 4h 之后，多酚的保留率为 84.7%。当温度超过 75℃，在贮存时间 4h 时，保留率约为 50%，原因可能是高温破坏了多酚的结构，

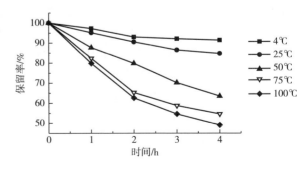

图 8-5　温度对多酚稳定性的影响

导致多酚氧化降解。所以，燕麦多酚应保存在阴凉干燥处。

（2）pH 对多酚稳定性的影响

如图 8-6 所示，多酚保留率受 pH 影响较大。当 pH<7 时，多酚较为稳定，随着时间延长多酚保留率较高；而过高的 pH 会影响多酚的稳定性，使保留率下降，当 pH 为 11 时，贮存 4h 后，多酚的保留率为 36.3%。多酚含量降低，可能是因为酚类化合物中含少量酚羟基，呈弱酸性，当其处于碱性溶液中时，结构被破坏，多酚含量降低。因此，燕麦多酚在偏酸性条件下较为稳定。

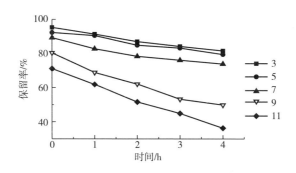

图 8-6　pH 对多酚稳定性的影响

（3）光照对多酚稳定性的影响

由图 8-7 可知，在室内自然光照或避光条件下，随着贮存时间的延长，燕麦多酚的保留率均下降，避光条件下多酚保留率更高，原因可能是多酚在光照条件下被氧化，结构遭到破坏，多酚被降解，含量降低。所以，燕麦多酚应避光保存。

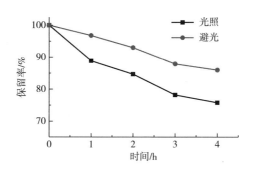

图 8-7　光照对多酚稳定性的影响

三、结论

本研究采用乙醇为提取溶剂，多酚得率为实验指标，经 3 因素 3 水平响应面实验设计得到燕麦多酚的最佳提取工艺条件为：液料比 16：1（mL/g），提取温度 45℃，乙醇浓度 54%，此条件下多酚得率为 2.36mg/g。稳定性实验结果表明燕麦多酚应贮存在阴凉避光处，其在酸性条件下较为稳定。

参考文献

［1］李佳运，李楠．基于超声波辅助的燕麦多酚提取及稳定性研究［J］．食品工程，2019（4）：16-20.

［2］王红．燕麦麸皮多酚类物质的提取、抗氧化性及稳定性研究［D］．哈尔滨：哈尔滨商业大学，2013.

［3］冯婧，彭效明，李翠清，等．银杏叶黄酮的抗氧化性及其稳定性研究［J］．食品科技，2019，44（4）：244-249.

第二节　燕麦 β-葡聚糖的提取工艺及理化性质

燕麦是禾本科燕麦属（*Avena*）一年生草本植物，我国的燕麦类型主要为裸燕麦，又称为莜麦，与皮燕麦相比，裸燕麦籽粒富含 β-葡聚糖、蛋白质和不饱和脂肪酸[1]。近年来，β-葡聚糖因具有降低胆固醇、预防心血管疾病、调节血糖、促进肠道有益菌生长、增强免疫力等功效而备受关注。

有研究表明，燕麦 β-葡聚糖是由 β-（1→3）-D-葡聚糖和 β-（1→4）-D-葡聚糖交联而成的线性同聚多糖，主要存在于胚乳及糊粉层细胞壁中。由于品种、生长气候及温度不同，燕麦 β-葡聚糖的含量也不同，麸皮中 β-葡聚糖的干基含量一般为 2.1%～3.9%[1]。目前，有关燕麦 β-葡聚糖提取及理化性质的研究主要以燕麦麸皮为原料[2,3]，忽略了胚乳细胞壁中的多糖，并且燕麦糊粉层在磨粉过程中难以物理剥离，另外，燕麦全粉是制作燕麦饼干、面包、面条、馒头等的原料，全粉的品质直接决定上述食品的营养品质，所以测定燕麦全粉中的 β-葡聚糖对分析燕麦全粉的营养价值及了解燕麦 β-葡聚糖的含量、理化性质及功能特性有重要意义。

本研究以山西高寒地区裸燕麦全粉为原料，以刚果红法测定 β-葡聚糖的含量，研究不同提取条件对裸燕麦全粉 β-葡聚糖得率的影响，采用响应面分析法得出 β-葡聚糖的最优提取工艺条件，并分析因素与因素之间的相互作用以及各个因素对 β-葡聚糖得率的影响大小，同时测定 β-葡聚糖的持水力、乳化性及乳化稳定性，以期为山西高寒地区裸燕麦的精深加工提供理论参考[4]。

一、材料与方法

1. 材料

裸燕麦：山西省朔州市山阴县。

2. 方法

（1）样品前处理

将裸燕麦粉碎，过50目筛，与75%乙醇按照料液比1∶8（g∶mL）在80℃下回流2h，以除去脂溶性物质、游离糖、小分子蛋白等，并灭活内源性β-葡聚糖酶，过滤，沉淀，于80℃干燥，备用。

（2）工艺流程

裸燕麦全粉→加稀碱提取两次，收集上清液（4000r/min离心15min）→耐高温α-淀粉酶除淀粉→等电点法去除蛋白质（调节pH至4.5，95℃水浴下静置30min，收集上清液）→醇沉（真空减压浓缩，缓慢加入乙醇溶液使最终浓度为60%，4℃下静置20h，离心收集沉淀）→沉淀复溶→冷冻干燥得到燕麦β-葡聚糖粗提物。

（3）燕麦β-葡聚糖含量的测定

参考伏萃翠[5]的方法并稍作改动，配置浓度为0.2mg/mL的β-葡聚糖标准溶液，分别取（0、0.1、0.2、0.3、0.4、0.5）mL标准溶液于比色管中，加去离子水补足至2mL，然后分别加入4mL刚果红溶液，混合摇匀，反应30min，在波长550nm处测定吸光度值。以β-葡聚糖浓度为横坐标，吸光度值为纵坐标绘制标准曲线$y=2.0033x+0.0028$，$R^2=0.9993$。

测定裸燕麦全粉中β-葡聚糖含量时，将β-葡聚糖粗提物复溶，测定方法与绘制标准曲线相同，利用标准曲线回归方程计算得率。

（4）单因素实验

pH值对得率的影响：固定液料比18∶1（mL/g），提取温度80℃、提取时间2h，研究提取液pH为10.0、10.5、11.0、11.5、12.0时对β-葡聚糖得率的影响。

提取时间对得率的影响：固定液料比18∶1（mL/g）、提取温度80℃、pH10.0，研究提取时间为1.5、2.0、2.5、3.0、3.5h时对β-葡聚糖得率的影响。

液料比对得率的影响：固定提取温度80℃、提取时间2h、pH值10.0，研究液料比为15∶1、18∶1、21∶1、24∶1、27∶1（mL/g）时对β-葡聚糖得率的影响。

提取温度对得率的影响：固定液料比18∶1（mL/g）、提取温度80℃、pH值10.0，研究提取温度为70、75、80、85、90℃时对β-葡聚糖得率的影响。

（5）响应面实验

在单因素实验的基础上，运用Design Expert 10.0软件中的Box-Behnken进行响应面实验设计，因素与水平见表8-4。

表 8-4 因素水平表

水平	因素			
	pH（A）	提取时间（B）/h	液料比（C）/（mL：g）	提取温度（D）/℃
-1	10.5	1.5	18：1	80
0	11.0	2.0	21：1	85
1	11.5	2.5	24：1	90

（6）β-葡聚糖理化性质测定

持水力：称取 0.5g 冷冻干燥后的 β-葡聚糖溶于 25mL 蒸馏水中，控制温度 20℃，调节 pH 为 7，于 50mL 的烧杯中搅拌 24h，4000r/min 离心 10min，测量湿重[6]。持水力的大小按公式（8-2）计算：

$$持水力 = （m_1 - m_0）/m_0 \qquad (8-2)$$

式中：m_1——样品吸水后质量，g；

m_0——样品质量，g。

乳化性和乳化稳定性：配制质量浓度为 2% 的 β-葡聚糖溶液 100mL，控制温度为 25℃，调节 pH 为 7，加入 100mL 色拉油，在高速分散器中以 2000r/min 的转速条件乳化 2min，然后 1300r/min 离心 5min，记录乳化层体积[7]。乳化性按公式（8-3）计算：

$$乳化性 = （被乳化层高度/离心管中液体总体积）×100\% \qquad (8-3)$$

将上述乳化样品，在 80℃ 的水浴中保温 25min，冷却后以 1300r/min 离心 5min，按公式（8-4）计算乳化稳定性：

$$乳化稳定性 = （保持乳化状态的液层高度/最初乳化层高度）×100\% \qquad (8-4)$$

二、结果与分析

1. 单因素实验结果

（1）pH 对 β-葡聚糖得率的影响

由图 8-8 可知，在实验 pH 范围内，得率先增加后降低，当 pH 为 11.0 时得率最高，为 3.45%。裸燕麦 β-葡聚糖在碱性溶液中溶解性增加，所以碱性条件有利于 β-葡聚糖的提取，可使得率增加。但当碱性过强时，会导致部分 β-葡聚糖解聚，黏度增大，颜色加深，使得率下降。综上，pH 值选择 11.0。

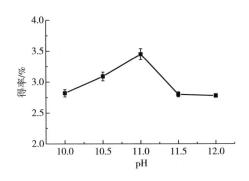

图 8-8 pH 值对 β-葡聚糖得率的影响

（2）提取时间对 β-葡聚糖得率的影响

由图 8-9 可知，随着提取时间延长，β-葡聚糖得率先升高后下降，提取时间为 2.0h 时得率最高。分析原因为，β-葡聚糖的溶出需要一定的时间才能达到平衡，在一定时间内，得率会随着时间的延长而增加；而时间过长，会导致一部分 β-葡聚糖重新被吸附，并且 β-葡聚糖长时间处于碱性高温溶液中会发生水解，使得率下降。综上分析，提取时间选择 2.0h。

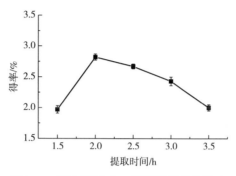

图 8-9　提取时间对 β-葡聚糖得率的影响

（3）液料比对 β-葡聚糖得率的影响

由图 8-10 可知，随着液料比的增加，β-葡聚糖得率先升高后基本不变，液料比为 21∶1 时得率最高。当液料比较小时，提取不充分，增加提取液可使细胞内外溶质浓度差增加，传质推动力增强，有利于 β-葡聚糖溶出；但液料比过大，会增加后续浓缩能耗，对实际生产没有意义。综上，液料比选择 21∶1。

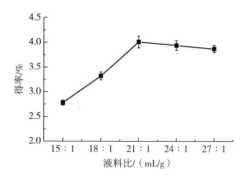

图 8-10　液料比对 β-葡聚糖得率的影响

（4）提取温度对 β-葡聚糖得率的影响

由图 8-11 可知，在 70~85℃，β-葡聚糖得率随温度的升高而增加，超过 85℃后得率开始降低。由于温度升高能加快溶液内的分子运动，并且提取液的黏度也会随着温度升高而降低，所以在一定范围内，得率随着温度升高而增加；但当温度超过一定值时，其他杂质溶出增加，会影响β-葡聚糖的溶出，另外，过高温度也会导致β-葡聚糖降解，使得率降低。综上，提取温度选择85℃。

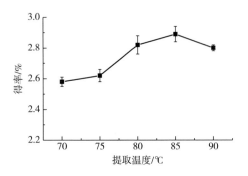

图 8-11　提取温度对 β-葡聚糖得率的影响

2. 响应面实验结果

（1）回归模型的建立及方差分析

响应面法优化实验设计及结果见表8-5。表8-5中最后5项为中心实验，用以估算实验误差，其余均为析因实验。以β-葡聚糖得率为响应值得拟合二次回归方程如下：$Y = 4.33 - 0.27A - 0.19B + 0.066C - 0.072D + 0.23AB + 0.24AC - 0.22AD + 0.38BC - 0.03BD + 0.045CD - 0.78A^2 - 0.62B^2 - 0.63C^2 - 0.87D^2$。

表 8-5　响应面法优化实验设计及结果

实验号	pH（A）	提取时间（B）	液料比（C）	提取温度（D）	得率（Y）/%
1	−1	−1	0	0	3.60
2	1	−1	0	0	2.91
3	−1	1	0	0	2.63
4	1	1	0	0	2.85
5	0	0	−1	−1	2.80
6	0	0	1	−1	3.11
7	0	0	−1	1	2.59
8	0	0	1	1	3.08
9	−1	0	0	−1	2.71
10	1	0	0	−1	2.62
11	−1	0	0	1	3.12
12	1	0	0	1	2.16

续表

实验号	pH (A)	提取时间 (B)	液料比 (C)	提取温度 (D)	得率 (Y) /%
13	0	−1	−1	0	3.51
14	0	1	−1	0	2.59
15	0	−1	1	0	2.78
16	0	1	1	0	3.37
17	−1	0	−1	0	3.55
18	1	0	−1	0	2.21
19	−1	0	1	0	3.03
20	1	0	1	0	2.67
21	0	−1	0	−1	3.12
22	0	1	0	−1	2.73
23	0	−1	0	1	2.89
24	0	1	0	1	2.38
25	0	0	0	0	4.41
26	0	0	0	0	4.31
27	0	0	0	0	4.20
28	0	0	0	0	4.43
29	0	0	0	0	4.28

对该模型及系数进行显著性分析，其结果如表8-6所示。

表8-6　回归模型方差分析结果

变异来源	平方和	自由度	均方	F 值	P 值	显著性
模型	11.70	14	0.84	23.15	<0.0001	**
A	0.86	1	0.86	23.93	0.0002	**
B	0.43	1	0.43	11.79	0.0040	**
C	0.052	1	0.052	1.44	0.2500	
D	0.063	1	0.063	1.75	0.2074	
AB	0.21	1	0.21	5.73	0.0312	*
AC	0.24	1	0.24	6.65	0.0219	*
AD	0.19	1	0.19	5.24	0.0381	*
BC	0.57	1	0.57	15.79	0.0014	**
BD	3.6×10^{-3}	1	3.6×10^{-3}	0.100	0.7568	
CD	8.1×10^{-4}	1	8.1×10^{-4}	0.22	0.6430	
A^2	3.96	1	3.96	109.57	<0.0001	**

变异来源	平方和	自由度	均方	F 值	P 值	显著性
B^2	2.48	1	2.48	68.71	<0.0001	**
C^2	2.55	1	2.55	70.67	<0.0001	**
D^2	4.96	1	4.96	137.46	<0.0001	**
残差	0.51	14	0.036			
失拟项	0.47	10	0.047	5.20	0.0631	
净误差	0.036	4	$9.03×10^{-3}$			
总误差	12.21	28				
$R^2=0.9586$		$R^2_{Adj}=0.9172$			变异系数 $CV=6.08\%$	

注：* 差异显著，$P<0.05$；** 差异极显著，$P<0.01$。

回归方程模型（$P<0.0001$）极显著，而失拟项不显著（$P=0.0631$），说明该模型具有统计学意义，回归方程对实验数据拟合情况良好，实验误差较小。校正回归系数 $R^2_{Adj}=0.9172>0.9$，表明该模型相关度良好，实际值与预测值间有高度相关性，未知项因素对实验结果的干扰较小，稳定性较好。回归模型中，一次项 A（pH）、B（提取时间），交互项 BC，二次项 A^2、B^2、C^2、D^2 对得率影响极显著（$P<0.01$）；交互项 AB、AC、AD 对得率影响显著（$P<0.05$）；其余因素不显著。从各变量显著性检验 P 值的大小可以得出各因素对裸燕麦全粉 β-葡聚糖得率影响大小顺序为 pH>提取时间>提取温度>液料比。

（2）响应面交互作用项等高线图分析

图 8-12 为各因素两两交互作用的等高线图，其中椭圆的形状表示两因素间的交互作用的强弱。

由图 8-12 可以看出，因素 B 和因素 D、因素 C 和因素 D 的交互作用等高线最接近圆形，说明 B 和 D、C 和 D 之间的交互作用不显著。而因素 B 和因素 C 的等高线为椭圆形，最为陡峭，结合表 8-6 方差分析结果，B 和 C 的交互作用为极显著。其余因素交互作用的等高线弯曲程度位于中间，结合表 8-6 方差分析结果，它们之间的交互作用显著。

（3）提取工艺优化及验证实验

根据回归模型分析得出提取裸燕麦全粉 β-葡聚糖的最优工艺参数为：pH 10.896，提取时间 1.897h，液料比 20.849∶1（mL/g），提取温度 84.933℃，在此条件下 β-葡聚糖的得率为 4.372%。根据实际情况将最优工艺条件修正为提取液 pH 10.9，提取时间 1.9h，液料比 21∶1（mL/g），提取温度 85℃；在该条件下进行 3 次平行实验以验证结果，得出 β-葡聚糖的实际得率为（4.36±0.10）%，与理论值基本吻合，证明该模型能较好地预测裸燕麦全粉 β-葡聚糖的得率。

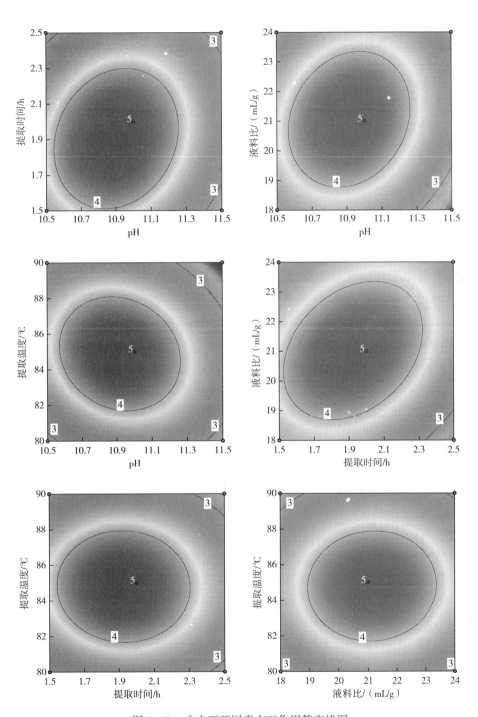

图 8-12　响应面两因素交互作用等高线图

3. 理化性质结果

β-葡聚糖吸水后膨胀，可使人产生饱腹感，防止饮食过量，本实验得出裸燕麦全粉 β-葡聚糖的持水力为（2.30±0.04）g/g，即 β-葡聚糖吸收水分的质量是其本身质量的 2 倍多，因此可以将 β-葡聚糖应用于功能性食品中。

β-葡聚糖具有一定的乳化性，本实验在温度 25℃、pH 7 时，测得其乳化能力为（87.47±2.10）%，乳化稳定性为（91.24±0.50）%。鉴于 β-葡聚糖具有较好的持水力和乳化性，可以将其作为稳定剂或增稠剂添加在食品中。

三、结论

本研究在单因素实验的基础上，通过响应面优化实验得出影响裸燕麦全粉 β-葡聚糖得率因素的大小顺序为 pH>提取时间>提取温度>液料比。β-葡聚糖具有碱溶性，碱性条件有利于其溶出，但是当提取液过碱时，会使 β-葡聚糖糖苷键断裂，使其得率下降，所以提取液 pH 对得率的影响最为显著。通过响应面优化实验得出提取裸燕麦全粉 β-葡聚糖的较优工艺条件为提取液 pH 10.9，提取时间 1.9h，液料比 21：1，提取温度 85℃，在此工艺条件下 β-葡聚糖得率为 4.36%。

对最优工艺条件下得到的 β-葡聚糖进行理化性质测定，得出当温度为 20℃，pH 为 7 时，持水力为（2.30±0.04）g/g。当温度 25℃，pH 为 7 时，其乳化能力为（87.47±2.10）%，乳化稳定性为（91.24±0.50）%。本研究为 β-葡聚糖作为保水剂、稳定剂或增稠剂等应用于功能性食品提供了理论基础。

参考文献

［1］胡新中，魏益民，任长忠. 燕麦品质与加工［M］. 北京：科学技术出版社，2009：53-56.

［2］刘焕云，李慧荔，马志民. 燕麦麸中 β-葡聚糖的提取与纯化工艺研究［J］. 中国粮油学报，2008，23（2）：56-58.

［3］吴迪，邴雪，王昌涛，等. 双向发酵提取燕麦 β-葡聚糖及其理化性质研究［J］. 食品研究与开发，2019，40（1）：184-193.

［4］李楠，闫志超，孙元琳，等. 裸燕麦 β-葡聚糖的提取工艺及其理化性质研究［J］. 食品研究与开发，2021，42（8）：81-86.

［5］伏苹翠. 燕麦 β-葡聚糖纯化及理化性质分析［D］. 大连：大连工业大学，2011：17-18.

［6］董兴叶. 燕麦 β-葡聚糖的提取、纯化及性质研究［D］. 哈尔滨：东北农业大学，2014：40-41.

［7］ 申瑞玲，王章存，姚惠源. 燕麦 β-葡聚糖的乳化性研究 ［J］. 食品与机械，2004，20（4）：4-5.

第三节　小米多酚的提取工艺优化

小米（*Setaria itatica*），又称粟，是禾本科狗尾草属植物粟或谷子的种仁，是我国北方地区主要杂粮作物之一[1,2]，居五谷之首。近年来，多酚已经成为国内外学者研究的热点之一，有研究表明，小米中酚类化合物含量较高，种类较多，包括黄酮类、酚酸类、花色苷类等[3,4]。酚类化合物可以清除体内自由基，具有较强的抗氧化活性[5,6] 以及预防与氧化应激有关的疾病等作用[7,8]。

小米品种不同，多酚的种类及含量也不同。本文以沁州黄小米为原料，采用超声波辅助有机溶剂提取法，利用超声波的空化效应，使小米多酚与溶剂充分混合，在单因素实验的基础上，采用响应面法优化提取工艺，以期得到沁州黄小米多酚的最佳提取工艺，为沁州黄小米资源的进一步开发利用提供理论参考。

一、材料与方法

1. 材料

沁州黄小米：山西省长治市武乡县。

2. 方法

（1）原料预处理

小米除杂后，用粉碎机粉碎，过筛（50目），然后用石油醚按料液比1：2的比例脱脂处理72h，干燥箱干燥，备用。

（2）单因素实验

固定料液比1：10（g/mL）、超声时间40min、超声温度40℃，研究乙醇浓度（50%、60%、70%、80%、90%）对多酚得率的影响。

固定料液比1：10（g/mL）、超声温度40℃、乙醇浓度70%，研究超声时间（20、30、40、50、60）min对多酚得率的影响。

固定料液比1：10（g/mL）、超声时间40min、乙醇浓度70%，研究超声温度（20、30、40、50、60）℃对多酚得率的影响。

固定超声温度40℃、超声时间40min、乙醇浓度70%，研究料液比（1：6、1：8、1：10、1：12、1：14）（g/mL）对多酚得率的影响。

（3）响应面实验

根据单因素实验结果，利用Design Exper 10.0软件Box-Benhnken中心组合实验设计，以小米多酚得率为实验指标，以 3 个较为显著的因素为自变量绘制因素水平表（表 8-7）。

表 8-7　响应面因素水平表

水平	因素		
	乙醇浓度（A）/%	超声时间（B）/min	超声温度（C）/℃
1	60	30	30
2	70	40	40
3	80	50	50

（4）多酚含量测定

依次取 0.1mg/mL 没食子酸溶液（0、0.5、1、1.5、2、2.5）mL 于 50mL 容量瓶中，加入 3mL Folin 试剂、25mL 蒸馏水，静置 5min，加入 9mL 10% 的碳酸钠溶液后定容至刻度，避光反应 30min，在波长 760nm 处测定吸光度值[9]。以蒸馏水为空白对照。以没食子酸浓度为横坐标，吸光度值为纵坐标，得到准曲线方程：$y = 0.0974x - 0.0121$，$R^2 = 0.9937$。

准确量取 5mL 样品液，按照上述方法测定吸光度值。根据标准曲线计算多酚含量。

二、结果与分析

1. 单因素实验结果

（1）乙醇浓度对多酚得率的影响

由图 8-13 可以看出，随着乙醇浓度升高，得率先升高后下降。乙醇浓度不同，提取溶剂的极性不同，导致溶出的有效成分不同，乙醇浓度为 70% 时，小米多酚的得率最高。所以，乙醇浓度以 70% 较为适宜。

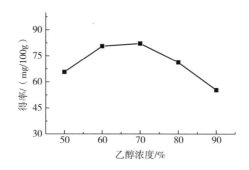

图 8-13　乙醇浓度对多酚得率的影响

（2）超声时间对多酚得率的影响

由图 8-14 中可以看出，得率随着提取时间的增加而增加，但当提取时间超过 40min 时，得率逐渐下降。分析原因为，提取时间过短，提取不充分，导致得率偏低；提取时间过长，超声波产生的高速震动空化效应会破坏样液中的多酚类物质，使得率下降，并且会使其他物质溶出较多，不利于后续纯化。所以，超声时间以 40min 较为适宜。

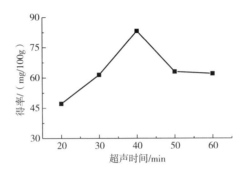

图 8-14　超声时间对多酚得率的影响

（3）超声温度对多酚得率的影响

由图 8-15 可以看出，随着提取温度升高，得率先增加后下降，当温度为 40℃ 时得率最高。温度升高可以增加物质的溶解度，但温度过高可能导致小米中的多酚物质被分解，破坏已经提取的多酚的结构[10]，使多酚得率下降。所以，超声提取温度选择 40℃。

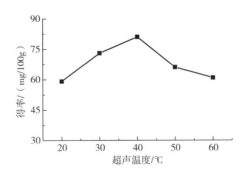

图 8-15　超声温度对多酚得率的影响

（4）料液比对多酚得率的影响

由图 8-16 可知，随着提取溶剂体积的增加，得率先升高后基本不变。当料液比超过 1∶10（g/mL）后，得率呈现稳定趋势。料液比达到一定程度时，多酚基本溶出，继续增加料液比会造成原材料的浪费和经济损失。所以，料液比选择 1∶10。

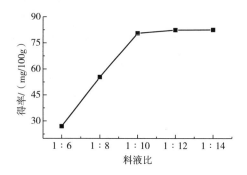

图 8-16 料液比对多酚得率的影响

2. 响应面实验结果

（1）回归模型的建立及方差分析

响应面实验设计如表 8-8 所示。

表 8-8 响应面实验设计与结果

序号	乙醇浓度（A）	超声时间（B）	超声温度（C）	得率（Y）/（mg/100g）
1	-1	0	-1	51.04
2	0	0	0	74.62
3	-1	1	0	49.83
4	0	-1	-1	58.19
5	-1	-1	0	51.62
6	0	-1	1	57.64
7	0	0	0	75.03
8	0	1	-1	60.02
9	0	0	0	74.07
10	1	0	0	49.96
11	1	0	0	60.07
12	0	1	1	58.04
13	1	-1	0	55.06
14	1	0	-1	65.03
15	0	0	0	71.62
16	-1	0	1	51.32
17	0	0	0	73.82

根据单因素实验结果，从中选取了三个对多酚得率影响显著的因素进行 3 水平 3 因素响应面实验。以多酚得率为响应值，得到二次回归方程为：

$Y = 73.83 + 3.29A + 0.68B - 2.17C + 1.70AB - 3.84AC - 0.36BC - 11.91A^2 - 7.78B^2 - 7.58C^2$，其中 A 为乙醇浓度，B 为超声时间，C 为超声温度。

对模型进行方差分析，结果见表 8-9。该模型极显著（$P < 0.0001$），失拟项不显著（$P = 0.1227$），说明该模型具有统计学意义，能较好地预测小米多酚的得率。其决定系数 $R^2_{Adj} = 0.9586$，说明该模型相关性较好。一次项 A（乙醇浓度），交互作用项 AC，二次项 A^2、B^2、C^2 和 D^2 对多酚得率影响极显著（$P < 0.01$），一次项 C（超声温度）对多酚得率影响显著（$P < 0.05$），其余因素影响不显著。各因素对多酚得率影响的主次顺序为乙醇浓度>超声温度>超声时间。

表 8-9　方差分析表

方差来源	平方和	自由度 df	均方 MS	F 值	P 值	显著性
模型	1413.09	9	157.01	42.18	<0.0001	**
A	86.53	1	86.53	23.25	0.0019	**
B	3.71	1	3.71	1.00	0.3512	
C	37.50	1	37.50	10.07	0.0156	*
AB	11.56	1	11.56	3.11	0.1214	
AC	58.91	1	58.91	15.83	0.0053	**
BC	0.51	1	0.51	0.14	0.7219	
A^2	597.36	1	597.36	160.49	<0.0001	**
B^2	254.59	1	254.59	68.40	<0.0001	**
C^2	242.15	1	242.15	65.06	<0.0001	**
残差	26.05	7	3.72			
失拟项	19.05	3	6.35	3.63	0.1227	
误差	7.01	4	1.75			
总和	1439.14	16				

注：* 差异显著，$0.01 < P < 0.05$；** 差异极显著，$P < 0.01$。

（2）等高线图及响应曲面图分析

图 8-17～图 8-19 分别为各因素交互作用与响应值之间的等高线及响应曲面图。由等高线图可以看出，AC 交互作用的等高线最接近椭圆，响应曲面最陡，所以 AC 交互作用对得率的影响最显著，BC 交互作用的等高线接近圆形，相应曲面较平，说明 BC 交互作用对得率的影响较小。

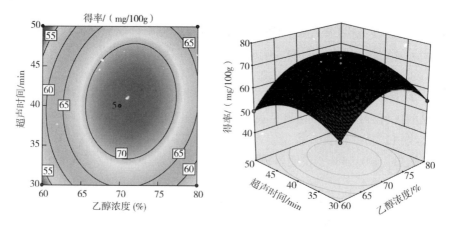

图 8-17　超声时间和乙醇浓度对得率的影响

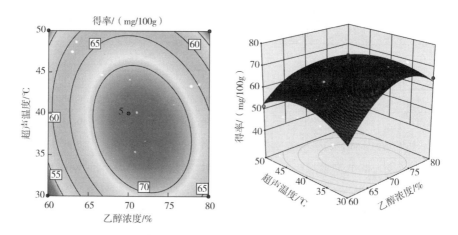

图 8-18　超声温度和乙醇浓度对得率的影响

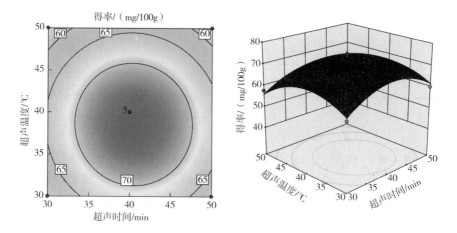

图 8-19　超声温度和超声时间对得率的影响

（3）提取工艺优化及验证实验

结合回归方程和响应面结果分析，用超声波辅助法提取小米多酚的最优工艺条件为乙醇浓度 71.727%、超声时间 40.671min、超声温度 38.117℃，此时得率为 74.34mg/100g。考虑到实际操作，将工艺条件调整为乙醇浓度 72%，超声时间 41min，超声温度 38℃，进行三次平行实验，得率平均值为 74.13mg/100g，与理论值基本吻合，说明该模型能较好地预测小米多酚得率。

三、结论

本实验通过单因素和响应面优化实验，得出超声波辅助提取沁州黄小米多酚的最佳工艺条件为乙醇浓度 72%、超声时间 41min、超声温度 38℃。在此工艺条件下多酚得率预测值为 74.34mg/100g，验证实验结果为 74.34mg/100g，接近预测值。说明该模型可以有效预测沁州黄小米多酚的超声波提取工艺参数，为沁州黄小米多酚的提取及综合利用提供一定的理论参考。

参考文献

［1］韦露露，秦礼康，文安燕，等．基于主成分分析的不同品种小米品质评价［J］．食品工业科技，2019，40（9）：49-56.

［2］谢详，杨吉霞．几种粗粮抗氧化活性物质的研究进展［J］．粮食与饲料工业，2009（9）：13-15.

［3］刘天行，郭佳，王伟，等．小米中结合性酚类化合物的分离与鉴定［J］．南京农业大学学报，2014，37（1）：138-142.

［4］康子悦，沈蒙，葛云飞，等．基于植物广泛靶向代谢组学技术探究小米粥中酚类化合物组成及其抗氧化性［J］．食品科学，2021，42（4）：206-214.

［5］谢佳涵，刘回民，刘美宏，等．红豆皮多酚提取工艺优化及抗氧化活性分析［J］．中国食品学报，2020，20（1）：147-157.

［6］Vieira FG，BorgesGda S，Copetti C，et al. Phenolic compounds and antioxidant activity of the apple flesh and peel of eleven cultivars grown in Brazil［J］. Scientia Horticulturae，2011，128：261-266.

［7］Soto-Vaca A，Gutierrez A，Losso JN，et al. Evolution of phenolic compounds from color and flavor problems to health benefits［J］. Journal of Agricultural and Food Chemistry，2012，60：6658-6677.

［8］Bernal J，Mendiola J A，Ibanez E，et al. Advanced analysis of nutraceuticals［J］. Journal of Pharmaceutical and Biomedical Analysis，2011，55：758-774.

［9］王若兰，田志琴，李东玲，等．微波辅助提取小米中多酚类活性物质的研究［J］．河南工业大学学报（自然科学版），2010，31（6）：16-19.

［10］魏春红，何丽娜，丁闻浩，等．酶法辅助提取小米多酚的工艺研究［J］．中国粮油学报，2010，34（1）：93-98.

第四节　黑豆不同发芽期抗氧化活性分析

黑豆（*Glycine max var.*）是豆科植物的黑色种子，含有大量的营养物质和生物活性物质，如蛋白质、不饱和脂肪酸、维生素、微量元素、酚类物质、异黄酮、花青素等，可以降低血脂，促进胆固醇的代谢，具有抗氧化、降血压、抗肿瘤等作用。但黑豆中也含有蛋白酶抑制剂、植酸、脂肪氧化酶等抗营养成分，影响黑豆在体内的生物利用度。因此，如何消除这些抗营养成分，并最大限度地保存黑豆中原有的营养素，成为亟待解决的问题。有研究表明，发芽能够激活种子的内源酶和代谢通路，豆类等经过发芽后，其化学组分会发生改变，抗营养因子减少，某些活性成分增加，食品的感官性能和风味得以改善，实用价值及保健功能提高[1]。Okumura[2] 的研究发现蚕豆芽中的酚类化合物为山奈酚，蚕豆发芽后其抗氧化性高于未发芽蚕豆和其他豆类。罗旭等[3] 通过相关性分析发现，大豆萌芽过程中活性物质增加，特别是总多酚和总黄酮含量越高，其抗氧化能力越强。杜高发等[4] 发现鹰嘴豆在发芽过程中，蛋白质含量下降而氨基酸含量升高，不溶性膳食纤维含量下降而可溶性膳食纤维含量升高。鲍会梅等[5] 发现黑豆发芽过程中叶绿素、维生素C、异黄酮、多酚等成分增加，发芽5~6d 营养价值最高。所以，使豆类发芽并开发芽苗菜产品受到了人们的密切关注。

黑豆在水培发芽过程中，多酚、黄酮等活性物质含量及抗氧化活性如何变化尚不清楚，因此，本实验以黑豆为原料，25℃水培发芽，每隔12h 采样，测定黑豆不同发芽期多酚、黄酮、花青素含量的变化和对 DPPH・、ABTS+・和・OH 的清除能力，并分析活性物质与抗氧化活性之间的相关性。以期为黑豆资源的多元化利用、黑豆芽苗菜的选育及黑豆芽苗菜功能性产品的开发提供依据。

一、材料与方法

1. 材料

黑豆：山东省济宁市。

2. 方法

（1）黑豆发芽条件

选取颗粒饱满的黑豆，用蒸馏水冲洗，以去除表面灰尘，再用蒸馏水浸泡 8h，然后将黑豆单层均匀平铺于发芽器网格盘中，在底盘中加入适量蒸馏水，于25℃生化培养箱中发芽，6~8h喷一次水，每隔12h收集发芽的黑豆。

（2）样品前处理

将收集的样品置于50℃电热鼓风干燥箱中烘干，直至恒重，用中药粉碎机粉碎，过80目筛。将样品粉末用沸程为30~60℃的石油醚浸泡12h，以除去其中的油脂，脱脂后的样品粉末置于通风处，挥干溶剂，置于密封袋中，−20℃冰箱保存备用。

称取1g脱脂样品粉末，加入30mL 70%乙醇，避光超声提取30min，提取温度70℃，功率300W，然后在3000r/min下离心15min，收集上清液，重复提取两次，合并上清液并定容至100mL得样品提取液。

（3）活性物质测定方法

多酚含量测定：参考王飞霞等[6]的方法并稍做修改。准确吸取0、0.2、0.4、0.6、0.8、1.0、1.2mL 0.1mg/mL没食子酸标准溶液，加入1mL福林酚试剂，反应5min，加入2mL 15%的$NaCO_3$，蒸馏水定容至10mL，避光反应60min，765nm测定其吸光度值。得标准曲线$y = 0.9169x + 0.1178$，$R^2 = 0.9711$，其中x为没食子酸质量浓度mg/mL，y为吸光度值。准确吸取1mL样品提取液，按照上述方法测定其吸光度值，并将结果换算成多酚含量。

黄酮含量测定：参考南海娟等[7]的方法并稍作修改。准确吸取（0、0.4、0.8、1.2、1.6、2.0、2.4）mL 0.2mg/mL芦丁标准溶液，加0.2mL 5%的$NaNO_2$，6min后加0.2mL 10% Al（NO_3）$_3$，6min后加入2mL 4%的NaOH，60%乙醇定容至10mL，混匀，避光反应15min，510nm处测定吸光度值。得标准曲线$y = 0.0868x − 0.0021$，$R^2 = 0.9963$，其中x为芦丁质量浓度（mg/mL），y为吸光度值。准确吸取1mL样品提取液，按照上述方法测定其吸光度值，并将结果换算成黄酮含量。

花青素含量测定：参考汪洋等[8]的方法并稍作修改。准确称取1g脱脂样品粉末，加入1%盐酸−乙醇混合液40mL，55℃水浴浸提120min。冷却至室温后过滤，得样品溶液。消光系数法测定花青素含量。在525nm下测定样品的吸光度值，按照下面公式（8-5）计算花青素含量。

$$花青素含量（mg/g） = \frac{A \times V}{98.2 \times M} \qquad (8-5)$$

式中：A——样品吸光度值；

V——定容体积×稀释倍数，mL；

M——样品质量，g；

98.2——花色苷平均消光系数。

（4）抗氧化活性测定方法

对DPPH·清除率的测定：参考赵巧玲等[9]的方法并稍作修改。取样品提取液

2. 0mL，加入 0.1mmol/L 的 DPPH 溶液 4mL，用蒸馏水定容至 10mL，避光反应 30min，517nm 处测定样品组吸光值。根据公式（8-6）求 DPPH · 清除率。

$$清除率 = \left(1 - \frac{A_1 - A_2}{A_0}\right) \times 100\% \tag{8-6}$$

式中：A_1——样品组吸光值；

A_2——样品本底吸光值；

A_0——以蒸馏水代替样品提取液的空白对照吸光值。

对 ABTS$^+$ · 清除率的测定：参考胡治远等[10] 的方法并取样品提取液 0.1mL 测定 ABTS$^+$ · 清除率，根据公式（8-6）计算对 ABTS$^+$ · 清除率。

对 · OH 清除率的测定：参考蔡萌等[11] 的方法，根据公式（8-6）求对 · OH 清除率。

二、结果与分析

1. 多酚含量变化

由图 8-20 可知，多酚含量在前 48h 变化不显著（$P<0.05$），后呈平稳上升趋势，当发芽至 84h 时，多酚含量达到最大值，为 8.3mg/g，与发芽 72h 和 96h 差异显著（$P<0.05$）。推测是因为黑豆发芽后，会激活苯丙烷代谢途径，相关酶活力增加，降解了细胞壁周围的成分，因而酚类物质与蛋白质、多糖之间的共价键被破坏，结合酚被释放，从而游离出来，使总酚含量呈上升趋势。另外，多酚含量变化趋势与多酚氧化酶的含量及活性相关。发芽初期，多酚氧化酶活性较高，会氧化分解一部分多酚化合物，因而发芽前 48h 多酚含量变化不显著，随着发芽时间延长，多酚氧化酶的活力逐渐下降，多酚含量也随之增加。结果表明黑豆发芽后，多酚含量会显著增加。

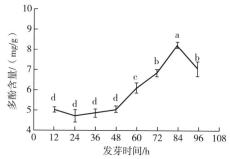

图 8-20 黑豆不同发芽期多酚含量的变化

（不同小写字母表示差异显著，$P<0.05$）

2. 黄酮含量变化

由图 8-21 可知，随着发芽时间的延长，黄酮含量呈上升趋势，从发芽 12h 到发芽96h，其含量增加了3.9mg/g，表明黑豆在发芽过程中进行了黄酮的合成。有研究表明，苯丙氨酸解氨酶是黄酮类次生代谢产物形成的关键酶，在种子发芽初期，酶活力较低，随着发芽时间的延长，呼吸作用增强，酶的种类和数量增加，酶活性不断提高，所以黑豆发芽过程中，黄酮含量不断上升。

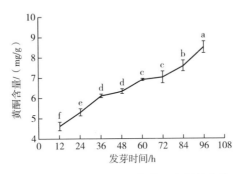

图8-21 黑豆不同发芽期黄酮含量的变化

（不同小写字母表示差异显著，$P<0.05$）

3. 花青素含量变化

由图8-22可知，花青素含量在黑豆发芽过程中不断下降。黑豆在发芽12h时，其花青素的含量最高，为3.635mg/g，在发芽96h时其含量最低，为0.267mg/g，下降值为3.369mg/g。不同发芽时间的花青素含量存在显著性差异（$P<0.05$）。赵巧玲[9] 等的结果表明，在武乡小黑豆发芽过程中，其种皮花色苷含量逐渐降低，与本实验结果相似。黑豆中花青素主要集中在黑豆表皮，是一种水溶性植物色素，浸泡黑豆时，花青素溶解在水中，含量降低，发芽过程中淋水也会造成花青素含量的损失。所以花青素含量随发芽时间的延长而降低。

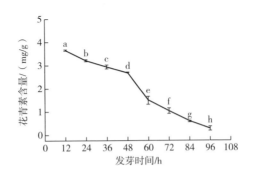

图8-22 黑豆不同发芽期花青素含量的变化

（不同小写字母表示差异显著，$P<0.05$）

4. 抗氧化活性变化

由图 8-23（a）可知，黑豆发芽过程中，对 DPPH·清除率先略微下降后呈一直上升趋势，在发芽 24h 时对 DPPH·清除率最弱，随着发芽时间的延长，在发芽 84h 时达到最大值，为 57.18%。由图 8-23（b）可知，其对 $ABTS^+$·清除率呈上升趋势，在 96h 时达到最大值，为 54.78%。由图 8-23（c）可知，其对·OH 的清除率呈现先增加后下降趋势，在 72h 时清除率最大，为 26.13%。

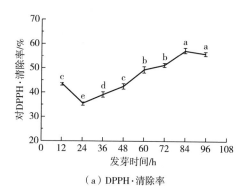

（a）DPPH·清除率

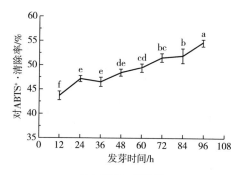

（b）$ABTS^+$·清除率

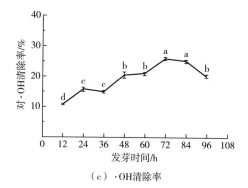

（c）·OH 清除率

图 8-23　黑豆不同发芽期对不同自由基清除率的变化

（不同小写字母表示差异显著，$P<0.05$）

多酚与黄酮类化合物是植物的主要次生代谢产物，种子萌芽会激发种子内大量酶的活性，使多酚与黄酮等次级代谢产物大量生成，而多酚和黄酮是天然的抗氧化剂，具有较强的抗氧化及清除自由基的能力，所以，在黑豆发芽过程中，随着发芽时间延长，对 DPPH·、ABTS[+]·和·OH 的清除率逐渐升高。李丽等[12] 的研究表明，赤小豆在发芽过程中抗氧化能力明显提升，在第 5 天达到最高，并得出发挥抗氧化作用的主要成分为 4 种酚酸和 7 种黄酮类物质。吕俊丽等[13] 在研究发芽对莜麦体外抗氧化能力的影响时，得出随着发芽时间延长，莜麦总还原能力、对 DPPH·和羟基自由基的清除能力增强，与本实验结果相似。

5. 相关性分析

用 SPSS 软件对不同发芽时间黑豆多酚、黄酮、花青素含量与其对 DPPH·、ABTS[+]·和·OH 的清除率做相关性分析，结果见表 8-10。

由表 8-10 可知，不同发芽时间黑豆多酚、黄酮含量与其对 DPPH·、ABTS[+]·和·OH 清除率均呈一定的正相关性（$P<0.05$），多酚含量和上述自由基清除率相关系数分别为 0.950，0.767 和 0.778，黄酮含量和上述自由基清除率相关系数分别为 0.830，0.959 和 0.761，表明多酚、黄酮含量均和三种自由基清除率显著正相关。花青素含量与上述自由基清除率呈负相关。马燕等[14] 在研究发芽对小麦抗氧化能力的影响时证实，不同生长阶段的小麦总酚含量与自由基清除率呈显著正相关，与本文研究结果相同。赵齐燕等[15] 的研究发现紫云英苗菜的总酚、总黄酮含量与 DPPH·、ABTS[+]·清除能力显著相关，且贡献率较大的活性物质为山奈酚、槲皮素和阿魏酸。赵天瑶等[16] 发现豆类种子中酚类物质含量与抗氧化性存在正相关关系，黑豆在发芽过程中，会积累多酚及黄酮类物质，其清除自由基能力增加，所以，黑豆发芽后，营养价值及保健功能得以提升。

表 8-10 多酚、黄酮、花青素含量与抗氧化能力的相关系数

项目	多酚	黄酮	花青素	DPPH·	ABTS[+]·	·OH
多酚	1					
黄酮	0.805[*]	1				
花青素	−0.920[**]	−0.955[**]	1			
DPPH·	0.950[**]	0.830[*]	−0.920[**]	1		
ABTS[+]·	0.767[*]	0.959[**]	−0.941[**]	0.776[*]	1	
·OH	0.778[*]	0.761[*]	−0.825[*]	0.669	0.789[*]	1

注：[*] 差异显著，$P<0.05$；[**] 差异极显著，$P<0.01$。

三、结论

本文探究了黑豆水培发芽过程中多酚、黄酮等活性物质和抗氧化活性的变化，结

果表明，黑豆发芽过程中多酚、黄酮含量呈不断上升趋势，花青素呈下降趋势，相对于萌芽初期，多酚及黄酮含量显著增加（$P<0.05$）。黑豆发芽过程中对 DPPH·清除率先略微下降后一直上升，对 ABTS$^+$·清除率一直增加，对·OH 的清除率呈现先增加后下降趋势。相关性分析表明，不同发芽期多酚、黄酮含量与其对 DPPH·、ABTS$^+$·和·OH 清除率均呈一定的正相关性（$P<0.05$）。该结果为黑豆的综合利用和进一步开发黑豆芽苗菜功能性食品提供了数据支撑。

参考文献

[1] 曹亚楠，向月，杨斯惠，等．杂粮芽苗菜的营养与功能研究进展 [J]．食品工业科技，2022，43（18）：433-446.

[2] Okumura K, Hosoya T, Kawarazaki K, et al. Antioxidant activity of phenolic compounds from fava bean sprouts [J]．J food Sci, 2016, 81（6）：1394-1398.

[3] 罗旭，方芳，李倩倩，等．4 种中国大豆萌芽过程活性物质及抗氧化能力变化规律 [J]．核农学报，2018，32（5）：952-958.

[4] 杜高发，吴翠华，温雅婷，等．鹰嘴豆发芽过程中部分营养成分的变化规律 [J]．食品科学技术学报，2018，36（4）：82-86.

[5] 鲍会梅．黑豆发芽过程中成分的变化 [J]．食品工业，2016，37（5）：1-4.

[6] 王飞霞，杨晓华，张华峰，等．3 种豆芽中异黄酮、多酚的体外抗氧化活性及其对果蝇 SOD、GSH-Px 活力的影响 [J]．中国食品学报，2018，18（11）：57-64.

[7] 南海娟，马汉军，杨永慧．3 种枣果中主要营养成分和元素比较 [J]．食品与发酵工业，2014，40（5）：161-165.

[8] 汪洋，丁龙，王四清．不同产地黑果枸杞中原花青素和花青素含量研究 [J]．食品工业科技，2016，37（13）：122-126.

[9] 赵巧玲，陈晓梅，赵晋忠，等．黑豆种皮花色苷含量及抗氧化活性的测定 [J]．山西农业科学，2017，45（8）：1240-1243，1267.

[10] 胡治远，刘素纯，刘石泉．冠突散囊菌子囊孢子粗多糖抗氧化活性的比较分析 [J]．现代食品科技，2019，35（9）：102-109.

[11] 蔡萌，杜双奎，柴岩，等．黄土高原小粒大豆抗氧化活性研究 [J]．中国食品学报，2014，14（8）：108-115.

[12] 李丽，李驰荣，任晗塑，等．赤小豆萌芽过程中抗氧化活性及多酚类成分变化分析 [J]．食品工业，2015，36（12）：208-211.

[13] 吕俊丽，任志龙，云月英，等．发芽对荞麦体外抗氧化能力的影响 [J]．粮食与饲料工业，2015（3）：35-38.

[14] 马燕，王婧，程永霞，等．发芽对小麦苗酚类物质及抗氧化能力的影响
　　　[J/OL]．食品与发酵工业，2023，49（18）：178-185.

[15] 赵齐燕，唐宁，贾鑫，等．两类紫云英苗菜生长过程中酚类物质及其抗
　　　氧化活性的变化［J］．食品工业科技，2022，43（18）：12-20.

[16] 赵天瑶，王丽云，姜宏伟，等．豆类种子及其芽苗菜的营养品质、功能
　　　性成分及抗氧化性研究［J］．食品与发酵工业，2020，46（5）：83-90.

第五节　紫玉米不同发芽期抗氧化活性分析

　　紫玉米（*Zea mayz* L.）是一种原产于秘鲁的作物，在世界上一些国家也广泛种植。紫玉米对生长条件要求不苛刻，不仅产量高，而且耐贮存。其营养价值较高，氨基酸组成均衡，蛋白质、脂肪、维生素和矿物质硒、铁、钙等的含量均高于一般玉米。除此之外，紫玉米中富含花青素等功能活性成分，具有抗氧化、抗癌等多重功效。发芽是一种简单易行、成本低廉的处理技术手段。种子萌发后，其本身所具有的生物活性成分也会发生改变。发芽可以增加种子的营养价值，尤其是谷物种子发芽后营养价值会得到很大程度的改善和提高。

　　研究表明，全谷物发芽后，其酚类含量和种类会发生显著变化，抗氧化活性也会显著升高。小麦、玉米、水稻、大麦、燕麦、荞麦等谷物的种子萌发和幼苗发育期间，酚酸合成酶活性被活化，并伴随着萌发的进行而逐步增加，从而使谷粒中的酚类化合物得以释放。本文围绕紫玉米种子发芽后活性物质含量的变化，以及抗氧化活性的变化来进行探索，为紫玉米发芽提供理论依据。

一、材料与方法

1. 材料

"紫糯208"玉米种子，产地甘肃，发芽率≥85%。

2. 方法

（1）样品前处理

参考包怡红等[1]的方法，稍作修改。选择成熟饱满、大小均一的紫玉米籽粒，加入蒸馏水浸没种子，25℃浸泡12.5h，浸泡6h时断水0.5h，断水期间上下翻动一次，使籽粒充分进行有氧呼吸，然后再浸泡6h。之后将紫玉米均匀摊在发芽器中，于25℃黑暗环境下发芽，每隔12h喷淋蒸馏水一次，保持其湿度。从0h起每隔12h取一次样，直至第72h，置于-80℃冰箱冷冻，真空冷冻干燥后粉碎，过60目筛，得到干样品粉末，密封备用。

（2）样品提取液的制备

参考魏美霞等[2]的方法。准确称取1.0g样品，加入30mL 60%的乙醇溶液，混匀，于超声功率300W，温度35℃条件下提取15min，然后在转速4000r/min条件下离心10min，收集上清溶液，用于测定多酚、黄酮含量和抗氧化活性。

参考汪洋等[3]的方法，稍作修改。准确称取0.1g样品，加入4mL 1%盐酸-乙醇混合溶液，混匀后于超声功率300W，温度60℃条件下提取50min，然后在转速4000r/min条件下离心10min，收集上清液并定容至25mL，摇匀，用于测定花青素含量。

（3）活性物质含量的测定

①多酚含量测定。参考徐洪宇等[4]的方法，稍作修改。在10mL比色管中分别加入（0、0.4、0.8、1.2、1.6、2.0、2.4）mL质量浓度为0.025mg/mL的没食子酸标准溶液，然后加入1mL 0.1mol/L的Folin酚试剂，5min后加入1mL 7.5%的Na_2CO_3溶液，定容，在40℃下水浴30min，于765nm波长处测定吸光度值。以没食子酸的质量浓度为横坐标，吸光度值为纵坐标，绘制标准曲线$y=83x+0.0159$，$R^2=0.991$。样品提取液中多酚含量的测定参照标准曲线的方法，结果以mg/g表示。

②黄酮含量测定。参考王玉茹等[5]的方法。在10mL比色管中分别加入（0、0.5、1.0、2.0、3.0、4.0、5.0）mL质量浓度为0.211mg/mL的芦丁标准溶液，然后加入0.3mL质量分数为10%的$NaNO_2$溶液，6min后加入0.3mL质量分数为10%的$Al(NO_3)_3$溶液，6min后再加入4mL质量分数为4%的NaOH溶液，定容，避光反应15min后在510nm波长处测定吸光度值。以芦丁质量浓度为横坐标，吸光度值为纵坐标，绘制标准曲线$y=8.6377x+0.0139$，$R^2=0.9934$。样品提取液中黄酮含量的测定参照标准曲线的方法，结果以mg/g表示。

③花青素含量的测定。参考汪洋等[3]的方法，稍作修改。分别吸取样品提取液5mL，加入蒸馏水稀释至10mL。用消光系数法测定花青素的含量，于535nm波长处测定吸光度值，计算公式（8-7）。

$$MF = \frac{A \times V}{98.2 \times M} \tag{8-7}$$

式中：MF——样品提取液中花青素的含量（mg/g）；

A——535nm波长处的吸光度值；

V——定容体积（mL）；

M——样品重量（g）；

98.2——花色苷平均消光系数。

（4）抗氧化活性的测定

①对DPPH·清除能力的测定。参考邢颖等[6]的方法，稍作修改。取0.1mL样

品提取液，加入 2.0mL 0.1mmol/L 的 DPPH 溶液，再加入 2.9mL 40%乙醇溶液，混合并摇匀，用 0.1mL 40%的乙醇溶液代替样品提取液作为空白对照，用 2.0mL 40%的乙醇溶液代替 DPPH 溶液作为本底对照，常温下避光反应 30min，在 517nm 波长下测定吸光度值。依据公式（8-8）计算清除率。

②对·OH 清除能力的测定。参考魏美霞等[2] 的方法，稍作修改。分别加入 1mL 9mmol/L 的 $FeSO_4$ 溶液、1mL 9mmol/L 的水杨酸−乙醇溶液、2mL 样品提取液和 1mL 8.8mmol/L 的 H_2O_2 溶液，混合并摇匀，用 2mL 蒸馏水代替样品提取液作为空白对照，用 1mL 蒸馏水代替水杨酸−乙醇溶液作为本底对照，37℃ 水浴反应 30min，在 510nm 波长条件下测定吸光度值。依据公式（8-8）计算清除率。

③对 $ABTS^+$·清除能力的测定。参考陈晓凤等[7] 的方法，稍作修改。将 7mmol/L 的 ABTS 溶液和 4.9mmol/L 的 $K_2S_2O_8$ 溶液等量混合，置于暗处避光保存 12h，再用无水乙醇将混合溶液稀释至在 734nm 波长处吸光度值为（0.7±0.02），得 ABTS 工作液。分别加入 0.04mL 样品提取液，2mL ABTS 工作液，再加 1.96mL 无水乙醇，混合并摇匀，用 0.04mL 无水乙醇代替样品提取液作为空白对照，用 2mL 无水乙醇代替 ABTS 工作液作为本底对照，6min 后在 734nm 波长条件下测定吸光度值。依据公式（8-8）计算清除率。

自由基清除率的计算如下：

$$清除率 = 1 - \frac{A_0 - A_2}{A_1} \times 100\% \tag{8-8}$$

式中：A_0——样品提取液的吸光度值；

A_1——空白对照的吸光度值；

A_2——本底对照的吸光度值。

二、结果与分析

1. 发芽过程中活性物质含量的变化

（1）多酚含量的变化

发芽过程中紫玉米多酚含量的变化如图 8-24 所示。从图中可以看出，在发芽的过程中，随着发芽时间的延长，多酚的含量逐渐上升，且不同发芽时间多酚含量存在显著差异（$P<0.05$）。发芽第 0h，紫玉米中多酚的含量为 3.12mg/g，在发芽第 72h 达到最高，为 5.44mg/g，其中 48～60h 内多酚的含量增幅最大，增加了 0.72mg/g。在发芽过程中，部分物质通过生化反应转化为酚类物质，同时随着紫玉米芽长的增长，多酚氧化酶的活性降低，所以随发芽时间延长，多酚含量升高。

（2）黄酮含量的变化

发芽过程中紫玉米黄酮含量的变化如图 8-25 所示。从图中可以看出，在发芽

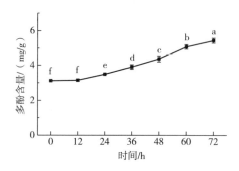

图 8-24　发芽过程中多酚含量变化

的过程中，黄酮的含量呈上升趋势，不同时间黄酮含量存在显著差异（$P<0.05$）。发芽 0h，紫玉米中黄酮的含量为 3.13mg/g，发芽 60h 达到最高，为 12.69mg/g，之后略有下降，但并无显著差异，其中 48~60h 时间内黄酮的含量增幅最大，增加了 4.26mg/g。在发芽过程中，黄酮含量的增减与苯丙氨酸解氨酶的活性密切相关，发芽处理 0~72h，苯丙氨酸解氨酶活性较强，催化部分物质通过生化反应转化为黄酮物质，所以黄酮含量随发芽时间的延长一直增加。

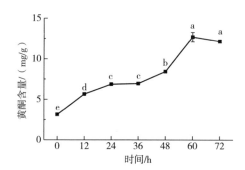

图 8-25　发芽过程中黄酮含量变化

（3）花青素含量变化

发芽过程中紫玉米花青素含量的变化如图 8-26 所示。如图所示，花青素含量随发芽时间的延长呈现先上升后下降的趋势，发芽 0h，花青素的含量为 2.82mg/g，在发芽 36h 达到最高，为 3.68mg/g。在发芽初期，酶活性增加，和蛋白质、糖苷连接的花青素得以释放，因此花青素含量增加，而花青素是一种水溶性色素，发芽过程中每 12h 喷淋一次蒸馏水，会导致花青素流失，所以花青素含量出现下降趋势。

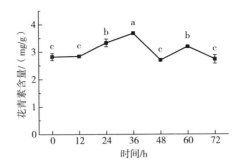

图 8-26 发芽过程中花青素含量的变化

2. 发芽过程中抗氧化活性变化

（1）对 DPPH·清除率的变化

不同发芽时间紫玉米对 DPPH·的清除率如图 8-27 所示。第 0h，DPPH·的清除率为 53.92%，第 72h 为 61.73%，增加了 7.81%。经过发芽处理，紫玉米中的活性物质如多酚、黄酮的含量有了明显的增加，在此期间，多酚的种类和含量均达到最大，使紫玉米对 DPPH·的清除率显著高于未发芽籽粒。

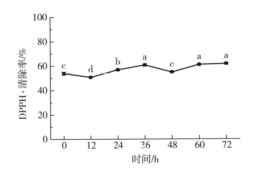

图 8-27 不同发芽时间对 DPPH·的清除率

（2）对·OH 的清除率的变化

不同发芽时间紫玉米对·OH 的清除率如图 8-28 所示。第 0h 紫玉米对·OH 的清除率为 47.41%，发芽第 72h 达到 92.34%，增加了 44.93%。在发芽第 12~72h 范围内对·OH 的清除率持续上升，且存在显著性差异（$P<0.05$）。紫玉米多酚具有较强的抗氧化能力和保护细胞免受氧化损伤的自由基抑制作用，花青素中特有的酚羟基结构对自由基具有很强的捕捉能力，随着发芽时间延长，多酚含量增加，所以对·OH 的清除率升高。

（3）对 ABTS⁺·的清除率的变化

不同发芽时间紫玉米对 ABTS⁺·的清除率如图 8-29 所示。第 0h 对 ABTS⁺·的

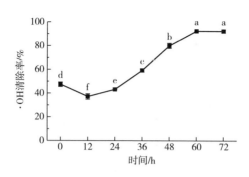

图8-28 不同发芽时间对·OH的清除率

清除率为64.82%，第72h高达92.46%，增加了27.64%。在发芽第0~12h、24~72h范围内对ABTS$^+$·的清除率持续上升，且存在显著性差异（$P<0.05$）。但在发芽第12~24h范围内出现了略微下降的现象。经过发芽处理72h后，紫玉米对ABTS$^+$·的清除率得到了明显的提升，紫玉米中的活性物质对ABTS$^+$·的抑制能力增强，可能原因为多酚、黄酮和其他活性成分的含量有所提高，导致抗氧化活性显著增强。

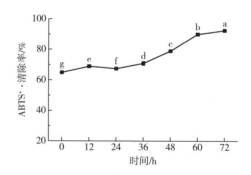

图8-29 不同发芽时间对ABTS$^+$·的清除率

3. 抗氧化能力与活性物质含量的相关性分析

对不同发芽时间紫玉米的抗氧化能力与多酚、黄酮和花青素的含量进行相关性分析，结果见表8-11所示。在发芽处理72h过程中，多酚的含量与对DPPH·、·OH和ABTS$^+$·的清除率在0.05水平上均显著正相关，相关系数分别为0.778、0.965和0.979，说明紫玉米在发芽过程中的主要抗氧化物质为酚类物质。黄酮的含量与·OH和ABTS$^+$·的清除率在0.05水平上均显著正相关，相关系数分别为0.886和0.959。花青素的含量与·OH清除率和ABTS$^+$·的清除率出现了负相关，这可能是由于随发芽时间的延长，花青素的含量先升高后降低，而多酚和黄酮的含量随发芽时间延长而增加。样品为粗提液，其中的多酚、黄酮、花青素等其他物质成分对·OH 和 ABTS⁺·的清除率产生影响。

表 8-11　相关性分析

项目	多酚的含量	黄酮的含量	花青素的含量
DPPH·清除率	0.778*	0.733	0.446
·OH 清除率	0.965**	0.886**	-0.194
ABTS⁺·清除率	0.979**	0.959**	-0.239

注：相关性分析采用 SPSS Pearson 相关性分析；* 表示显著相关性（$P < 0.05$）；** 表示极显著相关性（$P < 0.01$）。

三、结论

在发芽处理 72h 过程中，紫玉米中多酚、黄酮和花青素的含量均发生明显变化。发芽 72h，多酚含量最高，为 5.44mg/g，发芽 60h，黄酮的含量达到最高，为 12.69mg/g，发芽 36h，花青素的含量最高，为 3.68mg/g。紫玉米经过发芽处理 72h 后，其抗氧化能力均显著高于未发芽处理的籽粒。在发芽过程中，具有抗氧化作用的活性物质的含量增加，使紫玉米的抗氧化活性增强。

参考文献

［1］包怡红，罗浩，何伟伟，等.玉米籽粒发芽过程中不同部位类胡萝卜素合成动态及抗氧化活性［J］.现代食品科技，2020，36（6）：40-45，334.

［2］魏美霞，梁雪梅，林欣梅，等.绿豆发芽过程中多酚组成及抗氧化活性的变化［J］.中国粮油学报，2021，36（2）：27-33.

［3］汪洋，丁龙，王四清.不同产地黑果枸杞中原花青素和花青素含量研究［J］.食品工业科技，2016，37（13）：122-126.

［4］徐洪宇，蒯宜蕴，詹壮壮，等.果皮中酚类物质含量、抗氧化活性及在体外消化过程中成分的变化［J］.食品科学，2019，40（15）：23-30.

［5］王玉茹，李楠.山楂总黄酮提取工艺优化及其抗氧化活性研究［J］.现代食品，2017（14）：65-71.

［6］邢颖，张婷婷，马国刚.超声波-纤维素酶法提取板栗壳中原花青素及其提取液抗氧化活性分析［J］.河南工业大学学报（自然科学版），2019，40（6）：53-59.

［7］陈晓凤，刘刚，李学理，等.桂花种子油的抗氧化活性和成分测定［J］.四川师范大学学报（自然科学版），2020，43（4）：544-549.

第六节　芝麻不同发芽期抗氧化活性分析

黑芝麻为胡麻科脂麻的黑色种子，别称胡麻、油麻、巨胜、脂麻。其中含有丰富的脂肪和蛋白质、糖类、维生素 A、维生素 E、卵磷脂、钙、铁、铬等营养成分[1]。黑芝麻形状扁平，长大约为 3mm，宽大约为 2mm，表面光滑或有网状的纹路。其顶端有棕色点状种脐。

黑芝麻中的蛋白质易被利用，人体消化吸收率很高，故属于优质蛋白。黑芝麻中脂肪油含量为 43.4%~51.1%，其组成脂肪酸为油酸、亚油酸、棕榈酸、硬脂酸、花生酸、二十四烷酸、二十二烷酸等[2]。芝麻中，大部分脂肪酸都属于油酸和亚油酸，油酸是一种单不饱和脂肪酸，有助于降低罹患心血管疾病和中风的风险。亚油酸是一种必须从食物中获得的脂肪酸，在预防动脉粥样硬化方面有很大功效。黑芝麻富含木脂素、多酚、黄酮等生物活性成分，因其含有的黄酮、多酚等物质使芝麻抗氧化性也较强。黑芝麻黑色素存在于黑芝麻种皮中，为碱溶性色素，安全性强，稳定性好，可以清除机体自由基，是不可多得的天然色素和抗氧化剂资源[3]。曹蕾等[4]使用微波消解法，在黑芝麻中检测出 18 种矿物质元素，包括人体常量元素 Ca，P，S，Mg，K，Na 和微量元素 Fe，Zn，Se，Cu，Mn，B，Cr，Sr，Si，Al。

白芝麻为胡麻科胡麻属植物脂麻的种子，是世界上历史最悠久的油料作物之一。白芝麻中的蛋白质也均为优质蛋白，有较高的消化吸收率。白芝麻中的油脂也以不饱和脂肪酸为主，蛋白质含量为 27%~30%，含有多种维生素，维生素 E 主要以 γ-生育酚为主，此外含有钾、钙、钠、铁、磷、锰、锌。此外，白芝麻中含有木酚素、生育酚、黄酮等抗氧化活性物质。黑、白芝麻由于颜色差异导致在含油量、蛋白质等多种成分的含量均有较大差异，白芝麻的芝麻素和芝麻林素含量均显著高于黑芝麻，黑芝麻的芝麻素含量与芝麻林素含量的相关性高于白芝麻。黑、白芝麻中氨基酸含量均以精氨酸和谷氨酸含量较高，且黑芝麻中异亮氨酸、亮氨酸、苯丙氨酸、赖氨酸含量显著高于白芝麻。黑、白芝麻中含油量与芝麻素含量均呈极显著正相关，与花生酸含量呈极显著负相关[5]。

芽苗菜是可以发芽的谷、豆类等的种子在适宜的条件下培育出芽并旺盛生长的一类新型食材，市面上常见的就是黄豆芽、绿豆芽，日常生活中常作为蔬菜烹调食用，经过发芽，其中的多种活性成分及营养物质会大大增加，提高了原来种子的营养价值，芽苗菜中富含多酚类物质，多酚是植物中含量仅次于纤维素、半纤维素和木质素的多羟基酚类物质，其与无机盐、维生素有许多相似之处，可以补充它们的含量[6]，研究表明，芽苗菜中不仅营养物质丰富，而且具有特殊的医疗保健功能[7]，作为一种保健食材，经常食用芽苗菜能够有效降低血脂、血糖，提高人体免疫力。因此，可将芝麻芽苗菜作为功能性食品的来源。

本文旨在通过对黑、白芝麻在发芽过程中黄酮、多酚、γ-氨基丁酸等活性物质及抗氧化能力变化的测定，找出芝麻芽苗菜制作的最优时间，进而为芝麻芽苗菜的生产及应用提供资料参考。

一、材料与方法

1. 材料

黑芝麻、白芝麻：山东阳平食品有限公司。

2. 方法

（1）样品前处理

取适量黑、白芝麻洗净，挑选籽粒均匀、大小一致、成熟饱满的芝麻泡种12h。泡种结束后，放入发芽机中发芽。设置发芽机培养温度为25℃，发芽盘上放置一层窗纱，均匀铺一层芝麻种子，每半个小时进行一次机器洒水保持湿度，每天进行两次为时1h的通风，模拟正常环境，白天实验室自然光照射，晚上避光。在发芽（0、1、2、3、4、5、6）天时分别收取对应的芝麻芽。

将上述收取的不同发芽时期的新鲜芝麻芽放入扎好出气孔的密封袋内，在-80℃的冰箱内预冻24h，放入冷冻干燥机中干燥24h，冷冻干燥机的真空度上限为100Pa，下限为50Pa，冷阱温度在-55～-65℃。干燥完成后将芝麻研磨成粉，放入干燥器中，备用。

（2）芝麻芽菜中活性物质的提取方法

浸提剂采用80%的乙醇、浸提温度为80℃、料液比为1∶50、浸提时间为4h。以4000r/min的转速，离心15min。得上清液，备用。

（3）芝麻芽菜活性物质含量的测定

黄酮含量测定采用亚硝酸钠-硝酸铝比色法，参考黄荣[8]的方法并有所改动，吸取浓度为1mg/mL的芦丁标准溶液（0、0.5、1.0、1.5、2.0、2.5、3.0）mL，置于25mL比色管中，加80%的乙醇溶液到比色管刻度为12.5mL，加入5%的亚硝酸钠溶液0.7mL，静置6min后，加入10%的硝酸铝溶液0.7mL，静置6min，加入4%的氢氧化钠溶液2mL，最后用80%的乙醇定容到25mL。静置10min后于510nm处测定吸光度值，以试剂空白为参比，以吸光度值为纵坐标、浓度为横坐标绘制标准曲线 $y=7.25x+0.0051$，$R^2=0.9904$。样品测定按照标准曲线的制作方法。

多酚含量测定采用福林酚比色法，参考Liu[9]和张海容[10]的方法并有所改动。

吸取 0.1mg/mL 的没食子酸溶液（0、0.5、1.0、1.5、2.0、2.5、3.0）mL，置于 25mL 比色管中，加 1mL 的福林酚试剂、15% 碳酸钠溶液 2mL，摇匀后用蒸馏水定容至 25mL，在 20℃ 避光处静置 2h，于 765nm 处测定吸光度值。以试剂空白为参比，以吸光度值为纵坐标、浓度为横坐标绘制标准曲线 $y = 6.0482x + 0.0408$，$R^2 = 0.9902$。样品测定按照标准曲线的制作方法。

γ-氨基丁酸含量的测定采用茚三酮比色法，参考刘长姣等[11] 的方法，并有所改动。吸取 2mg/mL 的氨基酸标准液（0、0.5、1.0、1.5、2.0、2.5、3.0）mL，置于 10mL 比色管中，加蒸馏水到刻度为 4mL，分别加 1mL 茚三酮溶液和 1mL 磷酸盐缓冲液，100℃ 沸水浴中加热 15min，然后迅速冷却至室温，于 570nm 处测定吸光度值。以试剂空白为参比，以吸光度值为纵坐标、浓度为横坐标绘制标准曲线 $y = 1.269x + 0.0397$，$R^2 = 0.9903$。样品测定按照标准曲线的制作方法。

（4）芝麻芽菜抗氧化能力的测定

①对羟自由基的清除能力：参考崔江明[12] 的方法并有所改动。吸取 4.25mL 芝麻样品液，9.0mmol/L 硫酸亚铁溶液 0.25mL，9.0mmol/L 水杨酸-乙醇溶液 0.25mL，0.088mol/L 过氧化氢 0.25mL，于 10mL 比色管中，静置 3min，于 510nm 处测定其吸光度［式（8-9）］。

$$羟自由基清除率 = [1 - A_1/A_0] \times 100\% \qquad (8-9)$$

式中：A_1 为样品吸光值；A_0 为空白吸光值。

②对 DPPH· 的清除能力：根据杨柳[13] 的方法，吸取 0.1mL 样品液和 1×10^{-4}mol/L DPPH 乙醇溶液 3.0mL 于 10mL 比色管中，混匀，25℃ 避光反应 30min，用无水乙醇调零，517nm 处测定吸光度［式（8-10）］。

$$DPPH· 清除率 = [1 - (A_1 - A_2)/A_0] \times 100\% \qquad (8-10)$$

式中：A_1 为 0.1mL 芝麻样品液+3.0mL DPPH 乙醇溶液的吸光度；A_2 为 0.1mL 样品液+3.0mL 无水乙醇的吸光度；A_0 为 0.1mL 无水乙醇+3.0mL DPPH 溶液的吸光度。

③对 ABTS$^+$· 的清除能力：参考 Marfil[14] 的方法，称取 0.0576g ABTS 试剂，用蒸馏水定容至 15mL，临用前加 140mmol/L 的 $K_2S_2O_8$ 溶液 264μL，室温避光放置 12～16h 制备 ABTS 储备液。使用时用蒸馏水将吸光度调整为 0.70±0.02，制成 ABTS 工作液。分别吸取 100μL 样品液，加入 4.0mL ABTS 工作液，充分混合，室温避光反应 30min，在 734nm 处测定吸光度［式（8-11）］。

$$ABTS^+· 清除率（\%）= [1 - A_1/A_0] \times 100\% \qquad (8-11)$$

式中：A_1 为 100μL 芝麻样品液+4.0mL ABTS 工作液的吸光度；A_0 为 100μL 蒸馏水+4.0mL ABTS 工作液的吸光度。

二、结果与分析

1. 芝麻发芽过程中活性物质含量变化

（1）芝麻发芽过程中黄酮含量变化

从图 8-30 中可以看出，在发芽过程中黑、白芝麻的黄酮含量都呈现增加的趋势，但白芝麻的黄酮含量总体比黑芝麻的含量要少。在发芽的 0~6 天，黑芝麻的黄酮含量从 2.91mg/g 增加至 10.03mg/g，白芝麻的黄酮含量从 1.20mg/g 增加至 7.21mg/g。0~2 天黄酮含量增加较快的原因是在发芽初期，芝麻生长发芽旺盛，黄酮比较容易积累，而 2~4 天可利用的营养物质减少，导致黄酮含量积累比较缓慢，发芽有助于黄酮物质的积累，且发芽第 6 天是富集芝麻中黄酮含量的最佳时间。

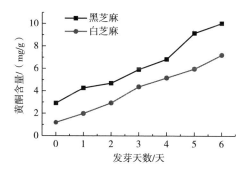

图 8-30　芝麻发芽过程中黄酮含量变化

（2）芝麻发芽过程中多酚含量变化

从图 8-31 中可以看出，黑、白芝麻的多酚含量都呈现增加的趋势，但白芝麻的多酚含量总体比黑芝麻的含量要少，这与李亚会等[15] 的研究结果接近：黑芝麻各组分的总酚含量均高于白芝麻。在发芽 0~6 天，黑芝麻的多酚含量从 0.56mg/g 增加至 1.75mg/g，白芝麻的多酚含量从 0.49mg/g 增加至 1.30mg/g。0~2 天多酚含量增加较快的原因是在发芽初期，可利用的物质比较充分，多酚比较容易积累，发芽有助于多酚物质的积累，且发芽第 6 天是富集芝麻中多酚含量的最佳时间。

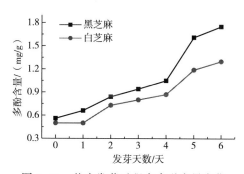

图 8-31　芝麻发芽过程中多酚含量变化

（3）芝麻发芽过程中 γ-氨基丁酸含量变化

从图 8-32 中可以看出，不管是黑芝麻还是白芝麻，随着发芽天数的增加，γ-氨基丁酸含量都呈现增加的趋势，但白芝麻的 γ-氨基丁酸含量总体比黑芝麻的含量要少。在发芽的第 0～6 天中，黑芝麻的 γ-氨基丁酸含量从 3.98mg/g 增加至 13.61mg/g，白芝麻的 γ-氨基丁酸含量从 3.76mg/g 增加至 12.45mg/g。发芽时，黑芝麻的出芽率比较高，第 4 天时，γ-氨基丁酸含量增长较多，白芝麻出芽比较缓慢导致 0～4 天的 γ-氨基丁酸含量增加较少，但随着发芽时间的增加，γ-氨基丁酸会在转氨酶的作用下降解为琥珀酸半醛，最后又因为酶作用产生的大量可溶物溶于水而流失[16]，黑、白芝麻中 γ-氨基丁酸随发芽时间延长都有不同程度的增加。

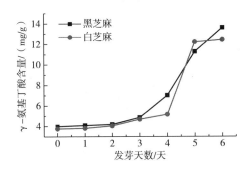

图 8-32　芝麻发芽过程中 γ-氨基丁酸含量变化

2. 芝麻发芽过程中抗氧化能力变化

（1）对羟自由基清除率

从图 8-33 中可以看出，无论是黑芝麻还是白芝麻，随着发芽天数的增加，清除羟基自由基的能力都呈现增加的趋势，但白芝麻清除羟基自由基的能力总体比黑芝麻的要低。随着黑、白芝麻的发芽，其清除羟自由基能力分别由 14.14%、11.14% 增加到 72.59%、59.57%。发芽 1 天的黑芝麻清除能力较 0 天下降了 10.51%，其原因是实验过程中温度变动，使其中作用的酶被钝化，导致清除能力出现了异常变化。实验表明，发芽 6 天的芝麻清除羟基自由基的能力最强。芝麻具有很强的清除羟自由基的能力，与其含木脂素类（Lignan 也称木酚素）和生育酚类（Tocopherols）两大类抗氧化物质有很大关系[17]。

（2）对 DPPH· 清除率

从图 8-34 中可以看出，无论是黑芝麻还是白芝麻，随着发芽天数的增加，清除 DPPH· 的能力都呈现增加的趋势，整体的清除率都在 60% 以上，但白芝麻清除 DPPH· 的能力总体比黑芝麻的要低。有关研究表明，黄酮含量与 DPPH· 清除率有一定的相关性，这与黄酮的增长趋势相似。黑、白芝麻清除 DPPH· 的能力分别由

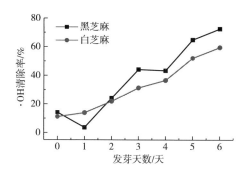

图 8-33 芝麻发芽过程中对羟自由基清除率

64.057%、63.345%到91.103%、88.256%。随着发芽时间的延长，活性物质会有所流失，但总体呈上升趋势，在发芽6天清除能力最强。

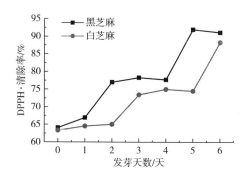

图 8-34 芝麻发芽过程中对 DPPH·清除率

（3）对 ABTS$^+$·的清除率

从图 8-35 中可以看出，不管是黑芝麻还是白芝麻，随着发芽天数的增加，清除 ABTS$^+$·的能力大致呈现增加的趋势，整体的清除率都在60%以上，但白芝麻清除 ABTS$^+$·的能力总体比黑芝麻的要低。黑、白芝麻分别由64.92%、60.49%增加到89.80%、89.34%，在6天达到峰值，说明芝麻的发芽对于清除 ABTS$^+$·有很大作用，可将芝麻成分进行提取成为新型的抗氧化剂。

三、结论

芝麻种子萌发是一个复杂的生命活动过程，其主要营养物质有一定的分解和合成，以供其萌发所需。通过对发芽（0、1、2、3、4、5、6）天的黑白芝麻黄酮、多酚、γ-氨基丁酸、抗氧化能力的测定，得出以下结论。

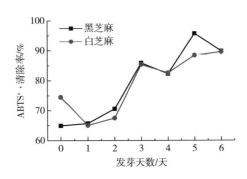

图 8-35　芝麻发芽过程中对 ABTS⁺·清除率

　　未经发芽和经过发芽的黑芝麻比白芝麻的黄酮、多酚、γ-氨基丁酸含量都要高，在一定时间范围内，发芽时间越长，黑、白芝麻的黄酮含量越多。无论是黑芝麻还是白芝麻，所含的黄酮含量都很可观，但黑芝麻相对来说更有营养价值，可以作为一种优良的天然绿色食品，黑芝麻往往被称为"仙家"食品。

　　除了发芽 1 天的白芝麻清除羟基自由基能力比黑芝麻强，其余未经发芽和经过发芽的黑芝麻比白芝麻清除羟基自由基的能力都要强，在一定时间范围内，发芽时间越长，黑、白芝麻的清除羟基自由基能力越强。无论是黑芝麻还是白芝麻，清除羟基自由基、DPPH·和 ABTS⁺·的能力都很可观，但黑芝麻相对来说抗氧化性更好，主要原因是黑芝麻中的黑色素中含有酚羟基和醌式结构，其抗氧化能力较强。

参考文献

[1] 南京中医药大学 . 中药大辞典（下册）[M]. 2 版 . 上海：上海科学技术出版社，2006.

[2] 李林燕，李昌，聂少平，等 . 黑芝麻的化学成分与功能及其应用 [J]. 农产品加工（学刊），2013（11）：58-66.

[3] 单良，徐利萍，金青哲，等 . 黑芝麻黑色素的稳定性及自由基清除活性 [J]. 安徽农业科学，2008，36（26）：11527-11531.

[4] 曹蕾，耿薇，魏永生 . 微波消解-ICP-OES 法测定黑芝麻中的 18 种矿质元素 [J]. 应用化工，2012，41（5）：910-913.

[5] 贾斌，王允，尹海燕，等 . 黑、白芝麻营养成分及品质的差异分析 [J]. 河南农业科学，2020，49（5）：69-74.

[6] 赵扬帆，郑宝东 . 植物多酚类物质及其功能学研究进展 [J] 福建轻纺，2006（11）：107-110.

［7］ 子雷．中老年人多吃绿豆芽对健康有益［J］．药物与人，2007，20（11）：55.

［8］ 黄荣，傅小红，常波．分光光度法测定火棘提取物中的总黄酮［J］．华西药学杂志，2013，28（6）：642-643.

［9］ Liu R H，Sun J. Antiproliferative activity of apples is not due toph enolic-induced hydrogen peroxide formation［J］．Journal of Agricultural and Food Chemistry，2003，51：1718-1723.

［10］ 张海容，陈金娥，高瑞苑．响应面法优化超声提取芝麻粕中多酚工艺及其抗氧化活性研究［J］．中国粮油，2019，44（1）：110-126.

［11］ 刘长姣，杨越越，王妮，等，茚三酮比色法测定秋葵中氨基酸含量条件的优化［J］．中国食品添加剂，2018，11（1）：187-193.

［12］ 崔江明，周海龙，马利华．发芽、发酵对燕麦营养性及抗氧化性的影响［J］．食品科技，2021，46（2）：130-134.

［13］ 杨柳．油茶花的营养功能研究及产品开发［D］．广州：华南农业大学，2014.

［14］ Marfil R，Glminez R，Martfnez O，et al. Determination of polyphenols，tocopherols，and antioxidant capacity invirgin argan oil（Argania spinosa，Skeels）［J］．European Journal of Lipid Science and Technology，2011，113（7）：886-893.

［15］ 李亚会，汪学德，李晨曦，等．黑芝麻与白芝麻各组分抗氧化物质及抗氧化活性研究［J］中国油脂，2018，43（4）：37-47.

［16］ 郑向华，陈荣，叶宁，等．温度和时间对发芽糙米中γ-氨基丁酸含量的影响［J］．中国粮油学报，2009，24（9）：1-4.

［17］ 王金亭．芝麻木脂素生物活性及其作用机制［J］．粮食与油脂，2010，8（5）：3-7.

第七节　不同干燥方式对萌芽苦荞功能成分及抗氧化活性的影响

苦荞麦［*Fagopyrum tataricum*（L.）Gaerth］又名鞑靼荞麦，属药食同源的谷物资源，在我国主要分布在四川、云南和贵州的高寒、高原地区[1]。苦荞富含不饱和脂肪酸、氨基酸等营养成分和黄酮、多酚、γ-氨基丁酸（GABA）等功能成分，黄酮是苦荞主要的活性物质，具有抗氧化、降血压、降血糖、清除体内自由基等生物活性[2,3]。但苦荞麦属于小杂粮作物，具有适口性与加工性差等问题，限制了其在食品工业中的应用。有研究表明，苦荞萌芽后，不仅蛋白酶抑制剂活性和芦丁降解酶活性降低，氨基酸配比更均衡，而且黄酮类化合物含量增加、抗氧化活性显著提高[4,5]，但萌芽苦荞水分含量高，不易常温贮存和加工利用。干燥可以延长萌芽苦荞的保存时间，是精深加工高品质萌芽苦荞产品的必备环节。但由于干燥可能会对萌芽苦荞中的营养活性成分造成损失，因此，研究不同干燥方式对萌芽苦荞中功能成分及其抗氧化活性的影响具有重要意义。

目前对苦荞麦或苦荞芽菜中的黄酮、多酚及抗氧化活性的研究较多，但有关不同干燥方式对萌芽苦荞功能成分及抗氧化活性影响的研究较少，为了较全面地了解不同干燥方式对萌芽苦荞中功能成分的影响，筛选出既能快速除去水分，又能较好保留活性目标成分的干燥方法，丰富萌芽苦荞在食品工业的应用，本研究采用晒干、阴干、热风干燥（温度分别为60℃和100℃）、冷冻干燥、真空干燥5种干燥方式，比较不同干燥方式对萌芽苦荞功能成分（黄酮、总酚、γ-氨基丁酸）和抗氧化活性（对 DPPH·、ABTS⁺·和·OH 清除率）的影响，探求一种节能、高效且能最大限度保留其活性成分的干燥方式，为萌芽苦荞的深加工提供一定的理论依据。

一、材料与方法

1. 材料

苦荞麦：甘肃省陇南市。

2. 方法

（1）萌芽方法

挑拣颗粒饱满的苦荞种子，用2%NaClO溶液消毒5min，蒸馏水洗净后浸泡8h，将浸种后的苦荞均匀摊于铺有纱布的培养皿中，置于25℃培养箱中萌芽，定时喷水，保证萌芽湿度，实验收取萌芽苦荞的芽长约0.5cm。

（2）干燥方法

阴干：将萌芽苦荞均匀平铺在纱网上，阴凉（20℃）通风处干燥36h，测定含水量为7.69%。晒干：将萌芽苦荞均匀平铺在纱网上，太阳直射干燥10h，温度范围为22~26℃，干燥后含水量为7.01%。热风干燥：将萌芽苦荞置于恒温鼓风干燥箱中，温度为60℃时，连续干燥90min，含水量为7.59%；温度为100℃时，连续干燥40min，含水量为5.31%。冷冻干燥：将萌芽苦荞预冻（-80℃）24h后，置于冷冻干燥机（冷阱温度为-55℃，真空压力上限为100 Pa，下限为50 Pa）中干燥时间24h，含水量为3.09%。真空干燥：将萌芽苦荞置于真空干燥箱中，温度50℃，真空度0.1MPa，连续干燥6h，含水量为4.86%。将不同干燥方法处理的萌芽苦荞经组织研磨仪粉碎，过 60 目筛，密封，−20℃ 保存备用。

3. 功能成分测定方法

（1）提取液的制备

参考周小理[6] 的方法并稍作改动，取 1g 研磨后的萌芽苦荞粉，加入 80% 的乙醇溶液 50mL，摇匀，于 70℃ 恒温水浴锅中浸提 4h，离心（4℃、4000r/min、10min），取上清液备用。

（2）黄酮测定

黄酮测定采用亚硝酸钠−硝酸铝比色法[1]。分别吸取 1mg/mL 芦丁溶液（0、0.5、1.0、1.5、2.0、2.5、3.0）mL，用 80% 乙醇补至 12.5mL，加入 0.7mL 的 5% $NaNO_2$，静置 6min；加入 0.7mL 的 10% $Al(NO_3)_3$ 溶液，静置 6min；最后加入 4% NaOH 溶液 2mL，用 80% 乙醇分别定容至 25mL，静置 10min。以 80% 乙醇作为空白对照，在 510nm 下测定吸光度值，得芦丁标准曲线 $y = 0.2177x - 0.0093$，其中 y 为吸光度；x 为芦丁质量，mg；$R^2 = 0.9962$。样品测定参考上述方法，根据标准曲线计算黄酮含量（mg/g）。

（3）总酚测定

总酚测定采用福林酚比色法[7,8]。分别吸取 0.1mg/mL 的没食子酸（0、0.5、1.0、1.5、2.0、2.5、3.0）mL，加入 1mL 稀释 10 倍的福林酚试剂，7.5% Na_2CO_3 溶液 2mL，用蒸馏水定容至 25mL，25℃ 黑暗处静置 2h，以蒸馏水为空白对照，在 765nm 处测定吸光值，得没食子酸标准曲线 $y = 2.9093x + 0.0223$，其中，y 为吸光值；x 为没食子酸质量，mg；$R^2 = 0.9959$。样品测定参考上述方法，根据标准曲线计算总酚含量（mg/g）。

（4）GABA 测定

采用茚三酮比色法测定 GABAB 含量[9]，氨基酸（L−亮氨酸）为标准品。分别吸取 0.8mg/mL 氨基酸标准品溶液（0、0.5、1.0、1.5、2.0、2.5、3.0）mL，用蒸馏水补至 4mL，加入 2% 的茚三酮溶液 1mL，磷酸盐缓冲液（pH = 8.04）1mL，沸水浴 15min 后迅速冷却至室温，570nm 处测定吸光值，得氨基酸标准曲线 $y = 0.236x - 0.0146$，其中 y 为吸光值；x 为氨基酸质量，mg；$R^2 = 0.9973$。样品测定参考上述方法，根据标准曲线计算 GABA 含量（mg/g）。

4. 抗氧化活性测定

（1）对 DPPH·清除能力

参照李俊等[10] 的方法并稍作改动，配置 0.1mmol/L DPPH 乙醇溶液。分别取 0.1mL 不同浓度、不同干燥方式萌芽苦荞提取液，加入 3mL DPPH 溶液，摇匀，25℃ 避光反应 30min，517nm 处测定吸光值。计算公式（8−12）如下：

$$DPPH·清除率 = (1 - A_1/A_0) × 100\%　　　　　　(8-12)$$

式中：A_1——实验组吸光值；

A_0——空白组吸光值。

（2）对 ABTS$^+$·清除能力

参照李文飞等[7]的方法并稍作改动，分别取 0.1mL 不同浓度不同干燥方式萌芽苦荞提取液，加入 4mL ABTS$^+$·工作液，混匀，25℃避光反应 10min，734nm 处测定其吸光值。计算公式（8-13）如下：

$$ABTS^+·清除率=（1-A_1/A_0）×100\% \tag{8-13}$$

式中：A_1——实验组吸光值；

A_0——空白组吸光值。

（3）对·OH 清除能力

参照李楠等[11]的方法，采用水杨酸法测定萌芽苦荞提取液对·OH 的清除能力。

二、结果与分析

1. 不同干燥方式对萌芽苦荞黄酮含量的影响

黄酮是苦荞麦的主要生物活性成分，不同干燥方式处理后萌芽苦荞黄酮含量不同。从图 8-36 可以看出，冷冻干燥处理后黄酮含量最高，为 49.66mg/g，100℃热风干燥含量次之，60℃热风干燥含量最低，为 35.85mg/g。分析原因为冷冻干燥处理温度较低，使相关黄酮降解酶的活性降低，且干燥过程没有氧气参与，防止黄酮被氧化降解[12]。有研究表明，苦荞麦中的主要黄酮类化合物为芦丁，当温度高于 70℃时，芦丁降解酶的活力减弱，可以有效防止芦丁的降解，因而，100℃热风干燥处理后，其黄酮含量高于 60℃热风干燥，二者差异显著（$P<0.05$）。田汉英等[13]采用不同温度烘干苦荞籽粒，也得出 100℃烘干处理后，其黄酮含量高于 60℃烘干处理。王悦等[14]采用加热鼓风方式干燥猴头菌，得出黄酮含量随干燥温度的升高而升高的结论。阴干、晒干与真空干燥的黄酮含量差异不显著，主要是由于这三种干燥方式用时较长，较长时间的热处理使黄酮降解为其他小分子物质，因此含量较低。

2. 不同干燥方式对萌芽苦荞总酚含量的影响

图 8-37 为不同干燥方式对萌芽苦荞总酚含量的影响，含量大小依次为冷冻干燥>100℃热风干燥>真空干燥>阴干>晒干>60℃热风干燥，除阴干和真空干燥差异不显著外，其他干燥方式差异显著（$P<0.05$）。经冷冻干燥处理后，总酚含量最高，为 16.82mg/g，分析原因可能为冷冻过程中冰晶体破坏了植物细胞壁，形成蜂窝网络结构，有利于溶剂的溶入与酚类物质的溶出[12]，另外在低氧分压、低温条件下，多酚氧化酶活性较低，有助于酚类物质较好的保留。100℃热风干燥含量次之，60℃

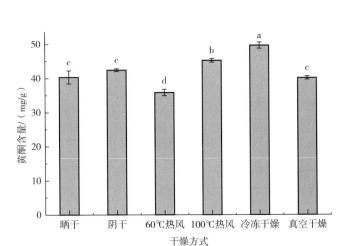

图 8-36　不同干燥方式对萌芽苦荞黄酮含量的影响

（不同小写字母表示组间差异显著，$P<0.05$）

热风干燥含量最低，二者差异显著（$P<0.05$），这可能是由于较高的干燥温度破坏了多酚氧化酶的活性，另外温度越高，干燥速率越快，酚类物质损失越少，所以100℃热风干燥较好地保存了酚类物质。Chen 等[15]的研究结果表明，干燥温度为50℃时，蓝莓中总酚含量最低，干燥温度增加并没有促使多酚进一步降解，所以低温下酚类物质的酶促降解比热降解更显著，并且温度高于60℃时，多酚含量还会增加。阴干、晒干与真空干燥总酚损失较多，这可能因为较长时间的干燥处理加速了氧化过程，导致酚类物质被破坏。

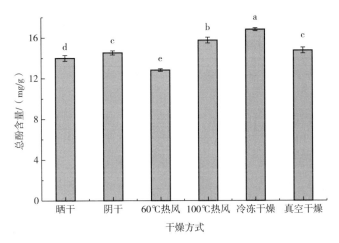

图 8-37　不同干燥方式对萌芽苦荞总酚含量的影响

（不同小写字母表示组间差异显著，$P<0.05$）

3. 不同干燥方式对萌芽苦荞中 GABA 含量的影响

除了酚类化合物，苦荞麦中还含有 γ-氨基丁酸（GABA），GABA 是一种非蛋白质类氨基酸，作为中枢神经系统中重要的抑制性神经递质，具有改善脑机能、增强记忆、抗焦虑等功效。由图 8-38 可知，除晒干和阴干差异不显著外，其余干燥方式萌芽苦荞中 GABA 含量差异显著（$P < 0.05$）。冷冻干燥 GABA 含量最高，为64.14mg/g，真空干燥 GABA 含量次之，可能因为冷冻干燥是在低温、无氧条件下进行，将 GABA 热氧化的损失降到了最低限度；而真空干燥虽然隔绝了氧气，但是干燥温度为50℃，所以 GABA 有部分损失。有研究表明，当干燥温度升高且有氧气存在时，会导致 GABA 发生降解或与还原糖发生美拉德反应使含量下降[16]，所以其他干燥方式处理的 GABA 含量较低。60℃热风处理 GABA 含量低于100℃热风处理，表明较长时间的热处理也会使 GABA 损失较多。

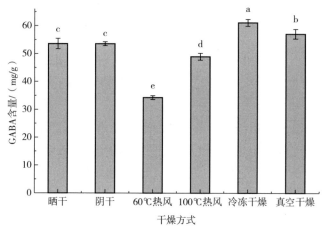

图 8-38 不同干燥方式对萌芽苦荞中 GABA 含量的影响

（不同小写字母表示组间差异显著，$P < 0.05$）

4. 不同干燥方式对萌芽苦荞提取物抗氧化活性的影响

由图 8-39 可知，萌芽苦荞提取液对自由基的清除率受不同干燥方法的影响，并且随着提取液浓度增加，其对自由基的清除率增大。当提取液浓度为 20mg/mL 时，冷冻干燥提取液对 DPPH · 和 · OH 清除率最大，分别为75.40%和65.62%，100℃热风干燥次之，分别为73.81%和62.69%；晒干提取液对 DPPH · 和 · OH 清除率最低，分别为60.29%和47.67% ［图 8-39（a）、（c）］。当提取液浓度为 4mg/mL 时，冷冻干燥提取液对 ABTS⁺ · 清除率最大，为63.56%；当提取液浓度为 20mg/mL 时，不同干燥方式提取液对 ABTS⁺ · 清除率几乎相同 ［图 8-39（b）］。由此可见，冷冻干燥提取液对自由基的清除率最大，抗氧化能力最强。谭飓等[17] 研究不同干燥方式对龙眼多酚抗氧化活性的影响，得出冷冻干燥处理的多酚清除 DPPH · 的能力显著高于真空干燥和热风干燥样品，与本实验结论相似。100℃热风干燥提取液也表现出较高的清除自由基的能力，可能由于高温形成了具有抗氧化活性的新化合物（美拉德反应的产物），有研究表明美拉德反应的产物如呋喃、吡咯、类黑精等也具有抗氧化活性[18]。综上，冷冻干燥处理的萌芽苦荞抗氧化活性最强，100℃热风干燥次之，当提取液浓度相同时，提取液对 ABTS+·的清除能力最强。

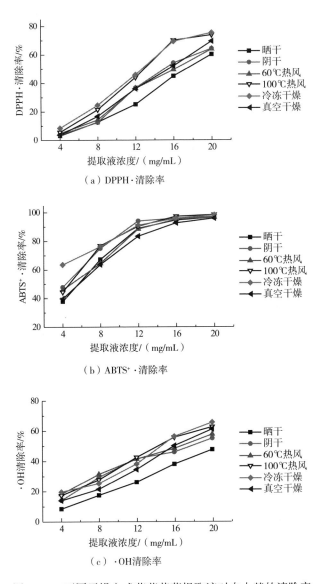

（a）DPPH·清除率

（b）ABTS+·清除率

（c）·OH清除率

图 8-39　不同干燥方式萌芽苦荞提取液对自由基的清除率

三、结论

采用晒干、阴干、热风干燥、冷冻干燥、真空干燥 5 种方式处理萌芽苦荞，用不同干燥方式处理的萌芽苦荞中功能成分及抗氧化活性不同。冷冻干燥是在低温、无氧条件下进行的，较好地保留了萌芽苦荞中的功能成分，黄酮、总酚和 GABA 含量较高，100℃热风干燥黄酮、总酚的含量次之，60℃热风干燥处理功能成分含量最低。采用热风干燥（温度分别为 60℃和 100℃）处理时，功能成分含量随干燥温度的升高而升高，说明低温下酚类物质的酶促降解比热降解更显著，晒干、阴干和真空干燥功能成分较低，说明较长时间的热处理使活性成分发生了降解。冷冻干燥和 100℃热风处理具有较高的抗氧化活性。

综上，冷冻干燥处理所得的萌芽苦荞功能成分和抗氧化活性均较高，但是冷冻干燥时间长、耗能大，相对于冷冻处理，100℃热风干燥所得的功能成分含量和抗氧化能力次之，且具有干燥时间短和成本较低的优势，在实际生产应用时可以优先选择。

参考文献

［1］ 鲍涛，王冶，孙崇德，等．黑苦荞米黄酮提取工艺优化及其降血糖活性研究［J］．农业工程学报，2016，32（Supp. 2）：383-389.

［2］ 任长忠，陕方，王敏，等．荞麦营养与功能性研究及其产品开发［J］．中国粮油学报，2022，37（11）：261-269.

［3］ 蔡启玲，李小平，丁欣欣．加工方式对苦荞中的多酚及其抗氧化活性的影响研究进展［J］．中国粮油学报，2022，37（8）：305-313.

［4］ 白永亮，林柔敏，吴采瑛，等．基于黄酮积累的苦荞萌发工艺优化及其抗氧化活性研究［J］．广东农业科学，2022，49（4）：135-142.

［5］ 马麟，彭镰，赵钢．我国苦荞芽菜生产及其食品开发研究进展［J］．农产品加工，2015（11）：64-67，71.

［6］ 周小理，成少宁，周一鸣，等．苦荞芽中黄酮类化合物的抑菌作用研究［J］．食品工业，2010，31（2）：12-14.

［7］ 李文飞，赵江林，唐晓慧，等．苦荞芽多酚提取工艺优化及抗氧化活性研究［J］．成都大学学报（自然科学版），2018，37（1）：15-19.

［8］ 郑晨曦，郝建雄，宋曙辉，等．微酸性电解水对苦荞芽活性成分及抗氧化能力的影响［J］．食品科学，2018，39（4）：20-25.

［9］ 王青．苦荞萌发物中营养成分提取测定及黄酮类化合物抗肿瘤活性的研究［D］．上海：上海海洋大学，2011，23-24.

［10］李俊，卢扬，赵刚，等．苦荞芽苗茶饮料发酵前后营养、风味及抗氧化活性的变化［J］．食品与机械，2019，35（7）：187-192.

［11］李楠，杨欣，孙元琳，等．20种花茶黄酮、总酚及抗氧化活性分析［J］．食品研究与开发，2021，42（18）：34-39.

［12］邢颖，张月，徐怀德，等．不同干燥方法对生姜叶活性成分和抗氧化活性的影响［J］．食品工业科技，2020，41（18）：75-80，86.

［13］田汉英，国旭丹，李五霞，等．不同处理温度对苦荞抗氧化成分的含量及其抗氧化活性影响的研究［J］．中国粮油学报，2014，29（11）：19-23，50.

［14］王悦，姜永红，张强，等．不同方式干燥对猴头菌营养成分含量及抗氧化活性的影响［J］．江苏农业科学，2021，49（5）：159-164.

［15］Chen Y G, Martynenko A. Combination of hydrother-modynamic（HTD）processing and different drying methods for natural blueberry leather［J］. LWT-Food Science and Technology，2018，87：470-477.

［16］袁建，李倩，何荣，等．富硒高GABA发芽糙米低温干燥工艺的研究［J］．中国粮油学报，2016，31（7）：126-131.

［17］谭飔，彭思维，李玮轩，等．不同干燥方式对龙眼多酚及抗氧化活性的影响［J］．果树学报，2021，38（3）：411-420.

［18］Han J R, Yan J N, Sun S G, et al. Characteristic antioxidant activity and comprehensive flavor compound profile of scallop（*Chlamys farreri*）mantle hydrolysates-ribose Maillard reaction products［J］. Food Chemistry，2018，261：337-347.

第八节　萌芽苦荞模拟消化中抗氧化能力变化

荞麦，是蓼科属植物，一年生或多年生，成熟期较短，一般60~80天就能发育完备，大体分为苦荞麦［*Fagopyrum tataricum*（L.）Gaertn.］和甜荞麦（*Fagopyrum esculentum* Moench）两大类。我国的荞麦种植面积和生产总量仅在俄罗斯之后，位于世界第二。荞麦在中国分布甚广，资源极其丰富，主要在中国北部、西北部以及东北部地区种植，一些高寒地区主要种植苦荞麦，例如，四川、云南、贵州等。苦荞麦中含有大量的黄酮类化合物，具有抗氧化、清除自由基、降血糖、降血脂、消炎、抗骨质疏松等多种生理功能。苦荞麦中的多糖具有降血糖血脂、抗衰老、免疫调节等多种功能。此外，γ-氨基丁酸（GABA）作为黑苦荞中常见的活性成分，可以抗焦虑、调节情绪、改善睡眠状态、降血压、促进酒精代谢、抑制癌细胞增殖，还可以刺激胰岛素分泌、有效防患 2 型糖尿病。

种子萌发是指在一定条件下，谷物经过吸胀作用激活籽粒内源酶诱导发生一系列有序生化反应和形态变化的生物学过程。它使谷物的一些生理功能发生改变，生成或者富集 γ-氨基丁酸、γ-谷维素和膳食纤维等生物活性物质，这些成分联合协作，对慢性代谢综合症起到预防和控制的积极作用。有研究报道，苦荞在萌发过程中能有效改善其籽粒的活力，提高相关酶活力及生物活性物质的含量，特别是能积累 γ-氨基丁酸等活性成分。除此之外，发芽处理可消解或显著降低苦荞中的抗营养成分，提高蛋白质中氨基酸的利用率，促进产品质量的提高。

本文主要研究萌芽苦荞经体外模拟消化后的抗氧化能力变化，当前关于苦荞活性物质及抗氧化活性的研究很多，但基于萌芽后及体外模拟口腔、胃肠消化评价其抗氧化活性的研究却不多。因此，选择苦荞作为本次研究的原材料，首先对苦荞进行萌芽处理，以富集多酚等活性成分的提取物为研究对象，然后选用体外模拟消化体系，分别测定口腔、胃肠消化等不同阶段萌芽苦荞中的 γ-氨基丁酸、多酚等活性物质的含量，比较不同消化阶段萌芽苦荞抗氧化活性产生的变化，并对其变化规律做出分析，为科学评估萌芽苦荞的营养价值，综合开发利用萌芽苦荞资源提供一定的参考。

一、材料与方法

1. 材料

黑苦荞：四川省大凉山地区。

2. 样品前处理

取大小基本相同、颗粒饱满的苦荞，用水冲洗干净，然后用 0.5% 的 NaClO 溶液浸泡 30min，最后用净水冲洗、烘干，待用。把经过预处理的苦荞放入发芽器中，适当撒一些水，盖上盖子，放入恒温培养箱中 25℃ 发芽 69h，使芽长达 3~6mm，挑选出符合条件的萌芽苦荞。取 20g 萌芽苦荞（含水量 39.06%），加入 400mL 水，放入锅中煮 15min 至完全成熟，连汤一起倒入破壁机中打成匀浆，加水至匀浆体积为 250mL，备用。

3. 体外模拟消化

（1）模拟消化液的配制[1,2]

模拟口腔液（α-淀粉酶/$CaCl_2$ 溶液）：称取 65mg α-淀粉酶（10000U/g）充分溶解于 50mL 浓度为 1mmol/L $CaCl_2$ 溶液中，pH 值为 7.0。

模拟胃液：将 4g 胃蛋白酶（3000U/g）充分溶解于浓度为 0.01mol/L HCl 中，定容至 100mL，并调节溶液最终 pH 值为 2.0。

模拟肠液：将猪胆盐 2.5g 及胰蛋白酶（250U/g）0.4g 充分溶解于 0.1mol/L NaHCO₃ 溶液中，定容至 100mL，并调节溶液 pH 值至 7.0。

（2）模拟消化过程[2,3]

模拟口腔消化：取 250mL 待测样品于锥形瓶中，加入模拟口腔液 15mL，避光充分混匀，在恒温水浴振荡器中振荡 10min（37℃，120r/min）。口腔消化完成后，取出 20mL 试样于 50mL 离心管中，沸水浴 6min 停止消化，冷却至室温后离心（3000r/min，15min），将上清液取出冷冻保存，作为口腔消化样品备用待测，剩余样品做下一步胃消化。

模拟胃消化：用 1mol/L HCl 调节样品溶液 pH 至 2.0，用 pH=2 的盐酸定容至 250mL，加入模拟胃液 2.5mL，在恒温水浴振荡器中振荡 2h（37℃，120r/min）。分别在振荡 0.5h、1.0h、1.5h、2.0h 时取 20mL 悬浊液于 50mL 离心管中，沸水浴 6min 停止消化，冷却至室温后离心（3000r/min，15min），将上清液取出冷冻保存，作为胃消化（0.5、1.0、1.5、2.0）h 样品备用待测，将剩余的样品继续进行肠消化。

模拟肠消化：取胃消化 2.0h 后剩余的样品，用 1mol/L NaHCO₃ 调节 pH 至 7.0，用水定容至 200mL，加入模拟肠液 5mL，继续置于恒温水浴振荡器中，消化条件与模拟胃消化相同，在（1.0、2.0、3.0、4.0）h 时分别取 20mL 悬浊液于 50mL 离心管中，沸水浴 6min 停止消化，冷却至室温后离心（3000r/min，15min），将上清液取出冷冻保存，作为肠消化（1.0、2.0、3.0、4.0）h 样品备用待测。

（3）活性物质释放量测定

①γ-氨基丁酸（GABA）释放量测定。选用 Berthelot 比色法测定 GABA 释放量[4]。准确称取 100.0mg GABA，充分溶解后加水定容至 100mL，配制为 1mg/mL 的 GABA 标准液。在 7 支 10mL 比色管中分别加入（0、0.02、0.04、0.06、0.08、0.10、0.12）mL 的 GABA 标准液，并用蒸馏水补足到 300μL。加 1mL 0.1mol/L 四硼酸钠缓冲液，400μL 7% 苯酚溶液，充分混合均匀后加入 600μL 4% NaClO 溶液，摇匀。在 80℃ 沸水中加热 20min 后冰水浴 5min，等溶液显现蓝绿色后，加入 60% 的乙醇溶液 2.0mL，波长 645nm 下测定其吸光度值。把 GABA 含量（μg）作为横坐标（x），吸光度 A 作为纵坐标（y），绘制出标准曲线 $y = 0.0089x - 0.0178$（$R^2 = 0.9968$）。

取 300μL 萌芽苦荞消化液，按标准曲线操作方法在 645nm 波长下测定吸光度，由回归方程计算 γ-氨基丁酸释放量。

②总酚释放量测定。选用福林酚法测定总酚释放量[5]。准确称取 10.0mg 没食子酸，充分溶解后加水定容至 100mL，配制为 100mg/mL 的没食子酸标准液。精确吸取没食子酸标准液（0、0.2、0.4、0.8、1.2、1.6、2.0）mL 于 10mL 比色管中，加入蒸馏水 5.0mL，再加 Folin-Ciocalteu 试剂 0.5mL，振荡 1min 后再加入 20%

Na₂CO₃ 溶液 1.5mL，在室温下反应 2h。以空白管为空白对照，在 760nm 波长下测定其吸光度值。把没食子酸的量（μg）作为横坐标（x），吸光度 A 作为纵坐标（y），绘制出标准曲线 $y=0.0102x+0.0705$，$R^2=0.9955$。

取 1mL 萌芽苦荞消化液，按标准曲线操作方法在 760nm 波长下测定吸光度，由回归方程计算总酚释放量。

③总黄酮释放量测定。选用亚硝酸钠-硝酸铝法测定总黄酮释放量[5]。准确称取 10.0mg 干燥至恒重的芦丁标准品，将 70% 的乙醇置于 37℃ 水浴上微热使其充分溶解后定容至 100mL，配制 0.1mg/mL 的芦丁标准液。在 7 支 10mL 比色管中分别加（0、0.50、1.00、1.50、2.00、3.00、4.00）mL 芦丁标准液，（5.00、4.50、4.00、3.50、3.00、2.00、1.00）mL 30% 乙醇溶液，5% 亚硝酸钠溶液 0.3mL，振荡后静置 5min，10% 硝酸铝溶液 0.3mL，振荡后静置 6min，加 2mL 1.0mol/L 氢氧化钠溶液，用 30% 乙醇定容至 10mL。摇匀，室温放置 15min，在 510nm 波长下测吸光度值，把芦丁含量（μg）作为横坐标（x），吸光度值作为纵坐标（y），绘制出标准曲线 $y=0.0016x+0.0021$（$R^2=0.9986$）。

取 2mL 萌芽苦荞消化液，按标准曲线操作方法在 510nm 波长下测定吸光度值，由回归方程计算总黄酮释放量。

（4）体外抗氧化活性测定

①铁离子还原力。参照王静的方法[6]，取 1mL 萌芽苦荞消化液，加入 pH 为 6.6 的磷酸盐缓冲液 2mL 和 1% 的铁氰化钾溶液 2mL，移至 10mL 比色管中，50℃ 水浴 20min 后进行冰水浴，加入 2mL 10% 的 TCA，离心（3000r/min，10min），移 2mL 上清液于 10mL 比色管，加蒸馏水 2mL 和 0.4mL 0.1% 的三氯化铁，充分混匀，反应 10min，加蒸馏水 2.4mL 于对照组中，在波长 700nm 处测定吸光度值，实验设置 3 组平行。

②DPPH·清除能力。参照滕欢欢的方法[7]，取 1mL 萌芽苦荞消化液在 10mL 离心管加入 2mL DPPH-乙醇溶液（0.2mmol/L）中充分混合，避光反应 30min，测定 OD_{517nm}，实验设置 3 组平行。按公式（8-14）计算对 DPPH·清除率。

$$C = \left(1 - \frac{A_1 - A_2}{A_0}\right) \times 100\% \tag{8-14}$$

式中：C——自由基清除率，%；

　　A_0——空白组（无样品）测量值；

　　A_1——实验组（加样品和试剂）测量值；

　　A_2——对照组（无试剂）测量值。

③·OH 清除能力。参照滕欢欢的方法[7]，取 1mL 萌芽苦荞消化液，加入 1mL 6mol/L FeSO₄ 和 1mL 6mol/L H₂O₂ 于 10mL 离心管中充分混合，37℃ 孵育 10min，再

加 6mol/L 水杨酸-乙醇溶液 1mL 混匀，37℃孵育 30min，测定 OD_{510nm}，实验设置 3 组平行。按公式 (8-14) 计算对·OH 清除率。

④ABTS⁺·清除能力。参照滕欢欢的方法[7]。将 7mmol/L ABTS 溶液和 4.9mmol/L 过硫酸铵溶液充分混合，并且避光氧化 12h，用乙醇溶液稀释 ABTS 工作液至在 734nm 波长处，测定吸光度为 0.700±0.02。取 1mL 萌芽苦荞消化液，加入 ABTS 工作液 2mL 于 10mL 离心管中充分混合，室温下放置 6min，测定 OD_{734nm}，实验设置 3 组平行。按公式 (8-14) 计算对 ABTS⁺·清除率。

二、结果与分析

1. 体外模拟消化过程中活性物质释放量变化研究

（1）γ-氨基丁酸（GABA）释放量变化

根据线性方程，计算口腔、胃和肠消化阶段萌芽苦荞中 γ-氨基丁酸的释放量，结果见图 8-40。由图可知，萌芽苦荞的 γ-氨基丁酸释放量在 1.76～4.55mg/g。体外消化结果表明，模拟胃消化组含量>肠消化组含量>口腔消化含量。经过口腔消化后为 1.76mg/g；在胃液环境中，胃消化 2h 含量最高，为 4.55mg/g，说明经胃消化后 γ-氨基丁酸释放量明显上升；在肠初始消化阶段，γ-氨基丁酸释放量明显降低，这是因为 γ-氨基丁酸显酸性，从胃的酸性环境到肠的中性环境，有一部分被中和，之后随着肠消化时间的延长，γ-氨基丁酸释放量随之增加，但整体趋于稳定，在 2.69～2.91mg/g。由此可见，γ-氨基丁酸最适合在胃液环境中释放，它的释放量在胃消化中达到最大值。

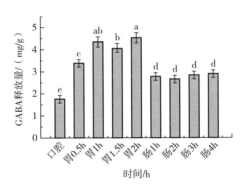

图 8-40 体外消化不同阶段 γ-氨基丁酸释放量变化

（小写字母不同表示萌芽苦荞在体外消化不同阶段显著差异，$P<0.05$）

（2）总酚释放量变化

根据线性方程，计算不同消化阶段萌芽苦荞中的总酚释放量，结果见图 8-41。

从图中可知，萌芽苦荞的总酚释放量变化在 10.37~13.04mg/g。体外消化结果表明，模拟胃消化组释放量大于肠消化组含量。经过口腔消化后为 11.66mg/g；在胃液环境中，消化 1h 总酚释放量最多，为 13.04mg/g，当其达到峰值后会呈一定程度的下降趋势，这可能由于一些稳定性较差的多酚会随着消化时间的延长而发生降解。而消化 1h 后总酚释放量基本趋于稳定，可能由于结合态多酚的释放和降解已经达到平衡。在肠消化初期，总酚释放量急剧降低，这是由于酚类物质显酸性，肠液的加入，使 pH 升高，酸碱环境发生变化，一些酚类物质会发生降解，从而使可测的多酚含量减少，在肠液环境中，随着消化时间的延长，多酚释放量随之增加，胰蛋白酶可能继续使结合态酚分解释放成游离态酚，所以释放量有所上升。

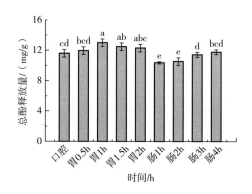

图 8-41　体外消化不同阶段总酚释放量变化
（小写字母不同表示萌芽苦荞在体外消化不同阶段显著差异，$P<0.05$）

（3）总黄酮释放量变化

根据线性方程，计算不同消化阶段萌芽苦荞中的总黄酮释放量，结果见图 8-42。从图中可知，萌芽苦荞的总黄酮释放量在 26.00~45.00mg/g。体外消化结果表明，模拟胃消化组释放量大于肠消化组，经过口腔消化后为 42.40mg/g；在胃液环境中，消化 1h 总黄酮释放量最多，为 45.00mg/g，在达到峰值后会有略微下降的趋势，与总酚消化模式相似，但胃蛋白酶对黄酮影响更大，黄酮类物质在模拟胃液中含量下降较多；在肠消化初期，总黄酮释放量急剧下降，研究表明，黄酮类化合物从酸性胃环境（pH 在 2 左右）转为轻度碱性肠环境后（pH 为 6.5~7），在胆汁酸和胰蛋白酶的影响下易发生降解。之后随着肠消化时间的延长，黄酮释放量随之增加，但在肠消化 4h 时，出现略微下降，这表明肠消化 3h 为肠消化组最佳的黄酮释放时间。

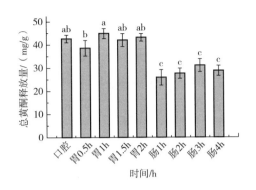

图8-42 体外消化不同阶段总黄酮释放量变化

（小写字母不同表示萌芽苦荞在体外消化不同阶段显著差异，$P<0.05$）

2. 体外模拟消化过程中抗氧化能力变化研究

抗氧化是抗氧化自由基的简称，人体由于呼吸、外界污染、放射线照射等因素持续与外界接触，从而不断在人体内产生自由基。科学表明，人体产生过量的自由基会导致衰老、肿瘤一些重大疾病，所以研究抗氧化对人体有重要意义。

（1）铁离子还原力

与其他三种抗氧化测定方法相比，铁离子还原力是一种快速、简便的测定方法，它不以特定的自由基为目标，而是反映总的还原力。吸光度与抗氧化剂的还原性呈正相关，吸光度越高，抗氧化能力越强。

萌芽苦荞进行体外模拟消化，在口腔、胃、肠消化阶段内铁还原力的变化如图8-43所示。从图中可知，随着消化过程的进行，铁原子还原力呈现先下降后上升的趋势，肠消化液中活性物质还原力最强。在经过口腔消化后，吸光度值为0.829，口腔消化液中α-淀粉酶作用位点单一，且中性的pH条件对酚类物质影响较小，所以口腔消化对抗氧化活性影响较小。在经过胃消化后，吸光度值为0.669，胃消化阶段与口腔消化相比呈下降趋势，这是因为胃是人体最重要的消化器官，在低酸性条件下，胃蛋白酶的作用对抗氧化活性物质有较大影响。在肠消化阶段，其吸光度值逐渐上升，即铁离子还原力逐渐增大。由此可见，萌芽苦荞对铁离子还原力的强弱顺序是：肠消化阶段>口腔消化阶段>胃消化阶段。

（2）DPPH·清除能力

萌芽苦荞进行体外模拟消化，在口腔、胃、肠消化阶段对DPPH·清除率的变化如图8-44所示。从图中可知，随着消化时间的延长，对DPPH·的清除率呈现逐步下降的趋势。在经过口腔消化后，对DPPH·的清除率达到最大，为82.99%。胃消化0.5h突然降低可能是胃消化液的强酸性环境，导致反应体系中的多酚类物质发

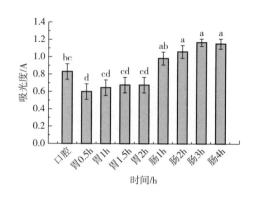

图 8-43　体外消化不同阶段铁离子还原力变化

（小写字母不同表示萌芽苦荞在体外消化不同阶段显著差异，$P<0.05$）

生降解或转化，而随着胃消化时间的延长，对 DPPH·的清除率有所上升，可能是因为在胃酸环境下，使某些结合态的多酚释放成游离态的多酚，从而提高了对 DPPH·的清除能力。再经过肠消化，对 DPPH·的清除率明显降低，4h 时降至 1.48%，即基本没有清除作用，这与 Yang 等[8] 的实验结果类似，Yang 等研究发现，与模拟人体胃消化相比，绿茶粉在肠消化后对 DPPH·清除率显著降低，为最小值。由此可见，萌芽苦荞对 DPPH·清除能力的强弱顺序是：口腔消化阶段>胃消化阶段>肠消化阶段。

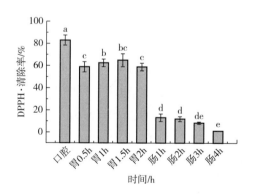

图 8-44　体外消化不同阶段对 DPPH·清除能力变化

（小写字母不同表示萌芽苦荞在体外消化不同阶段显著差异，$P<0.05$）

（3）·OH 清除能力

萌芽苦荞分别进行口腔、胃、肠消化阶段的模拟消化，在不同时间内对·OH 清除率的变化如图 8-45 所示。从图中可知，对·OH 清除率随消化时间的增加而上升。在经过口腔消化后，对·OH 清除率为 57.47%。在胃消化阶段，对·OH 清除率先上升后下降，总体趋于稳定。肠消化阶段活性成分对·OH 的清除率显著增强，清除率最高达到了 96.64%。可能因为模拟胃液强酸环境影响·OH 与活性物质的电子转移，从而抑制了样品清除·OH 的能力，与封易成等[9] 研究的结果类似，封易成等发现，与肠消化液相比，胃消化液清除羟自由基能力较低，由于羟自由基通过电子转移、加成、脱氢等方式与生物体内的多种分子作用，胃消化液中的强酸环境影响羟自由基与生物活性成分的电子转移，降低了胃消化液中活性物质清除羟自由基能力。由此可见，萌芽苦荞对·OH 清除能力的强弱顺序是：肠消化阶段>胃消化阶段>口腔消化阶段。

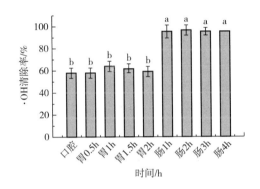

图 8-45　体外消化不同阶段对·OH 清除能力变化

（小写字母不同表示萌芽苦荞在体外消化不同阶段显著差异，$P<0.05$）

（4）ABTS⁺·清除能力

萌芽苦荞分别进行口腔、胃、肠消化阶段的模拟消化，不同时间内对 ABTS⁺·清除率的变化如图 8-46 所示。从图中可知，对 ABTS⁺·清除率随消化时间的增加而降低，与 DPPH·相似。在经过口腔消化后，对 ABTS⁺·的清除率达到最大，为 97.87%。在胃消化阶段，对 ABTS⁺·清除率逐渐降低，说明萌芽苦荞中的活性物质经过胃消化后发生一定的降解，从而使其抗氧化性逐渐降低。进入肠消化阶段，对 ABTS⁺·清除率显著降低，这与 Quan 等[10] 的研究结果一致，Quan 等研究发现，当 pH 转成轻度碱性时，抗氧化能力有所下降。这一现象的产生可能是从胃消化到肠消化 pH 的变化使多酚类物质的结构发生变化，从而减少了对 ABTS⁺·的清除作用。在肠消化 4h 时，对 ABTS⁺·清除率显著升高，可能是在低酸性环境中活性成分的抗氧化性有限，当恢复到合适 pH，并经过一段时间时，肠消化液对 ABTS⁺·的清除率会增加。由此可见，萌芽苦荞对 ABTS⁺·清除能力的强弱顺序是：口腔消化阶段>胃消化阶段>肠消化阶段。

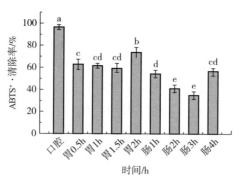

图 8-46　体外消化不同阶段对 ABTS⁺·清除能力变化

（小写字母不同表示萌芽苦荞在体外消化不同阶段显著差异，$P<0.05$）

三、结论

本实验通过体外模拟消化的方法，研究萌芽苦荞活性物质在口腔、胃肠消化过程中 γ-氨基丁酸释放量、总酚释放量、总黄酮释放量的变化规律，以铁离子还原力、对 DPPH·清除率、·OH 清除率、ABTS⁺·清除率作为指标考察其抗氧化性。实验结果如下：其 γ-氨基丁酸释放量在胃消化阶段明显大于口腔消化和肠消化阶段，在胃消化 2h 时达到最大值，为 4.55mg/g；其总酚释放量在胃消化阶段略大于口腔消化和肠消化阶段，在胃消化 1h 时达到最大值，为 13.04mg/g；其总黄酮释放量与总酚释放量相似，在胃消化 1h 时达到最大值，为 45.00mg/g，不同的是经过肠道消化吸收后释放量变化显著，这可能是由于黄酮类物质在胆汁酸和胰蛋白酶的影响下易降解。在消化过程中，萌芽苦荞消化液对铁离子还原力和·OH 清除率在肠消化阶段达到最大，分别为 1.165% 和 96.64%；对 DPPH·清除率和 ABTS⁺·清除率在口腔消化阶段达到最大，分别为 82.99% 和 97.87%。结果表明：在体外模拟消化过程中，萌芽苦荞中活性物质丰富，γ-氨基丁酸、总酚、总黄酮在胃消化阶段释放量达到最大；萌芽苦荞对 DPPH·、·OH、ABTS⁺·具有较好的清除能力且具有良好的铁离子还原力。由此可见，其良好的抗氧化性，从而为萌芽苦荞药物与功能性食品的开发提供了理论依据。

参考文献

［1］王贵一，陈昌琳，何贵萍，等. 模拟体外消化过程中芒果发酵液的抗氧化能力研究［J］. 食品科技，2021，46（12）：110-115.

［2］韦铮，贺燕，郝麒麟，等. 茶多糖在模拟胃肠消化体系的抗氧化作用［J］. 食品与发酵工业，2020，46（10）：109-117.

［3］ 刘冬，万红霞，赵旭，等．小麦不同部位在体外模拟消化过程中抗氧化活性的变化规律［J］．现代食品科技，2016，32（4）：94-99，113.

［4］ 万蓝婷，李暄妍，程建峰，等．Berthelot比色法测定植物叶片中γ-氨基丁酸（GABA）含量的体系优化［J］．植物生理学报，2021，57（7）：1462-1472.

［5］ 文良娟，毛慧君，张元春，等．西番莲果皮成分分析及其抗氧化活性的研究［J］．食品科学，2008，29（11）：54-58.

［6］ 王静，韩莹，罗茜，等．体外模拟胃肠消化过程中猕猴桃抗氧化成分及活性的变化［J］．食品与生物技术学报，2020，39（11）：49-55.

［7］ 滕欢欢，王仁中，吴德玲，等．多花黄精炮制前后不同极性部位抗氧化与降血糖活性研究［J］食品与发酵工业，2022，48（8）：70-75.

［8］ Yang S，Li J，Yang X P，et al. Effect of particle size on the bio-accessibility of polyphenols and polysaccharides in green tea powder and its antioxidant activity after simulated human digestion［J］. J Food Sci Tech-Mys，2019，56（3）：1127-1133.

［9］ 封易成，牟德华．体外模拟胃肠消化过程中山楂的活性成分及抗氧化性规律［J］．食品科学，2018，39（7）：139-145.

［10］ Quan W，Tao Y，Lu M，et al. Stability of the phenolic compounds and antioxidant capacity of five fruit（apple，orange，grape，pomelo and kiwi）juices during in vitro-simulated gastrointestinal digestion［J］. Int J Food Sci Technol，2018，53（5）：1131-1139.

第九节 模拟消化中青稞米活性物质释放和抗氧化能力变化

青稞（*Hordeum vulgare* L. var. *nudum* Hook. f.）是大麦的一种，又称裸大麦，属禾本科大麦属，在植物学上属于栽培大麦的变种，因其籽粒内外释与颖果分离，籽粒裸露，故称裸大麦。青稞米是青稞经清理、脱皮、分级、色选等工序后制成的，主要产自中国的青海地区和西藏地区。青稞米是一种低糖、低热的谷物，可以增加人们的饱腹感，具有稳定血糖的作用；青稞米中含有黄酮、多酚等活性物质，具有清除自由基的能力，可以降血脂、降胆固醇，预防心血管疾病。青稞米中的活性物质已成为近年来的研究热点。

体外模拟消化有口腔、胃、小肠、大肠4个阶段，已被广泛应用于食品和营养科学的许多领域。对于青稞中活性物质的提取与抗氧化活性成分的分析也多有研究，但利用体外模拟消化模型来探究彩色青稞的活性成分和抗氧化活性的文献报道却较少。彩色青稞作为一种特殊粒色的种质资源，其籽粒颜色的不同决定其品质的不同，食用价值逐渐被人们所认识。

本实验以黑色、蓝色、白色青稞米为原料，用烘烤和磨粉的方式使其熟化得到样品。通过模拟口腔、胃、小肠、大肠的静态体外环境，从而测定不同消化阶段中总黄酮、总多酚、原花青素三类活性物质含量，测定对 DPPH·、ABTS⁺·、·OH 的清除力和对 Fe 离子的还原力，进一步研究各色青稞米在体内的消化情况及 3 种活性物质含量与对自由基清除力之间的相关性。

一、材料与方法

1. 材料

青稞米：黑色、蓝色、白色青稞米，产地：青海省海西蒙古族藏族自治州；实验前一直为密封包装。

2. 方法

（1）样品前处理

青稞米中的熟化过程采用烘烤干燥法，参照杜连启等[1] 的研究并作一定修改。称取黑、蓝、白色青稞米各 50g 平铺于烘箱中，底火 140℃、上火 150℃，烘烤 30min，在烘烤的过程中，根据烘烤情况适当进行翻整，防止样品变糊，烤至青稞米表面变硬，并散发出一股悦人的米香味即可。熟化后，于室温下放一段时间使其变凉，并置于称量袋中备用。将熟化后的青稞米置于磨粉机中处理至过 60 目筛，得到黑、蓝、白色青稞米粉末，并置于称量袋中备用。

总黄酮、总多酚的提取：根据向卓亚等[2] 的方法并做一定修改。称取黑、蓝、白色青稞粉末各 1g 并加入 25mL 75% 的乙醇溶液于烧杯中并进行封口，在 50℃、功率为 400W 的超声波条件下处理 50min，3200r/min 离心 10min 取上清液备用。

原花青素的提取：用超声波-酶同步提取法提取原花青素，根据邢颖等[3] 的方法并作一定修改。称取黑、蓝、白色青稞米粉末 1g 置于 100mL 的烧杯中，并加入 8mg 纤维素酶、40mL 45% 的乙醇溶液，调节 pH 为 4.8，在 45℃、功率为 250W 的超声波条件下处理 85min，抽滤，取清液备用。

（2）体外模拟消化实验

体外模拟参照向卓亚等[2] 的方法并做一定修改。

口腔消化：在 50mL 的离心管中放入已称取好的 2g 的青稞米粉末，20mL 的蒸馏水，并用柠檬酸调节 pH 为 6.5，然后加入 1mL α-淀粉酶溶液（稀释为酶活 75 U/mL），并将其离心管均匀放置于 37℃ 的水浴振荡器中震荡 10min，沸水浴灭酶 5min，3000r/min

离心 30min，将离心后的上清液（Q1）倒入另一离心管中，作为口腔消化液备用。

胃消化：继续向装有残渣的离心管中加入 20mL 蒸馏水，并用 6mol/L 的 HCl 调节 pH 为 2，然后加入 105.6mg 胃蛋白酶，并将其离心管均匀放置于 37℃ 的水浴振荡器中震荡 2h，沸水浴灭酶 5min，3000r/min 离心 30min，将离心后的上清液（Q2）倒入另一离心管中，作为胃消化液备用。

小肠消化：继续向装有残渣的离心管中加入 18mL 蒸馏水，并用 2mol/L NaHCO₃ 调节 pH 为 7.4，然后加入 1mL 胰蛋白酶溶液（10mg/mL）与 1mL 胆酸盐溶液（65mg/mL），并将其离心管均匀放置于 37℃ 的水浴振荡器中震荡 2h，沸水浴灭酶 5min，3000r/min 离心 30min，将离心后的上清液（Q3）倒入另一离心管中，作为小肠消化液备用。

大肠消化：向装有残渣的离心管中加入 20mL 蒸馏水，用 6mol/L HCl 调节 pH 为 4，然后加入 160mg 的纤维素酶，并将其离心管均匀放置于 37℃ 的水浴振荡器中震荡 13h，沸水浴灭酶 5min，3000r/min 离心 30min，将离心后的上清液（Q4）倒入另一离心管中，作为大肠消化液备用。

（3）活性物质的测定

①总黄酮的测定。根据耿敬章[4] 的方法并做一定修改。分别吸取（0、0.4、0.8、1.2、1.6、2.0、2.4）mL 0.2mg/mL 的芦丁对照品溶液于 10mL 的容量瓶中，依次向其加入 0.2mL 5% 的 NaNO₂ 溶液、0.2mL 10% 的 Al（NO₃）₃ 溶液，分别静置 6min，最后加入 2mL 的 NaOH 溶液，并用 60% 的乙醇溶液定容至刻度线处，静置 15min。在波长为 510nm 处测定吸光度值，以芦丁浓度为横坐标、吸光度值为纵坐标绘制标准曲线 $y = 11.46x - 0.009$，$R^2 = 0.9985$。测定时取样品液 2mL，按照标准曲线方法进行测定，结果以 mg/g 表示。

②总多酚的测定。根据魏银花等[5] 的方法并做一定修改。分别吸取（0、0.2、0.4、0.6、0.8、1.0、1.2）mL 0.1mg/mL 的没食子酸对照品溶液于 10mL 容量瓶中备用，依次加入 1mL 的 Folin-Ciocalteau 试剂、2mL 15% 的 Na₂CO₃ 溶液，摇匀后用蒸馏水定容至刻度线处，室温下反应 60min。在波长为 760nm 处测定吸光度，以没食子酸浓度为横坐标、吸光度值为纵坐标绘制标准曲线 $y = 113.27x + 0.0367$，$R^2 = 0.9945$。样品测定时取样品液 1mL，按照标准曲线方法进行测定，结果以 mg/g 表示。

（4）原花青素的测定

根据宋爽[6] 的方法并做一定修改。称取原花青素标准品 10mg 于 10mL 的容量瓶中，用 98% 的乙醇溶液定容至刻度线处，得到 1mg/mL 原花青素对照品溶液。用 0.5% 的香草醛溶液与 4% 的盐酸溶液 1：1 等量混合得到显色剂，显色剂现配现用。

分别吸取（0、0.2、0.4、0.6、0.8、1.0、1.2）mL 的原花青素对照品溶液于

10mL 容量瓶中，并用98%的乙醇溶液定容至刻度线处，各取1mL分别加入6mL的显色剂并摇匀，于30℃、避光条件下水浴30min。在波长为500nm处测定吸光度，以原花青素含量为横坐标、吸光度值为纵坐标，绘制标准曲线 $y = 0.1196x - 0.0006$，$R^2 = 0.9914$。样品测定时取样品液1mL，按照标准曲线方法进行测定，结果以 mg/g 表示。

（5）抗氧化能力的测定

①DPPH·清除率的测定。根据李楠等[7] 的方法并做一定修改。分别吸取0.1mL 的样品溶液于比色管中，再加入 3mL 0.1mol/L 的 DPPH 乙醇溶液中，混匀，避光反光度应30min。用无水乙醇进行调零，在波长为517nm处测定吸光值。

DPPH·清除率 $= [1 - (A_1 - A_2) / A_0] \times 100\%$，式中：$A_1$ 为 0.05mL 样品溶液 + 1.5mL DPPH 乙醇溶液的吸光度值；A_2 为 0.05mL 样品溶液 + 1.5mL 无水乙醇的吸光度值；A_0 为 0.05mL 无水乙醇 + 1.5mL DPPH 溶液的吸光度值。

②ABTS⁺·清除率的测定。根据李楠等[7] 的方法并作一定修改。将 7mmol/L 的 ABTS 溶液与 4.9mmol/L 的过硫酸钾溶液 1:1 等量混合，置于暗处避光保存 12h，再用无水乙醇稀释至在波长为734nm时，吸光度值为（0.7±0.05），制成 ABTS 工作液备用。

分别吸取 10μL 的样品溶液于比色管中，加入 100μL 的蒸馏水、4mL 的 ABTS 工作液充分混合，在室温下避光反应 30min。用无水乙醇进行调零，在波长为734nm 处测定其吸光度值。

ABTS⁺·清除 $= (1 - A_1/A_0) \times 100\%$，式中：$A_1$ 为 10μL 样品溶液 + 100μL 蒸馏水 + 4mL ABTS 工作液的吸光度值；A_0 为 110μL 蒸馏水 + 4mL ABTS 工作液的吸光度值。

③·OH 清除率的测定。根据李瑞娟等[8] 的方法并作一定修改。分别吸取 1mL 的样品溶液于比色管中，依次加入 2mL 6mmol/L 的 $FeSO_4$ 溶液、2mL 6mmol/L 的水杨酸–乙醇溶液，混匀后室温下静置 10min，再加入 2mL 6mmol/L 的 H_2O_2 溶液，混匀后静置 30min，在波长为510nm处测定吸光度值。

·OH 清除率 $= [1 - (A_j - A_i) / A_0] \times 100$，式中：$A_j$ 为加了样品的吸光度值；A_i 为不加 H_2O_2 样品的吸光度值。A_0 为空白对照的吸光度值；

④Fe 离子还原力的测定。参照王静等[9] 的方法并作一定修改。分别移取 2mL pH 为 6.6 的磷酸盐缓冲液、2mL 的样品溶液、2mL 为 1% 的铁氰化钾溶液于 10mL 的离心管中，随后放入 50℃ 的水浴锅中水浴 20min，水浴结束后迅速用放入冰箱的冷水进行冷却，并向离心管中加入 2mL 为 10% 的三氯乙酸（TCA），3000r/min 离心 10min，取上清液 2mL 置于 10mL 的比色管内，依次加入 2.0mL 的蒸馏水、0.4mL 为 0.1% 的三氯化铁，混合均匀后反应 10min，对照组加入 2.4mL 蒸馏水，在波长为

700nm 处测定吸光度值。

二、结果与分析

1. 模拟消化过程中青稞米活性物质释放量的变化

（1）总黄酮释放量的变化

根据三次平行数据，消化前黑色青稞米总黄酮含量为 0.5133mg/g。周红等[10]对青海地区 12 种黑色青稞的总黄酮含量进行了比较，12 种黑色青稞总黄酮含量范围在 35~60mg/100g，本实验结果黑色青稞米含量在此范围内，其蓝色、白色青稞米的黄酮含量可作对比。

陈壁等[11] 对长黑青稞进行了胃肠消化模拟，长黑青稞在消化后比消化前的黄酮含量提高了 13.89%，且经过胃消化后的黄酮含量低于消化前。如图 8-47 所示，不同消化阶段中，黑色、蓝色青稞米的总黄酮释放量为小肠>提取液>口腔>大肠（$P<0.05$）、口腔＝胃（$P>0.05$）；白色青稞米的总黄酮释放量为小肠>提取液>口腔>胃>大肠（$P<0.05$）。本实验小肠中总黄酮释放量显著高于其他阶段（$P<0.05$），可能是因为在模拟小肠消化时，加入的胰蛋白酶和胆酸盐使得黄酮的释放更为容易，也可能是小肠中温度为 37℃，酶促反应在 25~35℃ 随温度升高而速率加快，由于酶促反应的发生，使得青稞米中的某些结构受到了影响，使得黄酮能够最大程度地释放。同一消化阶段的不同品种间黄酮释放量的波动趋势也略有差异，在提取液、口腔和胃中，蓝色>黑色（$P<0.05$）、蓝色＝白色（$P>0.05$）；在小肠中，蓝色>黑色>白色；在大肠中，白色>蓝色>黑色（$P<0.05$）。

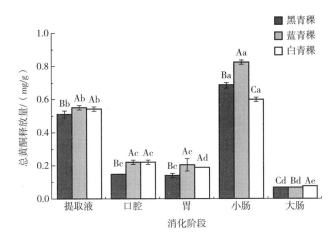

图 8-47　青稞体外消化过程中总黄酮释放量变化

（大写字母表示不同品种差异显著，$P<0.05$；小写字母表示不同消化阶段差异显著，$P<0.05$）

（2）总多酚释放量的变化

根据三次平行数据，消化前黑色青稞米总多酚含量为 4.3223mg/g。周红等[10]对青海地区 12 种黑色青稞的总多酚含量进行了比较，12 种黑色青稞总多酚含量范围在 400~550mg/100g，本实验结果黑色青稞米含量在此范围内，其蓝色、白色青稞米的总多酚含量可作对比。

陈壁等[11] 对长黑青稞进行了胃肠消化模拟，长黑青稞在消化后比消化前的多酚含量提高了 92.87%，且经过胃消化后的多酚含量低于消化前。如图 8-48 所示，不同消化阶段中，黑色、蓝色、白色青稞米的总多酚释放量其波动趋势相同，为提取液>小肠>胃>口腔>大肠（$P<0.05$）。与陈壁等结果相比较，胃内比提取液内含量低的趋势与其结果相同，但消化后比消化前释放量高的趋势与其结果不同。可能是青稞处理方式的原因，陈壁等人的处理为直接除杂磨粉，本实验中的处理为先烘烤再磨粉，张国真等[12] 分析了热处理对荸荠中总酚含量的影响，表明热处理时间越长，多酚氧化酶活性越低，本实验中烘烤时长为 30min，可能是样品的处理过程抑制了多酚的氧化，且促进了结合酚的释放，造成了提取液中总多酚含量高的结果。同一消化阶段的不同品种间多酚含量的波动趋势也略有差异，在提取液、口腔和胃中，蓝色>白色>黑色（$P<0.05$）；在小肠中，蓝色>黑色（$P<0.05$）、蓝色＝白色（$P>0.05$）；在大肠中蓝色>黑色（$P<0.05$）、黑色＝白色（$P>0.05$）。

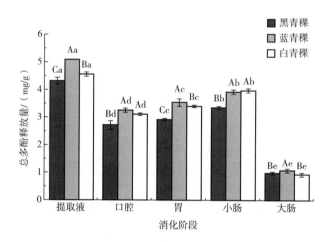

图 8-48　青稞体外模拟消化过程中总多酚释放量变化

（大写字母表示不同品种差异显著，$P<0.05$；小写字母表示不同消化阶段差异显著，$P<0.05$）

（3）原花青素释放量的变化

根据三次平行数据，消化前黑色、白色青稞米原花青素含量依次为 0.4265、0.4000mg/g。陈建国等[13] 对青海囊谦县的黑色、白色青稞中原花青素的含量进行了测定，依次为（3844.0±40.4）、（4709.6±15.3）mg/100g，本实验黑色、白色青稞米的原花青素含量与其相似，蓝色青稞米含量可作对比。

周浩等[14]对板栗壳中 pH 与原花青素的稳定性关系进行了研究，表明在 pH 为中性时，原花青素的稳定性略大于酸性。如图 8-49 所示，在不同消化阶段，黑色、白色青稞米的原花青素释放量为口腔>小肠>胃>大肠（$P<0.05$）、小肠=提取液（$P>0.05$）；蓝色青稞米的原花青素释放量为口腔>小肠>胃>大肠（$P<0.05$）、胃=提取液（$P>0.05$）。其中胃的 pH 为 2，而小肠的 pH 为 7.4。本实验中，在小肠中原花青素释放量大于胃中的结果与其相一致，与多酚、黄酮不同的是，原花青素释放量在口腔显著高于其他阶段（$P<0.05$），可能因为原花青素为水溶性活性物质，而口腔为模拟消化的第一步，口腔中的水环境、α-淀粉酶及适中的 pH 促进了原花青素的释放。在提取液、胃和小肠中，原花青素释放量为蓝色>黑色（$P<0.05$），黑色=白色（$P>0.05$）。在口腔和大肠中，蓝色>黑色>白色（$P<0.05$）。

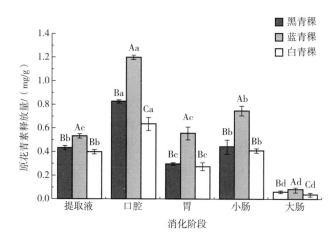

图 8-49　青稞体外模拟消化过程中原花青素释放量变化

（大写字母表示不同品种差异显著，$P<0.05$；小写字母表示不同消化阶段差异显著，$P<0.05$）

2. 模拟消化过程中青稞米抗氧化能力的变化

（1）DPPH·清除率的变化

如图 8-50 所示，在不同消化阶段，黑色、白色青稞米对 DPPH·的清除率为胃>口腔>大肠>小肠（$P<0.05$）；蓝色青稞米对 DPPH·的清除率为胃=口腔（$P>0.05$）、口腔>大肠>小肠（$P<0.05$）。同一消化阶段的不同品种间对 DPPH·的清除率趋势略有差异，在口腔和小肠中，蓝色>黑色（$P<0.05$）、黑色=白色（$P>0.05$）；在胃中，蓝色=黑色（$P>0.05$）、黑色>白色（$P<0.05$）；在大肠中，蓝色>黑色>白色（$P<0.05$）。

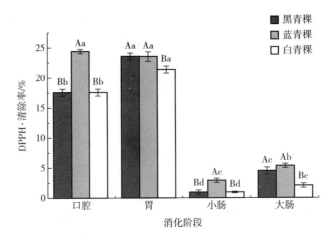

图 8-50　青稞体外模拟消化过程中对 DPPH·清除率的变化

（大写字母表示不同品种差异显著，$P<0.05$；小写字母表示不同消化阶段差异显著，$P<0.05$）

大肠和小肠中对 DPPH·的清除率显著低于口腔和胃（$P<0.05$），可能的原因是在微生物酶的作用下，某些清除该自由基的物质经过发酵或代谢成了其他物质。

（2）ABTS[+]·清除率的变化

如图 8-51 所示，在不同消化阶段，黑色、白色青稞米中对 ABTS[+]·清除率为小肠>口腔>大肠>胃（$P<0.05$）；蓝色青稞米对 ABTS[+]·清除率为小肠>口腔>大肠（$P<0.05$），大肠=胃（$P>0.05$）。同一消化阶段的不同品种间对 ABTS[+]·的清除率趋势也略有差异，在口腔中，蓝色=黑色=白色（$P>0.05$）；在小肠、胃、大肠中，蓝色>黑色（$P<0.05$）、蓝色>白色（$P<0.05$），黑色=白色（$P>0.05$）。

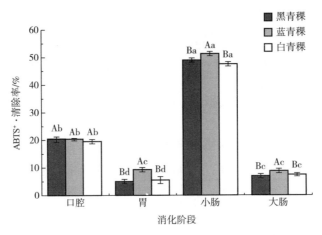

图 8-51　青稞体外模拟消化过程中对 ABTS[+]·清除率的变化

（大写字母表示不同品种差异显著，$P<0.05$；小写字母表示不同消化阶段差异显著，$P<0.05$）

胃中对 $ABTS^+ \cdot$ 的清除率显著低于其余阶段（$P<0.05$），可能因为口腔为中性环境，胃中为酸性环境，胃中的胃蛋白酶被抗氧化活性物质所抑制，导致胃中释放的抗氧化物质较少。在小肠中对 $ABTS^+ \cdot$ 的清除率显著高于其余消化阶段（$P<0.05$），可能是小肠中的胰蛋白酶和胆酸盐促进了抗氧化物质的释放。

（3）·OH 清除率的变化

如图 8-52 所示，在不同的消化阶段，黑色青稞米对·OH 的清除率为口腔>小肠>胃（$P<0.05$）、小肠=大肠（$P>0.05$）；蓝色青稞米对·OH 的清除率为口腔>大肠>小肠>胃（$P<0.05$）；白色青稞米对·OH 的清除率为口腔>小肠>大肠>胃（$P<0.05$）。同一消化阶段的不同品种间对·OH 的清除率略有差异，在口腔和小肠中，蓝色>黑色（$P<0.05$）、黑色=白色（$P>0.05$）；在大肠中，蓝色>黑色>白色（$P<0.05$）；在胃中，黑色>白色>蓝色（$P<0.05$）。

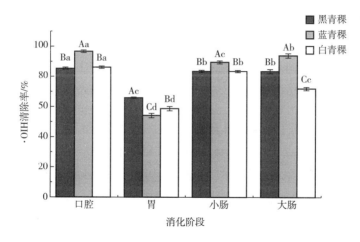

图 8-52 青稞体外模拟消化过程中对·OH 清除率的变化

（大写字母表示不同品种差异显著，$P<0.05$；小写字母表示不同消化阶段差异显著，$P<0.05$）

由图 8-52 可看出各消化阶段对·OH 的清除率都很高，且口腔和肠中对·OH 的清除率显著高于胃（$P<0.05$）。可能因为·OH 是含氧、含氢自由基，更容易发生加成、脱氢、电子转移等多种反应，从而与各消化液中的抗氧化物质相互作用。对胃来说，为酸性环境。酸性环境破坏了氢键的稳定性，使与脂质、蛋白质结合的有机酸得以释放；对肠来说，胰蛋白酶和胆酸盐促进了总抗氧化活性的提高。封易成等[15] 测得山楂在肠中对·OH 的清除率高于胃，本实验结果也为肠对·OH 的清除率高于胃。

（4）Fe 离子还原力的变化

如图 8-53 所示，在不同的消化阶段，黑色、白色青稞米中对 Fe 离子的还原能力为小肠>口腔>胃>大肠（$P<0.05$）；蓝色青稞米中对 Fe 离子的还原能力为小肠>胃>大肠（$P<0.05$）、小肠=口腔（$P>0.05$）。同一消化阶段的不同品种间对 Fe 离子的还原能力略有差异，在口腔和小肠中，蓝色>白色>黑色（$P<0.05$）；在胃中，蓝色>黑色（$P<0.05$）、蓝色=白色（$P>0.05$）；在大肠中，蓝色>黑色>白色（$P<0.05$）。

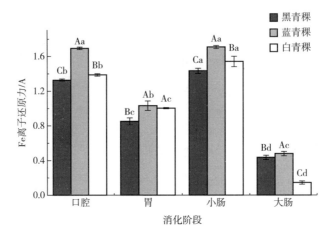

图 8-53　青稞体外模拟消化过程中对 Fe 离子还原力的变化

（大写字母表示不同品种差异显著，$P<0.05$；小写字母表示不同消化阶段差异显著，$P<0.05$）

Chen 等[16] 对多糖进行了体外模拟，表明过渡金属元素会受到螯合效应的影响。Carrasco Castilla 等[17] 研究了豆类中的抗氧化剂和金属螯合对豆蛋白的影响，表明酸性氨基酸和碱性氨基酸都能促进螯合作用的发生。Fe 为过渡金属元素，本实验的口腔 pH 为 6.5、胃 pH 为 2、小肠 pH 为 7.4、大肠 pH 为 4。在口腔和小肠中对 Fe 离子还原力强于胃，可能因为在胃中 Fe 离子发生了螯合。

3. 三种活性成分含量与抗氧化性相关性分析

多酚类物质有着较强的抗氧化活性，且其含量与自由基的清除率之间存在相关性。由表 8-12 所示，总黄酮含量与对 Fe 离子还原力呈显著正相关（$P<0.05$）、与对 $ABTS^+$·清除率呈极显著正相关（$P<0.01$）；总多酚含量与对 $ABTS^+$·清除率呈显著正相关（$P<0.05$）、与对 Fe 离子还原力呈极显著正相关（$P<0.01$）；原花青素含量与对 Fe 离子还原力呈极显著正相关（$P<0.01$）。对于 DPPH·和·OH 的清除率来说，总黄酮、总多酚、原花青素含量与其相关性均不显著。

表 8-12　总黄酮、总多酚、原花青素含量与抗氧化性相关性分析

指标	总黄酮	总多酚	原花青素	DPPH·	$ABTS^+$·	·OH	Fe 离子
总黄酮	1						
总多酚	0.671*	1					

续表

指标	总黄酮	总多酚	原花青素	DPPH·	ABTS$^+$·	·OH	Fe 离子
原花青素	0.309	0.629*	1				
DPPH·	−0.459	0.301	0.453	1			
ABTS$^+$·	0.925**	0.585*	0.378	−0.531	1		
·OH	0.246	−0.143	0.351	−0.407	0.455	1	
Fe 离子	0.694*	0.874**	0.835**	0.174	0.723**	0.328	1

注：* 差异显著，$P<0.05$；** 差异极显著，$P<0.01$。

黄酮和多酚分为游离态和结合态，青稞米中对 DPPH· 和 ABTS$^+$· 的清除力来说，结合态的多酚和黄酮对其清除效果不显著，游离态的多酚和黄酮对其清除效果显著。陈季武等[18] 分析了 11 种黄酮化合物与自由基清除率的关系，表明若 C 环上的羟基被羰基化，则黄酮类化合物清除 DPPH· 的能力降低。黄酮属于多酚中游离酚的一种，且米中有蛋白质，可能是青稞米在消化过程中黄酮和多酚被羰基化而造成了对 DPPH· 的清除率不显著的结果。肖星凝等[19] 分析了 6 种黄酮对 ABTS$^+$· 的清除作用，表明 6 种黄酮化合物之间两两复合物协同抗氧化，化合物的结构、浓度等会影响复配之后的作用效果，可能是消化过程中 pH 和酶的影响使黄酮化合物之间两两配合作用增强，使黄酮类物质对 ABTS$^+$· 清除率的效果极显著。林心健等[20] 研究的油茶中总多酚对·OH 的清除率为负相关不显著，本实验里，青稞米中总多酚对·OH 的清除率也为负相关不显著。

综上，青稞米是一种很好的食物材料，在人们食用之后，各种活性物质可以在不同的消化阶段被利用，各自由基也可以在不同阶段被清除，从而达到它的价值。

三、结论

实验中，定容溶剂不同，最终测定的含量就有所差异，大多数研究者用甲醇试剂来进行定容。甲醇是由一个甲基与一个羟基相连组成的一种轻质、易挥发、无色、易燃的液体，从毒理学的角度来看，有着与乙醇相似的独特气味，且比乙醇的毒性大得多。本实验旨在研究体外模拟消化过程中，活性物质在各阶段的含量变化，考虑到安全问题，本实验中采用了无水乙醇作为提取溶剂。

通过本实验的研究结果表明，无论在消化前还是消化后，对于总黄酮、总多酚、原花青素，蓝色青稞中的含量几乎都显著高于黑色和白色（$P<0.05$）。周红等[10] 对青海地区的黄色、蓝色、紫色、黑色和白色青稞中的多酚、黄酮及维生素 E 进行了分析，结果表明彩色青稞中的含量均高于白色。颜色是影响其含量和清除力的一个指标。虽然在烘烤和磨粉后，黑、蓝、白色青稞米的色泽相近，均为灰黄色，但

也不可排除青稞颜色对其测定结果的影响。

环境、气候、海拔、土壤、水分、光照等自然条件和在运输过程中的情况都会影响谷物的研究结果。青稞米的种植地区有青海、四川、甘肃、云南四个省份，本实验只研究了青海地区青稞米的体外消化情况，所以接下来可以研究其他三省青稞米的体外消化情况，为青稞的进一步研究提供更加可靠的数据。

在消化过程中，总黄酮和总多酚的总体趋势为下降、升高、下降，而原花青素的趋势总体为升高、下降、升高、下降。不同的自由基在消化过程中的变化也不一致，对·OH 和 DPPH·的清除能力在口腔中显著高于其他阶段（$P < 0.05$），而 ABTS$^+$·自由基清除力和 Fe 离子还原力在小肠中显著高于其他阶段（$P < 0.05$），在四种自由基中，对·OH 的清除能力高于其余三种，在口腔和肠中的清除率甚至高达 80%。众所周知，大肠的主要功能为吸收水分、蠕动粪便，消化能力比较低，本实验中，在大肠中的活性物质的含量和自由基清除率均比较低。

参考文献

［1］ 杜连启，乔亚科，吕晓琳. 可冲调紫甘薯粉的研制 ［J］. 食品研究与开发，2011，32（9）：97-99.

［2］ 向卓亚，邓俊琳，陈建，等. 藜麦体外模拟消化过程中酚类物质含量及抗氧化活性变化 ［J］. 中国食品学报，2021，21（8）：284-290.

［3］ 邢颖，张婷婷，马国刚. 超声波-纤维素酶法提取板栗壳中原花青素及其提取液抗氧化活性分析 ［J］. 河南工业大学学报（自然科学版），2019，40（6）：54-59.

［4］ 耿敬章. 超声波辅助提取玉米中黄酮类化合物 ［J］. 食品研究与开发，2008，29（8）：42-45.

［5］ 魏银花，申迎宾，王立，等. 紫米多酚提取工艺及抗氧化活性研究 ［J］. 食品与机械，2013，29（3）：111-115.

［6］ 宋爽. 黑玉米原花青素提取及其产物加工利用研究 ［D］. 长春：吉林农业大学，2015.

［7］ 李楠，杨欣，孙元琳，等. 20 种花茶黄酮、总酚及抗氧化活性分析 ［J］. 食品研究与开发，2021，42（18）：34-39.

［8］ 李瑞娟，梁锦，王丹，等. 不同品种猕猴桃汁抗氧化成分及体外抗氧化活性比较 ［J］. 食品工业科技，2022，43（2）：312-318.

［9］ 王静，韩莹，罗茜，等. 体外模拟胃肠消化过程中猕猴桃抗氧化成分及活性的变化 ［J］. 食品与生物技术学报，2020，39（11）：49-55.

［10］ 周红，张杰，张文刚，等. 青海黑青稞营养及活性成分分析与评价 ［J］.

核农学报，2021，35（7）：1609-1618.

［11］陈壁，黄勇桦，张建平，等．体外模拟胃肠道消化和结肠发酵对长黑青稞多酚生物有效性和抗氧化活性的影响［J］．食品科学，2021，41（21）：28-35.

［12］张国真，何建军，姚晓玲，等．冷藏和热处理对荸荠多酚氧化酶活性和多酚含量的影响［J］．湖北农业科学，2013，52（19）：4773-4775.

［13］陈建国，梁寒峭，李金霞，等．囊谦黑青稞的功效成分检测与分析［J］．食品与发酵工业，2016，42（8）：199-202.

［14］周浩，涂芬，付欣，等．板栗壳原花青素稳定性、结构分析及体外消化［J］．中国调味品，2019，44（8）：175-184.

［15］封易成，牟德华．体外模拟胃肠消化过程中山楂的活性成分及抗氧化性规律［J］．食品科学，2018，39（7）：139-145.

［16］Chen S K, Tsai M L, Huang J R, et al. In Vitro Antioxidant Activities of Low molecular weight Polysaccharides with Various Functional Groups［J］. J Agr Food Chem, 2009, 57: 2699-2704.

［17］Carrasco Castilla J, Hernández Álvarez A J, Jiménez-Martínez C, et al. Antioxidant and Metal Chelating Activities of Peptide Fractions From Phaseolin and Bean Protein Hydrolysates［J］. Food Chem, 2012, 135: 1789-1795.

［18］陈季武，胡天喜，朱大元．11种黄酮类化合物清除超氧阴离子的构效关系研究［J］．中国药学杂志，2022，37（1）：27-28.

［19］肖星凝，徐雯慧，左丹，等．6种黄酮协同抗氧化作用及构效关系研究［J］．食品与机械，2017，33（2）：17-21.

［20］林心健，杨震峰，戚向阳，等．体外模拟消化体系中油茶多酚以及抗氧化活性的变化［J］．中国粮油学报，2021，36（9）：119-123.

第十节　模拟消化中荞麦米活性物质释放和抗氧化能力变化

荞麦（*Fagopyrum esculentum* Moench）属于蓼科（Polygonaceae）荞麦属，是一年生草本双子叶植物[1]。荞麦米主要有两个品种：苦荞麦米和甜荞麦米，苦荞麦米主要有黄苦荞米、黑苦荞米，甜荞麦米主要有白甜荞米。苦荞麦主要分布在长江以南的地区，如四川、贵州、新疆、宁夏、青海等省份，而甜荞麦主要分布在长江以北的地区[2]，如内蒙古、甘肃、山西等省份。

荞麦含有一般谷类作物中所不具备的总黄酮类活性成分，这类成分是发挥生物活性和药理活性的物质基础，是重要的营养因子，在人体胃肠道中可以发挥多种生理功能，包括抗氧化、抗癌、抗炎、降血糖、调节肠道菌群等。荞麦体内含有大量的酚酸，原儿茶酸和阿魏酸是荞麦米中主要的酚类物质，总酚类化合物在胃肠道中有抗氧化、抗肿瘤、抗心脑血管疾病及抗病毒等生物活性功能，故经常食用荞麦食品有利于保持健康的体魄，还有助于保持美丽的容颜。γ-氨基丁酸是一种抑制性神经递质，起到分子信号的作用，有多种生理功能，包括安神、降血压、调节食欲、防止动脉硬化和改善脂质代谢等。

体外静态消化模型模拟人体消化系统已经被广泛用于健康和营养方面的研究中，方便且与人体消化系统相似，是食品和药品分析中常用的工具之一。为研究不同苦荞麦活性物质在人体消化系统中的变化情况，本试验用了三个品种的荞麦米，即黑苦荞米、黄苦荞米和白甜荞米，提取荞麦米中的总黄酮、总酚和γ-氨基丁酸，并测定其含量，运用静态体外消化模型通过模拟人体口腔、胃、小肠和大肠消化荞麦米，用同样的方法测定黄酮、总酚和γ-氨基丁酸的含量，将消化前后总黄酮、总酚和γ-氨基丁酸的含量进行对比，同时测定四个消化阶段对·OH、DPPH·、ABTS$^+$·清除率和Fe离子还原力大小。最后，通过对三种荞麦米在不同消化阶段生物活性物质含量的差异及抗氧化能力的大小进行比较，得出颜色对荞麦米营养价值的影响，为荞麦营养价值研究开发提供了一些新思路。

一、材料与方法

1. 材料

黑苦荞麦米，山西九谷穗农业开发有限公司；黄苦荞麦米，云南滇鹏糖业有限公司（分装）；白甜荞麦米，山西省繁峙县易和农产品销售有限公司。本试验所用的3种荞麦米都是当年新真空包装，颗粒大小基本均匀一致，无机械损伤。

2. 方法

（1）样品前处理

分别称取20g黑苦荞麦米、黄苦荞麦米和白甜荞麦米放入150℃的烘烤机中烘烤30min，后用磨粉机粉碎荞麦米过60目筛，得到荞麦米粉末，于密封袋中放在干燥处，备用。

称取三种荞麦米粉末各1.00g，加入25mL 75%乙醇，超声辅助提取温度50℃，时间70min，功率300W，再以3000r/min的速度离心15min，取上清液用于测定总酚和总黄酮的含量[3]。

分别精确称取1.50g制备好的的荞麦米粉，加入25mL 60%乙醇，在37℃水浴振荡90min，再以3000r/min的速度离心15min，取上清液用于测定γ-氨基丁酸[4]。

（2）模拟体外消化

体外消化试验参照向卓亚等[5]的方法略做修改。

口腔消化：分别称取 2.0g 3 种不同颜色的荞麦米粉末置于 50mL 离心管中，加入 20mL 蒸馏水后用 0.1mol/L 柠檬酸调节 pH 至 6.5，加入 1mL α-淀粉酶溶液（稀释为酶活 75U/mL）后置于 37℃ 水浴振荡 10min，沸水浴 5min 以灭酶，3000r/min 离心 30min，将上清液倒出，备用。

胃消化：向残渣中加入 20mL 蒸馏水，用 6mol/L HCl 调节 pH 至 2.0，随后加入 105.6mg 胃蛋白酶，置于 37℃ 水浴振荡 2h 后沸水浴 5min 以灭酶，3000r/min 离心 30min，将上清液倒出，备用。

小肠消化：向残渣中加入 18mL 蒸馏水，用 2mol/L $NaHCO_3$ 调节 pH 至 7.4，加入 1mL 胰蛋白酶（10mg/mL）与 1mL 猪胆盐溶液（65mg/mL），置于 37℃ 水浴振荡 2h 后沸水浴 5min 以灭酶，3000r/min 离心 30min，将上清液倒出，备用。

大肠消化：向残渣中继续加入 20mL 蒸馏水，用 6mol/L HCl 调节 pH 至 4.0，加入 160mg 纤维素酶，置 37℃ 水浴振荡 13h 后沸水浴 5min 以灭酶，3000r/min 离心 30min，将上清液倒出，备用。

（3）活性成分测定方法

总酚测定方法[6]：精密吸取 1mg/mL 没食子酸母液（0、0.5、1.0、1.5、2.0、2.5、3.0）mL 于 50mL 容量瓶中，并用蒸馏水定容至刻度线，摇匀，得到质量浓度为（0、0.01、0.02、0.03、0.04、0.05、0.06）mg/mL 的系列标准溶液。准确吸取 0.5mL 系列标准溶液于 10mL 比色管中，随后加入 2.5mL 稀释 10 倍的福林酚试剂，在室温下反应 5min，最后加入 2mL 7.5%Na_2CO_3 溶液，室温避光静置 2h，于波长 760nm 处测定其吸光度值 A（蒸馏水作测定空白）。以没食子酸浓度为横坐标、吸光度值为纵坐标，绘制标准曲线，得回归方程 $y = 97.429x + 0.004$，$R^2 = 0.9995$。样品总酚的测定：取 0.5mL 上清液，加入 2.5mL 稀释 10 倍的福林酚试剂，根据上述方法测定其吸光度值，由标准曲线的回归方程计算出总酚的含量，测定结果以 mg/g 为单位。

总黄酮测定方法[7]：精密吸取（0、1.0、2.0、3.0、4.0、5.0、6.0）mL 0.20mg/mL 的芦丁标准溶液于 7 支 10mL 的比色管中，加入 30% 乙醇定容至 6mL，加入 0.30mL 5%$NaNO_2$ 摇匀后静置 5min，加入 0.3mL 10% Al（NO_3）$_3$ 摇匀后静置 6min，加 2.00mL 4% NaOH，用 30% 乙醇定容至刻度线，摇匀后静置 10min 于 500nm 处测定吸光度值 A（30% 乙醇作测定空白），得芦丁标准液浓度与吸光度值的关系曲线的回归方程 $y = 11.229x + 0.002$，$R^2 = 0.9993$。样品总黄酮的测定：取 3.00mL 上清液于比色管中，加入 30% 乙醇定容至 6mL，根据上述方法测定其吸光度值，由标准曲线的回归方程计算出总黄酮的含量，测定结果以 mg/g 为单位。

γ-氨基丁酸测定方法[8]：精密吸取（0、20、40、60、80、100、120）μL 1mg/mL γ-氨基丁酸标准溶液，加蒸馏水到 300μL，加入 0.1mol/L 四硼酸钠缓冲液 1.0mL 后加 0.4mL 7%苯酚溶液，再加入 0.6mL 4%次氯酸钠溶液，摇匀后，80℃ 水浴 20min 后立即冰浴 5min，加入 2.0mL 60%乙醇溶液于室温下显色 10min 后在 645nm 处测得 γ-氨基丁酸的吸光度值 A（蒸馏水作测定空白）。以 γ-氨基丁酸质量为横坐标、吸光度值为纵坐标，绘制标准曲线，得回归方程 $y = 8.1554x + 0.0021$，$R^2 = 0.9928$。样品 γ-氨基丁酸的测定：取 0.3mL 上清液于比色管中，根据上述方法测定其吸光度值，由标准曲线的回归方程计算出 γ-氨基丁酸的含量，测定结果以 mg/g 为单位。

（4）抗氧化能力测定方法

①对·OH 清除能力。参照李瑞娟等[9] 的方法，取消化后的上清液 1.0mL 于比色管中，依次加入 2mL 6mmol/L FeSO$_4$溶液、2mL 6mmol/L 水杨酸，混匀后静置 10min，加入 6mmol/L H$_2$O$_2$ 溶液 2mL，混匀后静置 30min，在 510nm 处测定吸光度值 ［式（8-15）］。

$$·OH 清除率 = [1 - (A_j - A_i)/A_0] \times 100\% \tag{8-15}$$

式中：A_j——加入样品后的吸光度值；

A_0——空白对照液的吸光度值；

A_i——不加 H$_2$O$_2$ 时样品的吸光度值。

②对 ABTS$^+$·清除能力。参照陈晓凤等[10] 的方法略有改动。称取 0.384g ABTS 用无水乙醇定容至 100mL，得到浓度为 7mmol/L 的溶液。称取 0.134g K$_2$S$_2$O$_8$ 定容至 100mL，得到浓度 4.9mmol/L 的溶液，将这两种溶液等量混合，置于暗处避光保存 12h，再用无水乙醇将吸光度调整为（0.70±0.02），制成 ABTS 工作液。分别吸取 10μL 上清液、100μL 蒸馏水加入 4.0mL ABTS 工作液，充分混合，避光反应 30min，测定 734nm 处的吸光度值 ［式（8-16）］。

$$ABTS^+·清除率 = (1 - A_1/A_0) \times 100\% \tag{8-16}$$

式中：A_1——10μL 样品+100μL 蒸馏水+4.0mL ABTS 工作液的吸光度值；

A_0——110μL 蒸馏水+4.0mL ABTS 工作液的吸光度值。

③对 DPPH·清除能力。参考李楠等[11] 的方法略有改动，将 0.1mL 样品加入 3.0mL 0.1mmol/L DPPH·乙醇溶液中，混匀后避光反应 30min，用无水乙醇调零，517nm 处测定吸光度值 ［式（8-17）］。

$$DPPH·清除率 = [1 - (A_1 - A_2)/A_0] \times 100\% \tag{8-17}$$

式中：A_1——0.1mL 样品+3.0mL DPPH 乙醇溶液的吸光度值；

A_2——0.1mL 样品+3.0mL 无水乙醇的吸光度值；

A_0——0.1mL 无水乙醇+3.0mL DPPH 溶液的吸光度值。

④对 Fe 离子还原力。参考王静等[12] 的方法，取 10mL 的离心管，依次加入 pH 6.6 的磷酸盐缓冲液、样品液和 1%铁氰化钾溶液各 2mL，50℃ 水浴 20min 后迅速冷却，

加入 10% 三氯乙酸（TCA）2mL，3000r/min 离心 10min，取 2mL 上清液置于比色管，加 2mL 蒸馏水及 0.4mL 0.1% 三氯化铁（$FeCl_3$），混合均匀，反应 10min，对照组加入 2.4mL 蒸馏水，在 700nm 处测定吸光度值，测得的吸光度值与铁离子还原力成正比。

二、结果与分析

1. 体外模拟消化过程中荞麦活性成分含量变化

（1）总酚释放量变化

荞麦米中含有大量的总酚类物质，其良好的生理功能与这些活性物质密切相关。利用体外消化模型测定这些活性物质，能更加直接反映出荞麦米的营养价值。图 8-54 显示了体外消化前后总酚含量的变化，其主要趋势为小肠>口腔>胃>大肠（$P<0.05$），这与唐琦等[13] 对萌发红小豆模拟肠消化后总酚含量整体稍低于模拟胃消化后总酚的含量的结果相似。荞麦提取物中的总酚释放量显著高于其他阶段（$P<0.05$），黄苦荞麦米、黑苦荞麦米和白甜荞麦米含量分别为 16.76mg/g、21.03mg/g 和 7.88mg/g，且总酚在人体 4 个消化系统的释放量均显著低于消化前，可能是因为人体消化系统会导致总酚类物质转化或降解；小肠中总酚含量显著高于胃（$P<0.05$），是因为细胞内外蛋白质与总酚之间结合的化学键极易被小肠消化液中的胰蛋白酶和猪胆盐水解，在小肠消化液介质中会使中性或偏碱性的总酚更稳定，部分总酚类物质转化为结构更加稳定的衍生物，故不易被分解。3 种荞麦米中，荞麦提取物、口腔、小肠和大肠中总酚含量黑苦荞麦米>黄苦荞麦米>白甜荞麦米，在胃中黄苦荞麦米>黑苦荞麦米>白甜荞麦米（$P<0.05$），王世霞等[14] 发现总酚甜荞麦含量最高为 40.07mg/g，而苦荞麦为 107.24mg/g，苦荞麦总酚的释放量大于甜荞麦。

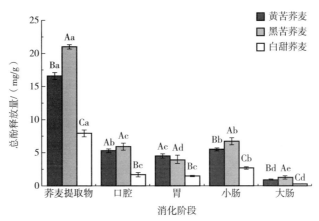

图 8-54　荞麦体外模拟消化过程中总酚释放量变化

（大写字母不同表示不同荞麦品系在同一消化阶段显著差异，$P<0.05$；
小写字母不同表示同一荞麦品系在不同消化阶段显著差异，$P<0.05$）

（2）总黄酮释放量变化

图 8-55 显示了体外消化前后总黄酮释放量的变化。在 4 个消化阶段中，不同颜色的荞麦对总黄酮释放量的趋势大致相同，为小肠>口腔>胃>大肠（$P<0.05$），小肠中总黄酮释放量显著高于胃（$P<0.05$），黄苦荞麦、黑苦荞麦和白甜荞麦释放量分别为 2.30mg/g、2.43mg/g 和 1.42mg/g，马艺超等[15] 对苦荞麦面包进行体外模拟消化，表明总黄酮在胃中的释放量较低，这是因为胃消化液 pH 为 2，总黄酮的主要成分是芦丁，芦丁在酸性条件下不易溶解，而小肠中总黄酮释放量显著高于胃（$P<0.05$），因为小肠消化液 pH 为 7.4，且模拟肠液的温度为 37℃，总黄酮在此条件下易被水解而释放。在 3 种荞麦米中，荞麦提取物、小肠和大肠总黄酮释放量黑苦荞麦米>黄苦荞麦米>白甜荞麦米（$P<0.05$），口腔和胃中黑苦荞麦米=黄苦荞麦米（$P>0.05$），黑苦荞麦米>白甜荞麦米（$P<0.05$），章洁琼等[16] 对不同荞麦品种主要功能成分进行分析和评价，也得出苦荞米的总黄酮释放量比甜荞米高。

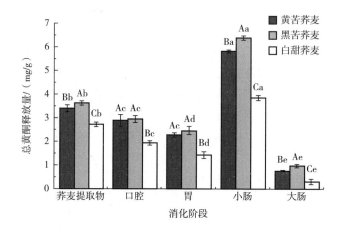

图 8-55　荞麦体外模拟消化过程中总黄酮释放量变化

（大写字母不同表示不同荞麦品系在同一消化阶段显著差异，$P<0.05$；
小写字母不同表示同一荞麦品系在不同消化阶段显著差异，$P<0.05$）

（3）γ-氨基丁酸释放量变化

γ-氨基丁酸广泛存在于动物、植物和微生物中，是一种非蛋白质氨基酸，可以作为合成其他含氮物质的前身，如抗生素、激素、色素、生物碱等，且非蛋白质氨基酸本身就具有药用价值，对开发现代药物起重要的作用。图 8-56 显示了体外消化前后 γ-氨基丁酸释放量的变化。在消化阶段中，胃>口腔>大肠>荞麦提取物>小肠（$P<0.05$），在胃中 γ-氨基丁酸的释放量显著高于其他消化阶段（$P<0.05$），刘振春等[17] 用超声波辅助提取发芽糙米中的 γ-氨基丁酸，发现 γ-氨基丁酸含量会

随着酸的含量增加而增加，胃消化液为酸性环境内含众多 H⁺，大肠消化液为弱酸性环境，H⁺浓度低于胃，故大肠中 γ-氨基丁酸释放量显著低于胃（$P<0.05$）。口腔、胃和大肠消化液 γ-氨基丁酸释放量显著高于荞麦提取物（$P<0.05$），因为 γ-氨基丁酸在热环境下容易被释放，人体消化温度为 37℃，高于外界环境温度，故释放了 γ-氨基丁酸。三种荞麦米中，除了荞麦提取物中黑、黄苦荞麦米以及在小肠中黄苦荞麦米和白甜荞麦米没有显著差异外（$P>0.05$），γ-氨基丁酸释放量均为黑苦荞麦米>黄苦荞麦米>白甜荞麦米（$P<0.05$），这也正表明苦荞麦米合成其他含氮物质的能力比甜荞麦米高。

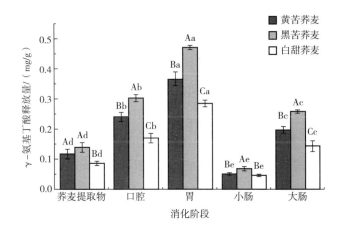

图 8-56　荞麦体外模拟消化过程中 γ-氨基丁酸释放量变化
（大写字母不同表示不同荞麦品系在同一消化阶段显著差异，$P<0.05$；
小写字母不同表示同一荞麦品系在不同消化阶段显著差异，$P<0.05$）

2. 体外模拟消化过程中荞麦抗氧化能力变化

（1）荞麦体外模拟消化过程中对·OH 清除率的变化

图 8-57 显示了经过消化后对·OH 的清除。对于消化阶段对·OH 清除能力，胃>大肠>小肠>口腔（$P<0.05$），在胃中，黄苦荞麦米、黑苦荞麦米、白甜荞麦米对·OH 清除率分别为 96.66%、97.45%、92.86%，显著高于其他消化阶段（$P<0.05$），这是因为胃消化液的 pH=2 为强酸性，含有大量的 H⁺，H⁺会与 OH⁻相结合从而导致·OH 含量大量减少，对·OH 清除率升高，林心健等[18] 对油茶进行体外模拟消化后研究发现，胃肠对·OH 清除力高。对于 3 种荞麦米，除了小肠中黑苦荞麦米>黄苦荞麦米（$P<0.05$）外，其余黄苦荞麦米和黑苦荞麦米对·OH 清除能力没有显著差异（$P>0.05$），而白甜荞麦米对·OH 清除能力显著低于黄苦荞麦和黑苦荞麦（$P<0.05$），结果表明，苦荞麦米对·OH 的清除率高于甜荞麦米。

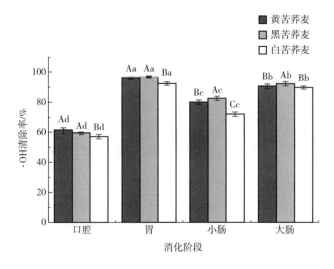

图 8-57 荞麦体外模拟消化过程中对·OH 清除率的变化

（大写字母不同表示不同荞麦品系在同一消化阶段显著差异，$P<0.05$；
小写字母不同表示同一荞麦品系在不同消化阶段显著差异，$P<0.05$）

（2）荞麦体外模拟消化过程中对 $ABTS^+$·清除率变化

图 8-58 显示了经过消化后对 $ABTS^+$·的清除率。各个消化阶段中，除了胃，黑苦荞麦对 $ABTS^+$·清除能力最强，4 个消化阶段对 $ABTS^+$·清除能力为口腔>小肠>胃>大肠（$P<0.05$），与李如蕊等[19] 对核桃花研究发现对 $ABTS^+$·清除能力变化趋势呈先下降后上升的结果相似。胃对 $ABTS^+$·清除能力显著低于口腔（$P<0.05$），这是因为胃液的酸性环境降低了对 $ABTS^+$·清除能力，大肠清除 $ABTS^+$·能力显著低于小肠（$P<0.05$），可能是因为小肠为中性环境，而大肠 pH 低于小肠，大肠中的纤维素酶被抗氧化活性物质抑制，导致大肠中活性物质不能被释放，使得对 $ABTS^+$·清除能力降低。在 3 种荞麦米中，口腔和小肠对 $ABTS^+$·清除能力为黑苦荞麦米>黄苦荞麦米>白甜荞麦米（$P<0.05$），在胃中，3 种荞麦米对 $ABTS^+$·清除能力无显著差异（$P>0.05$），可能是因为胃酸降低了对 $ABTS^+$·清除能力。

（3）荞麦体外模拟消化过程中对 DPPH·清除率变化

图 8-59 显示了经过消化后对 DPPH·的清除率。在口腔、胃、小肠和大肠四个消化阶段中对 DPPH·清除率显著降低（$P<0.05$）。王静等[20] 研究西瓜在经过肠消化后，结果表明其对 DPPH·清除率小于胃消化组，是因为西瓜中含有其他抗氧化活性成分，如天然色素、有机酸等，天然色素和有机酸的抗氧化作用都很强，并且这两者只能在偏中性的肠液中保留少部分。本试验中，小肠对 DPPH·清除能力显著低于胃（$P<0.05$），可能是因为胃中含有机酸，可以很大程度清除 DPPH·，在小肠消化液中有机酸的含量减少，导致对 DPPH·的清除能力也变弱。口腔对

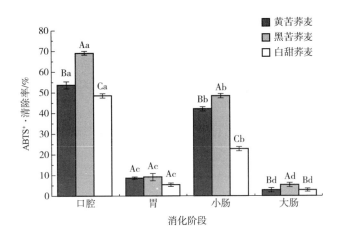

图 8-58 荞麦体外模拟消化过程中对 ABTS$^+$·清除率变化

（大写字母不同表示不同荞麦品系在同一消化阶段显著差异，$P<0.05$；

小写字母不同表示同一荞麦品系在不同消化阶段显著差异，$P<0.05$）

DPPH·清除能力最强，口腔中含有 α-淀粉酶，消化液环境为中性，对总酚活性影响小。对于 3 种荞麦米，口腔和胃消化阶段中，黄苦荞麦米>黑苦荞麦米>白甜荞麦米（$P<0.05$），而在小肠和大肠消化阶段中，黑苦荞麦米>黄苦荞麦米>白甜荞麦米（$P<0.05$），任顺成等[21] 对荞麦抗氧化能力进行研究，发现苦荞麦的抗氧化能力要强于甜荞麦。

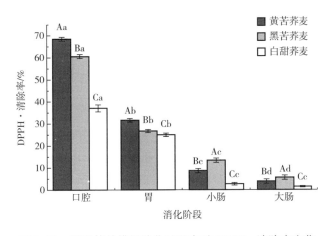

图 8-59 荞麦体外模拟消化过程中对 DPPH·清除率变化

（4）荞麦体外模拟消化过程中 Fe 离子还原力变化

图 8-60 显示了经过消化后对 Fe 离子还原力。3 种荞麦米中，黑苦荞麦米对 Fe

离子还原能力最强，在 4 个消化阶段中，小肠 = 口腔 （$P>0.05$），胃 > 大肠 （$P<0.05$），小肠和口腔显著低于胃和大肠 （$P<0.05$），而倪香艳等[22] 对糙米进行体外模拟发现，小肠对 Fe 离子还原力很强。口腔、胃、小肠和大肠对 Fe 离子还原力与抗氧化能力成正比，即吸光度值越高，对 Fe 离子还原力越高，其抗氧化能力也就越大。4 个消化阶段 Fe 离子还原力与总酚和总黄酮的变化趋势比较相近，可能是因为这些活性物质的释放增加了对 Fe 离子还原力，荞麦米中除了总酚和总黄酮外，还有丰富的蛋白质和多糖类物质，经 α-淀粉酶和胰蛋白酶酶解后，蛋白质可酶解为多肽，多糖可降解为低分子寡糖，多肽和寡糖都有一定的抗氧化活性，也会增加对 Fe 离子还原力。3 种荞麦米中，在小肠和大肠中对 Fe 离子还原力为黑苦荞麦米 > 黄苦荞麦米 > 白甜荞麦米 （$P<0.05$），在口腔中，黄苦荞麦米和黑苦荞麦米没有显著差异 （$P>0.05$），在胃中，黄苦荞麦米和白甜荞麦米没有显著差异 （$P>0.05$）。

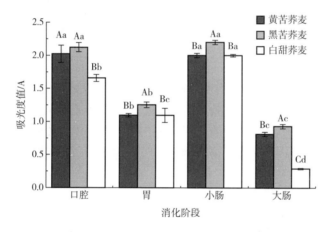

图 8-60　荞麦体外模拟消化过程中 Fe 离子还原力变化

三、结论

不同荞麦米中总黄酮、总酚和 γ-氨基丁酸含量存在着一定的差异，3 种荞麦米总酚含量为 7.88~21.03mg/g，总黄酮含量为 2.72~3.58mg/g，γ-氨基丁酸含量为 0.09~0.14mg/g，且经过体外模拟消化后呈现出不同的抗氧化能力。试验结果表明，除了 γ-氨基丁酸和 DPPH· 外，胃中的活性物质及抗氧化能力均显著低于口腔 （$P<0.05$），说明胃酸对活性物质的释放有影响，小肠消化活性物质含量以及抗氧化能力显著高于胃 （$P<0.05$），小肠中的酸碱环境以及酶对活性物质的释放有促进作用，随着时间的增加，在到达大肠后又呈下降趋势。由消化阶段活性物质含量以及抗氧化能力可知，抗氧化能力和活性物质的释放有一定的相关性，尤其是总酚和总黄酮

对抗氧化活性影响最大。3 种荞麦米活性物质存在显著差异（$P<0.05$），其中，除了 DPPH·外，黑苦荞的活性物质含量以及抗氧化能力都是最高的，白甜荞是最低的，这也正表明了颜色较深的食品营养价值越高。本试验表明，体外消化模型能很好地反映出消化前后荞麦活性物质含量的差异以及抗氧化能力的变化。

虽然现在国内外对荞麦的研究已经越来越多，荞麦体内的活性物质也被源源不断地发掘出来，各种各样的荞麦食品不断被推出，但荞麦米毕竟属于小作物，其研究内容远远少于大米、白面等谷物的研究，所以还要加强对荞麦米等这类杂粮的研究。

参考文献

［1］李玲，闫旭宇，王延峰．荞麦文献分析及相关进展研究［J］．科技通报，2020，36（1）：1-7.

［2］章洁琼，邹军，卢扬，等．不同荞麦品种主要功能成分分析及评价［J］．种子，2020，39（2）：107-117.

［3］张立攀，王俊朋，钱佳英，等．超声辅助法提取牡丹花中总黄酮和总多酚的工艺优化［J］．食品安全质量检测学报，2022，23（2）：567-575.

［4］赵海波．HPLC 法测定发芽糙米中 γ-氨基丁酸含量试验［J］．农业科技与装备，2017（3）：50-51.

［5］向卓亚，邓俊琳，陈建，等．藜麦体外模拟消化过程中酚类物质含量及抗氧化活性的变化［J］．中国食品学报，2021，21（8）：283-290.

［6］李文飞，赵江林，唐晓慧，等．苦荞芽多酚提取工艺优化及抗氧化活性研究［J］．成都大学学报（自然科学版），2018，37（1）：15-19.

［7］欧阳平，张高勇，康保安，等．物料预处理对苦荞麦中总黄酮提取的影响［J］．粮油加工与食品机械，2003（12）：37-39.

［8］万蓝婷，李暄妍，程建峰，等．Berthelot 比色法测定植物叶片中 γ-氨基丁酸（GABA）含量的体系优化［J］．植物生理学报，2021，57（7）：1462-1472.

［9］李瑞娟，梁锦，王丹，等．不同品种猕猴桃汁抗氧化成分及体外抗氧化活性比较［J］．食品工业科技，2022，43（2）：311-318.

［10］陈晓凤，刘刚，李学理，等．桂花种子油的抗氧化活性和成分测定［J］．四川师范大学学报（自然科学版），2020，43（4）：544-549.

［11］李楠，杨欣，孙元琳，等．20 种花茶黄酮、总酚及抗氧化活性分析［J］．食品研究与开发，2021，42（18）：34-39.

［12］王静，韩莹，罗茜，等．体外模拟胃肠消化过程中猕猴桃抗氧化成分及活性的变化［J］．食品与生物技术学报，2020，39（11）：49-55.

［13］唐琦，胡广林，刘金芳，等．体外模拟消化对萌发红小豆的抗氧化活性

的分析［J］．食品科技，2018，43（1）：67-76.

［14］王世霞，刘珊，李笑蕊，等．甜荞麦与苦荞麦的营养及功能活性成分对比分析［J］．食品工业科技，2015，36（21）：78-82.

［15］马艺超，路飞，马凤鸣，等．体外模拟消化对苦荞面包黄酮及抗氧化的影响［J］．中国粮油学报，2019，34（9）：20-27.

［16］章洁琼，邹军，卢扬，等．不同荞麦品种主要功能成分分析及评价［J］．种子，2020，39（2）：107-117.

［17］刘振春，徐神博，孙江，等．超声波辅助提取发芽糙米 γ-氨基丁酸工艺［J］．西北农林科技大学学报（自然科学版），2016，44（2）：201-206.

［18］林心健，杨震峰，戚向阳，等．体外模拟消化体系中油茶多酚以及抗氧化活性的变化［J］．2021，36（9）：118-123.

［19］李如蕊，陈欣，茹月蓉，等．体外模拟消化过程中核桃花提取物抗氧化活性的变化［J］．现代食品科技，2020，36（11）：196-201.

［20］王静，韩莹，孙玉利，等．体外模拟胃肠消化对西瓜和苹果抗氧化活性的影响［J］．陕西科技大学学报，2020，38（3）：41-46.

［21］任顺成，孙军涛．荞麦粉、皮、芽中黄酮类化合物抗氧化研究［J］．2008，29（2）：15-17.

［22］倪香艳，钟葵，佟立涛，等．糙米体外消化过程中酚类物质含量及抗氧化活性［J］．食品科学，2018，39（16）：105-111.

第十一节　黑小麦芽酸奶工艺优化

酸奶是以优质乳品为原材料，由一种或多种乳酸菌发酵而成的一种奶制品。酸奶具有悠久的生产历史，南北朝时期的农书《齐民要术》就记载了酸乳制作的方法。酸奶营养价值丰富，可以促进消化吸收，保持肠道菌群生态平衡，抑制肠道腐败菌生长，形成生物保护屏障。

黑小麦是一种由小麦和黑麦杂交产生的特色农作物，兼有小麦与黑麦的优势。黑小麦含有丰富的花青素、类黄酮、生物碱、植物甾醇、强心苷等物质，与常见的其他黑色食物相比，黑小麦含有更高的植物蛋白、膳食纤维、维生素和微量元素 Fe、Zn、Se、I。多数谷物发芽后，化学成分会发生改变，营养价值提高，抗营养因子减少并能产生独特风味，Gan 等[1] 发现黑小麦发芽后，其多酚含量和抗氧化能力会显著增加。近年来，将特色果蔬或谷类加入牛奶中制作复合酸奶的研究较多，但目前还未发现由营养价值相对更高的发芽谷物制作复合酸奶的相关研究。一些发芽谷物会产生消极风味，使得复合酸奶产品难以实现营养价值和感官质量的统一，并限制了相关复合酸奶产品的开发。黑小麦发芽后会产生特殊的青草香味和麦香味，口感良好。因此，本研究选择以黑小麦芽为原料，制作黑小麦芽复合酸奶，并进一步研究该复合酸奶的抗氧化活性，以期为开发发芽谷物功能性复合酸奶提供一定的导向和理论依据[2]。

一、材料与方法

1. 材料

黑小麦（亚洲1号）：江苏镇江产；酸奶发酵剂（保加利亚乳杆菌和嗜热链球菌混合物）：安琪酵母股份有限公司。

2. 方法

（1）黑小麦芽酸奶制作方法

纯牛奶→调配（加黑小麦芽浆、白砂糖）→杀菌→冷却→接种→灌装→发酵→冷藏→成品。

黑小麦芽浆制备：将黑小麦用2%NaCl溶液浸泡消毒30min，去离子水洗净，置于铺有3层滤纸的发芽盒中，25℃下避光萌发。取第5天的黑小麦芽，蒸汽处理10min灭酶，按1∶4料水比磨浆，经纱布过滤收集浆液，备用。

调配：把牛奶、黑小麦芽浆和白砂糖按一定比例混合，搅拌均匀。

杀菌、冷却：将混合液在95℃水浴锅中灭菌10min，立即冷却到42℃。

接种：在混合液中接入一定量的安琪直投式酸奶发酵剂，搅拌均匀，整个过程在超净工作台中进行。

发酵：将灌装好的混合液放置在生化培养箱中发酵。设定温度条件为42℃，发酵时间为6~8h。

冷藏：发酵结束后，将黑小麦芽酸奶放进冰箱（1~4℃）冷藏12~16h。

（2）单因素实验设计

黑小麦芽浆添加量：按照上述工艺流程和操作要点选取白砂糖添加量7%，接种量0.8g/L，发酵时间7h，分别调整黑小麦芽浆添加量为5%、10%、15%、20%、25%制作酸奶，对成品进行感官评分。

白砂糖添加量：按照上述工艺流程和操作要点选取黑小麦芽浆添加量20%，接种量0.8g/L，发酵时间7h，分别调整白砂糖添加量为6%、7%、8%、9%、10%制作酸奶，对成品进行感官评分。

接种量：按照上述工艺流程和操作要点选取黑小麦芽浆添加量20%，白砂糖添加量8%，发酵时间为7h，分别调整接种量（0.6、0.7、0.8、0.9、1.0）g/L制作酸奶，对成品进行感官评分。

发酵时间：按照上述工艺流程和操作要点选取黑小麦芽浆添加量20%，白砂糖添加量8%，接种量为0.8g/L，分别调整发酵时间（6、6.5、7、7.5、8）h制作酸奶，对成品进行感官评分。

（3）正交实验设计

在单因素实验的基础上进行四因素三水平正交实验。因素水平表见表8-13。

表8-13　正交实验因素水平表

水平	因素			
	麦芽浆添加量（A）/%	白砂糖添加量（B）/%	接种量（C）/（g/L）	发酵时间（D）/h
1	15	7	0.7	6.5
2	20	8	0.8	7.0
3	25	9	0.9	7.5

（4）酸奶的感官评价标准

选10名食品专业的学生（5男5女）培训之后作为感官鉴评员，对酸奶的色泽、气味、滋味和组织状态进行品评。标准见表8-14。

表8-14　酸奶的感官评价指标

项目	评分标准	分值
色泽（20分）	乳白色捎带淡灰色，色泽均一	15~20
	色泽不均匀但仍具有原料应有的颜色	8~14
	色泽较差不均匀	0~7
气味（20分）	黑小麦芽的清香和酸奶的发酵香味，气味和谐	15~20
	气味较淡，无异味	8~14
	无产品原料应有的气味、不协调	0~7
滋味（30分）	酸甜比例好，口感细腻	20~30
	酸甜比较协调，口感较差，但仍能接受	10~19
	太酸、太甜，口感劣质	0~9
组织状态（30分）	无乳清析出，组织细腻表面无孔	20~30
	有乳清析出，但组织仍较细腻，表面无孔	10~19
	乳清析出较多，表面多孔或有气泡，组织松散	0~9

（5）抗氧化活性研究

比较黑小麦芽酸奶与无添加黑小麦芽浆的原味酸奶的抗氧化特活性。原味酸奶的制作不添加黑小麦芽浆，其他工艺和黑小麦芽酸奶相同。

准确称取样品梯度为（0.5、1、1.5、2、2.5）g 的酸奶于 5 个 50mL 容量瓶中，加蒸馏水定容，稀释成（10、20、30、40、50）mg/mL 的酸奶样品液。

①DPPH·清除能力。在比色管中加入 3mL 0.16mmol/L DPPH-乙醇溶液和 3mL 样品溶液，振荡摇匀，于 25℃避光反应 15min，3000r/min 离心 3min，517nm 波长处测定其吸光度值。同时，以 Vc 为阳性对照，蒸馏水为空白对照。做 3 次平行实验取均值计算清除率[3]。如公式（8-18）所示：

$$清除率 = \frac{A_0 - A_1}{A_0} \times 100\%$$ （8-18）

式中：A_0——空白吸光度值；

A_1——样品吸光度值。

②·OH 清除能力。取 10mmol/L 硫酸亚铁溶液 2mL、10mmol/L 水杨酸-乙醇溶液 2mL，酸奶样品溶液 0.4mL，然后加入 4mL 88mmol/L 过氧化氢溶液，振摇混合，于 25℃避光反应 30min，3000r/min 离心 3min，在 510nm 波长处测定吸光度值[4]。以 Vc 为阳性对照，蒸馏水为空白对照。每个样品的浓度做三次平行实验，取平均值按式（8-18）计算清除率。

③ABTS+·清除能力。ABTS 储备液的配置：取 50mL 7mmoL/L ABTS 溶液和 880μL 140mmol/L 过硫酸钾溶液混合均匀于棕色试剂瓶中，避光处放置 12~16h。

用无水乙醇溶液稀释 ABTS 储备液使其在 734nm 处吸光度值在（0.70±0.02）范围内。取 2.0mL 样液和 1.9mL 的 ABTS 稀释液于试管中振荡混匀，于 25℃避光反应 3min，3000r/min 离心 3min，在 734nm 波长处测定吸光度值[5]。同时，用 Vc 作为阳性对照，蒸馏水作为空白对照。做 3 次平行实验，取平均值按式（8-18）计算清除率。

二、结果与分析

1. 黑小麦芽浆制备工艺的确定

黑小麦芽经蒸汽处理灭酶，利用 1:3 的料液比打浆，加水量少浆汁过浓，不易澄清，浆液中带渣，不细腻；而用 1:5 的比例打浆，加水量多浆汁较稀，制作的酸奶黑小麦芽风味较淡，有乳清析出，用 1:4 的比例打浆，浆液细腻，故确定比例为 1:4。

2. 单因素对酸奶感官质量的影响

（1）黑小麦芽浆添加量

黑小麦芽浆添加量对酸奶感官品质的影响见图 8-61。当黑小麦芽浆添加量低于 10% 时，成品酸奶中黑小麦芽特有的滋味和香气偏低，随着黑小麦芽浆的增加，酸奶的感官得分升高；当其添加量为 20% 时，酸奶组织状态均匀，口感细腻，并兼有黑小麦芽的特殊香气，感官质量最好；当黑小麦芽浆添加量达到 25% 时，酸奶有乳清析出，组织状态不均匀。因此，选择 15%、20%、25% 做进一步研究。

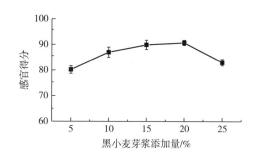

图 8-61 黑小麦芽浆添加量对酸奶品质的影响

（2）白砂糖添加量

由图 8-62 可知，随着白砂糖添加量的增加，酸奶的感官得分先升高后降低，分析原因可能是白砂糖会影响酸奶的风味及口感，并且白砂糖是乳酸菌发酵的碳源，当白砂糖添加量较少时，酸奶发酵不足，口感偏酸，组织状态较软；当添加量为 8% 时，酸奶酸甜可口，组织状态最好。然而，过多的糖会降低生乳中的水分活度，增加乳酸菌的渗透压，影响甚至抑制乳酸菌的增殖，延长发酵时间，使酸奶乳清分离，感官得分降低。因此，选择 7%、8%、9% 做进一步研究。

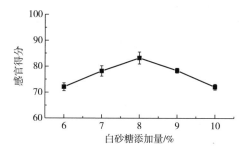

图 8-62 白砂糖添加量对酸奶品质的影响

（3）接种量

图 8-63 为接种量对酸奶感官品质的影响结果。随着接种量的增加，感官得分先升高后降低，当接种量较低时，产生的乳酸量过少，酸奶的发酵时间延长，酸奶口感偏甜；当接种量为 0.8g/L 时，乳酸菌产酸量增多，酸奶酸甜比适宜，组织细腻；当接种量超过 0.9g/L 时，乳酸菌产酸速度加快，凝乳速度过快，成品酸奶有乳清析出，酸奶质量降低，感官得分降低。因此，选择（0.7、0.8、0.9）g/L 做进一步研究。

（4）发酵时间

发酵时间对酸奶感官品质的影响见图 8-64，随着发酵时间的延长，酸奶感官得

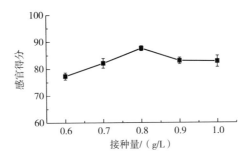

图 8-63 接种量对酸奶品质的影响

分先升高后降低，发酵时间为 7.0h 时，感官得分最高；发酵时间低于 6.5h，酸奶发酵不成熟，乳清蛋白不能形成胶体结构，会有乳清析出；如果发酵时间超过 7.5h，乳酸菌继续生长繁殖，产酸增加，过酸使酪蛋白重排，破坏已形成的胶体结构，导致乳清分离。因此，选择（6.5、7.0、7.5）h 做进一步研究。

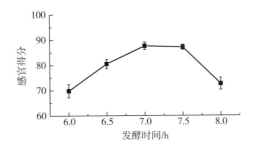

图 8-64 发酵时间对酸奶品质的影响

3. 正交实验结果

由表 8-15 极差分析结果可知，4 个因素对黑小麦芽酸奶感官得分影响主次顺序为 $C>B>A>D$，即接种量>白砂糖添加量>黑小麦芽浆添加量>发酵时间，正交实验优化最佳组合为 $A_1B_2C_3D_3$，即黑小麦芽浆添加量 15%、白砂糖添加量 8%、接种量 0.9g/L、发酵时间 7.5h。

表 8-15 正交实验结果及分析

实验号	麦芽浆添加量（A）	白砂糖添加量（B）	接种量（C）	发酵时间（D）	感官得分
1	1	1	1	1	77.5
2	1	2	2	2	82.3
3	1	3	3	3	85.2

续表

实验号	麦芽浆添加量（A）	白砂糖添加量（B）	接种量（C）	发酵时间（D）	感官得分
4	2	1	2	3	79.5
5	2	2	3	1	83.1
6	2	3	1	2	76.7
7	3	1	3	2	82.0
8	3	2	1	3	80.0
9	3	3	2	1	81.7
k_1	81.67	79.67	78.07	80.77	
k_2	79.77	81.80	81.17	80.33	
k_3	81.23	81.20	83.43	81.57	
R	1.90	2.13	5.36	1.24	

验证实验：由于通过正交实验得到的最优组合 $A_1B_2C_3D_3$ 与正交表中感官得分最高组合 $A_1B_3C_3D_3$ 不一致，因此需要进行验证实验。在正交实验优化最佳组合条件下制作酸奶，做3次平行实验取平均值，其感官得分为86.1分，高于组合 $A_1B_3C_3D_3$ 的85.2分。因此，黑小麦芽酸奶最佳配方为：黑小麦芽浆添加量15%，白砂糖添加量8%，接种量0.9g/L，发酵时间7.5h。该配方制备出的酸奶色泽均一，呈浅灰白色；质地细腻，无乳清析出，无气泡、无分层；酸甜适宜，具有黑小麦芽特有的香气和奶香味，气味和谐。

4. 抗氧化活性结果

（1）对 DPPH·清除能力

比较黑小麦芽酸奶、原味酸奶对 DPPH·的清除能力，以抗坏血酸作为阳性对照，结果如图8-65、图8-66所示。

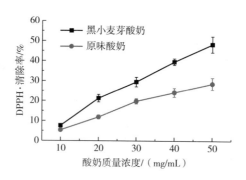

图8-65　酸奶对 DPPH·清除率

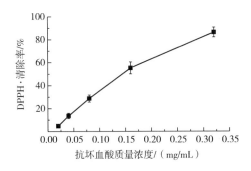

图 8-66　抗坏血酸对 DPPH · 清除率

由图 8-65 可知，随着质量浓度增加，黑小麦芽酸奶和原味酸奶对 DPPH · 的清除率均上升，当两种酸奶浓度相同时，黑小麦芽酸奶对 DPPH · 的清除率高于原味酸奶；当质量浓度为 50mg/mL 时，黑小麦芽酸奶对 DPPH · 的清除率为 48.3%，略低于浓度为 0.16mg/mL 的抗坏血酸对 DPPH · 的清除率（55.3%），而此时原味酸奶对 DPPH · 的清除率仅为 28.6%。黑小麦芽酸奶对 DPPH · 的清除能力高于原味酸奶，分析原因可能是黑小麦发芽后多酚含量增加，而多酚是天然的抗氧化剂，所以黑小麦芽酸奶具有较强的清除 DPPH · 的能力。

（2）对 · OH 清除能力

用 · OH 清除法测定黑小麦芽酸奶和原味酸奶的抗氧化活性，以抗坏血酸作为阳性对照，结果见图 8-67、图 8-68。

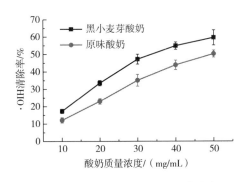

图 8-67　酸奶对 · OH 自由基清除率

图 8-67 为两种酸奶对 · OH 的清除能力结果，由图可知，随着质量浓度的增加，两种酸奶对 · OH 的清除率都逐渐增强且增幅较为一致。在相同质量浓度下，原味酸奶对 · OH 的清除能力低于黑小麦芽酸奶；当质量浓度为 50mg/mL 时，黑小麦芽酸奶和原味酸奶的清除率分别为 59.6% 和 50.3%，均高于质量浓度为 0.16mg/mL 的抗

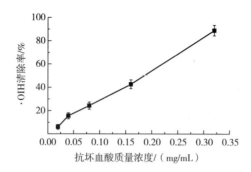

图 8-68　抗坏血酸对·OH 自由基清除率

坏血酸对·OH 的清除率 42.6%，所以两种酸奶均可清除·OH，且黑小麦芽酸奶的清除能力更强。

（3）对 ABTS⁺·清除能力

比较两种酸奶对 ABTS⁺·清除能力，以抗坏血酸作为阳性对照，对 ABTS⁺·清除率分别如图 8-69、图 8-70 所示。

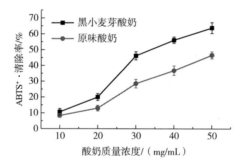

图 8-69　酸奶对 ABTS⁺·清除率

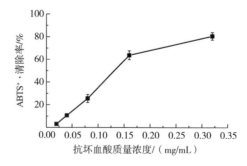

图 8-70　抗坏血酸对 ABTS⁺·清除率

如图 8-69 所示，随着质量浓度增大，两种酸奶对 ABTS$^+$ · 的清除能力逐渐增强，当质量浓度相同时，黑小麦芽酸奶对 ABTS$^+$ · 的清除能力高于原味酸奶；质量浓度小于 20mg/mL 时，两种酸奶对 ABTS$^+$ · 的清除率均较低；当质量浓度高于 20mg/mL 时，两种酸奶对 ABTS$^+$ · 的清除率均增加，且增速较快，增幅一致；当质量浓度为 50mg/mL 时，黑小麦芽酸奶对 ABTS$^+$ · 清除率为 63.8%，与质量浓度为 0.16mg/mL 的抗坏血酸对 ABTS$^+$ · 的清除率（63.7%）基本相同。

三、结论

本研究以黑小麦芽和纯牛奶为主要原料，确定了黑小麦芽酸奶的最佳工艺条件为黑小麦芽浆添加量 15%，白砂糖添加量 8%，接种量 0.9g/L，发酵时间 7.5h。此工艺得到的酸奶呈浅灰白色，具有良好的组织结构，无乳清析出，无气泡、无分层，具有黑小麦芽特有的香气和酸奶独特的滋味，酸甜适中。

通过对比黑小麦芽酸奶和原味酸奶对 DPPH · 、 · OH 及 ABTS$^+$ · 清除率来评价酸奶的抗氧化能力，可以看出，黑小麦芽酸奶对 3 种自由基的清除率均高于相同质量浓度的原味酸奶，且清除率随酸奶质量浓度的增加而增加。当质量浓度为 50mg/mL 时，黑小麦芽酸奶对 DPPH · 、 · OH 和 ABTS$^+$ · 的清除率依次为 48.3%、59.6% 和 63.8%，说明黑小麦芽酸奶具有较强的抗氧化能力。

参考文献

[1] Gan R Y, Sui Z Q, Yang Q Q, et al. Enhancement of Antioxidant Capacity and Phenolic Content in Soluble and Bound Extracts of Germinated Black Wheat [J]. J Shanghai Jiaotong Univ (Agricultural Science), 2017, 35 (3): 1-10, 16.
[2] 李楠，郭佳丽. 黑小麦芽酸奶工艺优化及其抗氧化活性 [J]. 食品工业，2020, 41 (8): 26-30.
[3] 吴兰芳，蒋爱民，郭善广，等. 凝固型紫薯酸乳发酵工艺及抗氧化活性研究 [J]. 食品与机械，2013, 29 (5): 198-203.
[4] 何书美，刘敬兰，郝迎霞. 利用 Fenton 体系对西藏灵菇酸奶的抗氧化活性的评价 [J]. 分析科学学报，2011, 27 (1): 122-124.
[5] 贾亚婷，郭艳梅，蔡逸安，等. 不同菌种发酵乳品质与抗氧化能力研究 [J]. 中国乳品工业，2017, 45 (9): 22-25.

第十二节　小米大豆复合速食粥的工艺优化

小米大豆粥（俗称小米钱钱）是一种以小米、大豆（黄豆或黑豆）为主要原料，采用浸泡、压片、晒干、煮制等传统工艺制作而成的特色食品。该食品流行于我国山西吕梁以及陕西延安、榆林地区，具有上千年的制作食用历史，目前仍是当地居民的家常食品。小米有"百谷之长"之称，含有丰富的营养物质，其中维生素B_1含量居所有粮食之首，总氨基酸含量高于大米和小麦，但赖氨酸为第一限制氨基酸。大豆富含蛋白质，其含量远高于小麦、大米等谷类作物。大豆蛋白具有降低血脂、提高胰岛素敏感性和降低体脂肪等功效，还是可以满足人体必需氨基酸需求的全价蛋白质，能够平衡小米中赖氨酸不足的情况。因此，小米大豆粥这一地方传统食品除具有独特的感官品质外，还具有良好的营养特性。但目前该食品仍然沿用传统烹饪工艺手工制作，难以形成规模化、产业化。

速食粥是采用现代粮食加工物理改性技术加工制成的谷物方便产品。目前，有关速食粥的研究主要集中在单一小米或黑米、糙米速食粥的生产工艺优化方面，还未发现小米大豆复合速食粥的相关研究[1]。

因此，本实验以沁州黄小米和市售大豆为主要原料，对小米大豆粥的传统制作工艺进行改进，将其加工过程定量化、标准化，旨在研究制作保留其风味特色和营养价值且便于消费的小米大豆复合速食粥，以期为小米大豆粥这一传统食品的规模化生产提供理论参考。

一、材料与方法

1. 原料

沁州黄小米、大豆：市售。

2. 方法

（1）速食粥制作工艺流程

沁州黄小米→除杂→浸泡→蒸煮→离散 ⎫
　　　　　　　　　　　　　　　　　　　⎬→热风干燥→添加糊化小米粉→成品。
　　大豆→除杂→浸泡→蒸煮→压片 ⎭

除杂、浸泡：小米、大豆质量比2:1，淘洗原料1~2次，加一定量清水，室温分别浸泡，使原料吸水。蒸煮、压片：将小米、大豆分别放入沸水中煮一定时间，加水量为原料4~8倍。蒸煮后的大豆沥干水分，压成片状。离散：蒸煮后的小米用20℃冷水冲洗并沥干水分，防止米粒粘连，有助于提高产品的组织形态。热风干燥：将小米、大豆在网板上平铺成薄层，立即进行热风干燥，防止小米中糊化淀粉老化回生，影响复水。将热风干燥之后的小米打粉，过孔径150μm筛，得糊化小米粉。小米粉添加量：由于小米大豆在熟制、离散过程中部分糊化淀粉随米汤流失，导致复水之后黏稠度较小，缺乏新鲜米粥的黏稠厚重感，存在米粒下沉现象，所以成品速食粥中添加一定量糊化小米粉。一份速食粥中小米粉添加量为5g（总质量15g），分别进行真空包装，防止吸水变质。

（2）单因素实验

按照上述速食粥制作流程，在浸泡时间 40min、蒸煮时间 35min、干燥温度 90℃、干燥时间 90min 的基础上，制作速食粥，以感官评分为标准，进行单因素实验并测定复水率，研究浸泡时间、蒸煮时间、干燥温度、干燥时间这 4 个因素对速食粥品质的影响。

（3）正交实验

根据单因素实验结果，设计四因素三水平正交实验，因素水平编码表见表 8-16。

表 8-16　速食粥因素水平表

水平	因素			
	浸泡时间（A）/min	蒸煮时间（B）/min	干燥温度（C）/℃	干燥时间（D）/min
1	30	30	85	80
2	40	35	90	90
3	50	40	95	100

（4）复水时间测定

成品加入其 10 倍质量的沸水，加盖冲泡，每隔 1min 随机取数粒小米及大豆置于两块玻璃板间，轻轻挤压，米粒无硬芯、大豆可压碎成泥所用的时间，即为复水时间。

（5）复水率测定

称取成品 xg，加入其 10 倍质量的沸水加盖冲泡，搅拌，5min 后沥干水分，用吸水纸吸去表面水分，称重为 y g。y/x 即为其复水率[2]。

3. 感官评价

选 10 名食品专业学生，经培训组成感官评定小组，对复水后的速食粥从色泽、香味、外观结构、口感及味道、组织状态 5 个方面进行感官评价，标准如表 8-17 所示。

表 8-17　速食粥感官评价标准

评价指标	分值	评价标准	评分
色泽	20	米粒、大豆为黄色，与新鲜粥颜色接近	14~20
		米粒、大豆为浅黄色，与新鲜粥颜色有差异	7~13
		米粒及大豆颜色过白或呈暗色	0~6
香味	20	具有米香和豆香，香味醇正，无其他异味	14~20
		米香和豆香味不足，但无异味	7~13
		无米香和豆香，且呈现异味	0~6

续表

评价指标	分值	评价标准	评分
外观结构	20	米粒及大豆适度膨胀，几乎无破损	14~20
		米粒及大豆膨胀稍微过度，有一定破损	7~13
		米粒及大豆膨胀过度，破损严重，碎粒多	0~6
口感及味道	20	口感及咀嚼性良好，软硬适宜	14~20
		口感及咀嚼性一般，偏软或偏硬	7~13
		口感及咀嚼性差，过软或有硬芯夹生	0~6
组织状态	20	黏稠度适中，米豆分散均一，无分层	14~20
		有一定黏稠度，米粒轻微粘连，有轻微分层现象	7~13
		米粒粘连，分层严重	0~6

二、结果与分析

1. 单因素实验结果

（1）浸泡时间对速食粥的影响

由图 8-71 可知：随着浸泡时间延长，速食粥复水率先增加后趋于平缓，浸泡时间为 40min 时复水率最大，感官评分较高。对原料进行浸泡的目的是使其充分吸水，有利于其蒸煮时充分糊化；浸泡时间过短，原料吸水不充分，可能影响后续工作中淀粉的糊化，糊化程度低，导致复水率偏低；浸泡时间过长，原料吸水过多，可能在蒸煮过程中破坏米粒的完整性，使感官评分偏低。综上，浸泡时间选择 40min。

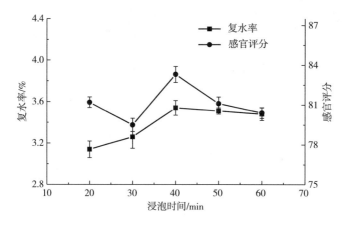

图 8-71　浸泡时间对速食粥的影响

（2）蒸煮时间对速食粥的影响

由图 8-72 可知：蒸煮时间在 20~35min 时，复水率随蒸煮时间的延长而增加，蒸煮时间为 35min 时，复水率最高，分析原因为随着时间延长，原料逐渐吸水膨胀，淀粉糊化程度增加，大量水分子处于淀粉颗粒间，使其结构疏松，干燥后重新复水，复水率高；35min 后，复水率逐渐降低。感官评分随着时间的延长先上升后下降，当蒸煮时间为 30min 时，评分最高，分析认为蒸煮时间过长，导致米粒破损，一部分可溶性物质溶出，在原料重新复水后，复水率降低，容易出现清汤寡水现象，香味不足，口感较差，感官评分亦较低。蒸煮时间为 30min、35min 时，感官评分分别为 84 分、85 分，相差不大，而复水率从 3.53% 上升到 3.72%。综上，蒸煮时间选择 35min。

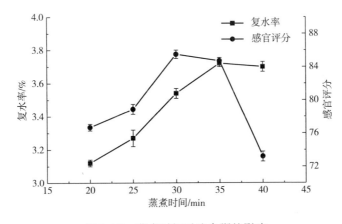

图 8-72　蒸煮时间对速食粥的影响

（3）干燥温度对速食粥的影响

由图 8-73 可知：干燥温度从 80℃ 上升到 90℃，复水率逐渐升高，干燥温度超过 90℃，复水率基本不变。随着干燥温度升高，感官评分先增加后降低，干燥温度为 90℃ 时，感官评分最高。温度低于 90℃ 时，原料表面较平整，色泽变化较小；当温度超过 90℃ 时，原料表面出现裂纹和破碎，色泽变深，也会使干燥不均匀。综上，干燥温度选择 90℃。

（4）干燥时间对速食粥的影响

由图 8-74 可知：随着干燥时间的延长，复水率先升高后降低，干燥时间为 90min 时，复水率最高。干燥时间过短，产品色泽较好，但是可能由于产品水分含量较高，淀粉容易回生，复水之后口感较差；干燥时间过长，原料色泽加深，水分含量过低，米粒离散度较差，复水时间增加，复水之后的产品咀嚼性差，感官评分较低。综上，干燥时间选择 90min。

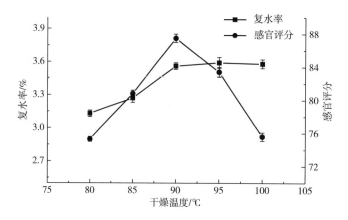

图 8-73 干燥温度对速食粥的影响

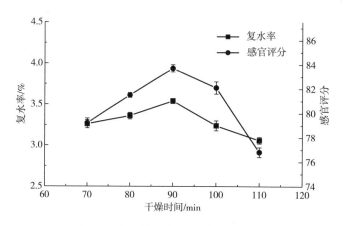

图 8-74 干燥时间对速食粥的影响

2. 正交实验结果

正交实验分别以速食粥复水率、感官评分为考察指标，结果见表8-18。

表 8-18 正交实验结果

实验号	因素				考察指标	
	A	B	C	D	y_1 复水率/%	y_2 感官评分
1	1	1	1	1	3.29	75.3
2	1	2	2	2	3.85	85.9
3	1	3	3	3	3.41	69.7

实验号		因素				考察指标	
		A	B	C	D	y_1 复水率/%	y_2 感官评分
4		2	1	2	3	3.59	81.5
5		2	2	3	1	3.24	76.4
6		2	3	1	2	3.71	82.2
7		3	1	3	2	3.49	80.8
8		3	2	1	3	3.58	80.3
9		3	3	2	1	3.33	78.6
y_1	k_1	3.52	3.46	3.53	3.29		
	k_2	3.51	3.56	3.59	3.68		
	k_3	3.47	3.48	3.38	3.53		
	R	0.05	0.10	0.21	0.39		
y_2	k_1	77.0	79.2	79.3	76.8		
	k_2	80.0	80.9	82.0	83.0		
	k_3	79.9	76.8	75.6	77.2		
	R	3.0	4.1	6.4	6.2		

由表8-18极差分析得出，4个因素对复水率影响的主次顺序为 $D>C>B>A$，即干燥时间>干燥温度>蒸煮时间>浸泡时间，较优参数组合为 $A_1B_2C_2D_2$。4个因素对感官品质影响的主次顺序为 $C>D>B>A$，即干燥温度>干燥时间>蒸煮时间>浸泡时间，较优参数组合为 $A_2B_2C_2D_2$。从2个考察指标的较优参数组合可以得出，$B_2C_2D_2$ 对2个考察指标均较优，感官评价作为消费者购买一种产品的主要影响因素，并且浸泡时间对复水率及感官品质的影响均处于较弱地位，所以综合平衡后较优指标为 $A_2B_2C_2D_2$，即工艺参数为浸泡时间40min、蒸煮时间35min、干燥温度90℃、干燥时间90min。

验证实验：正交表中第2组实验 $A_1B_2C_2D_2$ 复水率和感官评分均最高，分别为3.85%和85.9分，而通过正交实验得出的较优组合为 $A_2B_2C_2D_2$，两者不一致，所以需要进行验证实验。在较优组合条件下做3次平行实验取平均值，其复水率为3.82%，和3.85%相差较小，感官评分为87.3分，高于85.9分，所以小米大豆速食粥的最佳工艺参数为浸泡时间40min，蒸煮时间35min，干燥温度90℃，干燥时间90min。在此工艺条件下制作的小米大豆速食粥复水之后色泽与新鲜米粥较为接近，呈黄色，米粒和大豆膨胀适度，几乎没有破损，黏稠度适中，软硬适宜，具有米香和豆香，香气醇正。

三、结论

通过单因素及正交实验优化出小米大豆速食粥的最佳工艺参数：浸泡时间40min，蒸煮时间35min，干燥温度90℃，干燥时间90min。一份速食粥中糊化小米粉添加量为5g（总质量15g）。速食粥复水时间为5min，复水率为3.82%，感官得分为87.3分，其色泽与新鲜米粥较为接近，黏稠度适中，软硬适宜，具有米香和豆香，产品具有较高的营养价值。本研究为充分发挥小米大豆粥这一传统特色食品的潜在优势以及产业化生产发展提供了一定借鉴。

参考文献

［1］李楠，王芮东，刘馨，等．小米大豆复合速食粥的研制及工艺优化［J］．粮食与油脂，2021，34（1）：55-58．

［2］王立东，张桂芳，包国凤，等．微波热风复合干燥制备速食小米方便粥的复水性研究［J］．粮食与饲料工业，2013（6）：25-28．

第十三节　萌芽黑谷物冲调粉的配方优化

近年来，随着生活节奏加快及健康意识增强，人们对全谷物食品逐渐关注，但全谷物食品适口性较差、口感较粗糙等问题制约了全谷物食品的进一步发展。有研究表明，萌芽技术能够提高谷物食品的营养价值并改善其口感，提高全谷物的消化率和生物利用率。谷物萌芽后，蛋白质被水解成氨基酸，维生素、矿物质、脂肪酸等得到释放，总酚、γ-氨基丁酸等含量增加，其营养物质、功能活性成分有效升高，在一定程度上增加了谷物的营养价值。黑色全谷物，如黑玉米、黑豆、黑小麦等，其表皮中含有大量的花青素，为深紫色或乌黑色，相对于同类浅色谷物，具有较强的抗氧化活性，可以清除自由基、降血脂、降血糖、增强免疫力等，"黑色食品"越来越受到消费者的关注。因此，萌芽黑谷物作为一种新型的食品加工原料具有巨大的市场潜力[1]。

全谷物冲调粉是把谷物熟化后粉碎，将粉末按一定配比混合制成的速溶即食产品，相对于传统固体谷物食品，冲调粉食用简单、贮藏方便，其营养物质更易被吸收。现阶段市面上的冲调产品种类不多、口味单一，萌芽黑谷物作为主要原料的冲调产品更为少见。因此，本实验以萌芽黑玉米、萌芽黑豆作为主要原料，添加黑枸杞、黑芝麻、木糖醇和海藻酸钠，采用响应面法对冲调粉配方进行优化，以期得到营养丰富、口感细腻、稳定性好的产品，为萌芽黑谷物冲调粉的工业化生产及应用提供理论支撑。

一、材料与方法

1. 原料与试剂

黑玉米、黑豆、黑芝麻、黑枸杞、海藻酸钠（食品级）和木糖醇（食品级）：市售。

2. 实验方法

（1）工艺流程

操作要点：挑选颗粒饱满的黑玉米、黑豆，用 0.5% 的次氯酸钠溶液浸泡 30min，对其表面进行消毒处理，用蒸馏水多次清洗后，在 25℃ 条件下浸泡 8h，然后将其置于发芽器中于 25℃ 恒温培养箱中进行萌芽培养。每天喷水 1~2 次确保黑玉米、黑豆处于湿润状态，待其芽长长到与谷粒长度相同时取出[2]。将取出的萌芽黑玉米、黑豆烘烤熟制，烤炉温度底火 140℃、上火 150℃，烘烤 25min，使其有烘烤香味。将熟制的黑玉米、黑豆、黑芝麻、黑枸杞分别粉碎，过 60 目筛备用（图 8-75）。

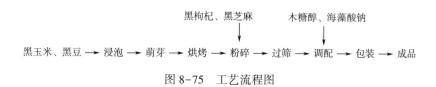

图 8-75　工艺流程图

（2）单因素实验

通过预实验得到的初始配方为：萌芽黑玉米粉 5g、萌芽黑豆粉 4g、黑枸杞粉 0.5g、木糖醇 5g、黑芝麻粉 3g、海藻酸钠 2.5g（上述原料包装成一包，即一次食用量）。感官评定员认为冲调粉的甜度、香气和口感质地对产品品质影响较大，因此选择木糖醇、黑芝麻粉和海藻酸钠添加量进行单因素实验。

进行木糖醇单因素实验时，在初始配方基础上，其他原料添加量不变，木糖醇添加量分别为（3、4、5、6、7）g；进行黑芝麻粉单因素实验时，其他原料添加量不变，黑芝麻粉添加量分别为（2、2.5、3、3.5、4）g；进行海藻酸钠单因素实验时，其他原料添加量不变，海藻酸钠添加量分别为（1.5、2、2.5、3、3.5）g。

（3）响应面实验

采用 Design-Expert 软件，在单因素实验基础上，通过 Box-Behnken 设计对木糖醇添加量（A）、黑芝麻粉添加量（B）、海藻酸钠添加量（C）3 个因素进行响应面实验，因素水平见表 8-19。

表 8-19　因素水平表

水平	因素		
	A 木糖醇添加量/g	B 黑芝麻粉添加量/g	C 海藻酸钠添加量/g
-1	5	3	2
0	6	3.5	2.5
1	7	4	3

（4）感官评定标准

将产品用 80℃ 热水、按料液比 1∶5（g/mL）冲调后，请 10 位食品专业人员对冲调粉从色泽、滋味和气味、口感质地、冲调性等方面进行感官评价，感官评分表见表 8-20。

表 8-20　感官评分表

分数	感官评定标准	得分
色泽	冲调后呈紫灰色，有光泽，颜色均匀一致	15~20
	浅灰色，有光泽，基本均匀一致	10~14
	灰色，无明显光泽，分布不均匀	1~9
滋味和气味	香甜，有较浓郁的谷物香气，香气协调，没有异味	15~20
	甜度适中，谷物芝麻香味略淡，香气较为协调	10~14
	甜度过甜或不甜，谷物香气淡或有异味	1~9
口感质地	口感细腻，吞咽时无异物感，黏稠度较好	15~20
	口感比较细腻，有颗粒感，黏稠度适中	10~14
	口感粗糙，黏稠度较差	1~9
冲调性	易溶解，无结块，冲调后形成均匀的糊状且食用口感较为细腻、不分层	15~20
	较易溶解，冲调后有有少许结块，口感略有粗糙、有轻微分层	10~14
	不易溶解，不均匀，结块严重、有分层	1~9
总体可接受度	较好，易于接受	15~20
	一般，能接受	10~14
	较差，不能接受	1~9

3. 冲调品质的测定

参考刘腾怒[3] 的方法测定萌芽黑谷物冲调粉的离心沉淀率。参考张妍等[4] 的方法测定润湿性。参考乐梨庆等[5] 的方法测定稳定性。

二、结果与分析

1. 单因素实验结果

（1）木糖醇添加量

木糖醇含量对冲调粉感官质量的影响见图8-76。感官得分随木糖醇添加量的增加先升高后降低，当木糖醇添加量为6g时，感官得分最高。木糖醇甜度与蔗糖相当，由于其在人体内可参与代谢但又不升高血糖浓度，因此可以作为糖尿病患者的甜味剂。适量的木糖醇会给冲调粉带来甜味，添加量过少或过多都会影响产品的甜度，导致甜味不足或过甜。因此，选择木糖醇添加量为（5、6、7）g进行响应面实验。

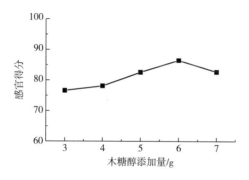

图8-76　木糖醇添加量对冲调粉品质的影响

（2）黑芝麻粉添加量

黑芝麻粉添加量对冲调粉感官质量的影响见图8-77。随着黑芝麻粉添加量的增加，产品感官得分先升高后降低。当添加量为3.5g时，感官得分最高。黑芝麻含有多种必需氨基酸和脂肪酸并含有铁和维生素E，是预防贫血、激活脑细胞和消除血管胆固醇的重要成分，并且黑芝麻独特的香气给冲调粉起到了提质增香的作用。当黑芝麻添加量小于3.5g时，黑芝麻口味较淡，产品香气不足；当添加量超过3.5g时，黑芝麻的味道很浓，掩盖了其他原料的味道，导致感官得分下降。因此，选取黑芝麻添加量为（3、3.5、4）g进行响应面实验。

（3）海藻酸钠添加量

海藻酸钠对冲调粉感官质量的影响见图8-78。当添加量为2.5g时，感官得分最高，为87.3分。海藻酸钠在产品冲调后形成可食用的凝胶，当添加量过低时，产品较稀，冲调后有分层和少量结块；当海藻酸钠添加量超过2.5g时，产品太稠，口感不好。因此，选取海藻酸钠添加量为（2、2.5、3）g进行响应面实验。

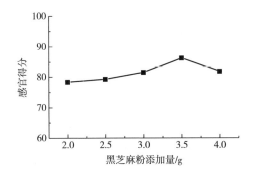

图 8-77　黑芝麻粉添加量对冲调粉品质的影响

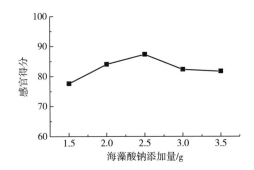

图 8-78　海藻酸钠添加量对冲调粉品质的影响

2. 响应面实验结果

（1）响应面设计结果

以感官得分为响应值，使用 Design-Expert 软件，进行 Box-Behnken 实验设计，结果见表 8-21。

表 8-21　响应面设计及感官得分

实验序号	单因素			感官得分（Y）
	木糖醇（A）/g	黑芝麻粉（B）/g	海藻酸钠（C）/g	
1	−1	−1	0	79.8
2	1	−1	0	80.3
3	−1	1	0	80.5
4	1	1	0	81.1
5	−1	0	−1	81.5
6	1	0	−1	82.0

实验序号	单因素			感官得分（Y）
	木糖醇（A）/g	黑芝麻粉（B）/g	海藻酸钠（C）/g	
7	−1	0	1	82.4
8	1	0	1	82.6
9	0	−1	−1	83.3
10	0	1	−1	83.8
11	0	−1	1	83.9
12	0	1	1	84.5
13	0	0	0	85.9
14	0	0	0	86.4
15	0	0	0	86.6
16	0	0	0	86.8
17	0	0	0	87.0

（2）回归方程的分析

对表8-22中的数据进行拟合，得到回归方程为：$Y = 86.53 + 0.22A + 0.32B + 0.35C + 0.025AB − 0.075AC + 0.025BC − 3.93A^2 − 2.18B^2 − 0.53C^2$，方差分析结果见表8-22。

表8-22　回归模型拟合及方差分析结果

方差来源	平方和	自由度	均方	F 值	P 值	显著性
模型	94.34	9	10.48	96.93	<0.0001	**
A	0.41	1	0.41	3.75	0.0942	
B	0.85	1	0.85	7.81	0.0267	*
C	0.98	1	0.98	9.06	0.0197	*
AB	0.0025	1	0.0025	0.023	0.8834	
AC	0.022	1	0.022	0.21	0.6621	
BC	0.0025	1	0.0025	0.023	0.8834	
A^2	65.11	1	65.11	602.11	<0.0001	**
B^2	20.06	1	20.06	185.46	<0.0001	**
C^2	0.98	1	0.98	9.06	0.0196	*
残差	0.76	7	0.11			
失拟项	0.045	3	0.015	0.084	0.9651	

方差来源	平方和	自由度	均方	F 值	P 值	显著性
纯差	0.71	4	0.18			
总相关	95.10	16				
$R^2 = 0.9902$				$R^2_{Adj} = 0.9818$		

注：* 差异显著（$P<0.05$）；** 差异极显著（$P<0.01$）。

从表 8-22 可以看出，模型的 P 值<0.0001，说明回归模型非常显著，模拟实验误差较小，模型失拟项 $P = 0.9651>0.05$，差异不显著，说明方程可靠；回归系数 $R^2 = 99.02\% > 85\%$，表明回归方程拟合度好，能够描述各因素与响应值之间的关系。表 8-22 中的数据表明，本实验设计可靠、误差小，适合实际情况，可用于分析和预测萌芽黑谷物冲调粉的实验结果。从 P 值可以看出，黑芝麻粉（B）添加量和海藻酸钠（C）添加量对冲调粉的感官品质影响显著，而木糖醇（A）添加量影响不显著。二次项中 A^2 和 B^2 对冲调粉感官品质的影响极显著；C^2 影响显著。在交互作用项中，AB、AC 和 BC 影响均不显著。

（3）最优工艺配方及验证实验

该模型预测的最佳值为木糖醇 6.02g、黑芝麻粉 3.54g、海藻酸钠 2.68g。在此条件下，萌芽黑谷物冲调粉的感官评分预测值为 86.6188 分。为了便于实验操作，选择 6.0g 木糖醇、3.55g 黑芝麻粉和 2.65g 海藻酸钠进行验证实验，此时感官得分为 86.2 分，与理论值基本一致，具有较高的可靠性。

（4）冲调性结果

根据本实验配方制备萌芽黑谷物冲调粉，测定其离心沉淀率为 14.56%，润湿性为 120S，稳定性指数为 0.86%，本产品润湿时间较长，主要是由于海藻酸钠微粒具有水合作用，遇水之后先形成团块再溶解。产品稳定性指数≤5%，表明稳定性极好，冲调后不分层。

三、结论

本研究以黑玉米、黑豆、黑芝麻、黑枸杞、木糖醇、海藻酸钠为原料，通过响应面实验，得出萌芽黑谷物冲调粉的最佳配方为萌芽黑玉米粉 5g、萌芽黑豆粉 4g、黑枸杞粉 0.5g、木糖醇 6.0g、黑芝麻粉 3.55g 和海藻酸钠 2.65g，所得冲调粉颜色呈紫灰色，有谷物香气，黏稠度适宜，口感细腻，无结块，80℃ 热水冲调后不分层，稳定性较高，感官品质较好。

参考文献

[1] 秦嘉杉，李楠. 萌芽黑谷物冲调粉的配方优化研究 [J]. 食品工程，2023
（1）：37-40.

[2] 高琨，谭斌，汪丽萍，等. 萌芽全谷物的研究现状、问题与机遇 [J]. 粮
油食品科技，2021，29（2）：71-80.

[3] 刘腾怒. 发芽黑米冲调粉的制备及其性质研究 [D]. 无锡：江南大
学，2021.

[4] 张妍，高蕾，王正红，等. 响应面实验优化喷雾干燥制备核桃分心木速溶
粉及其冲调性分析 [J]. 食品科学，2016，37（18）：47-51.

[5] 乐梨庆，万燕，向达兵，等. 藜麦奇亚籽冲调粉的研制及工艺优化 [J].
食品工业，2020，41（8）：81-85.

第十四节　紫薯酸奶制作工艺优化

紫薯为一年生旋花科草本植物，是由日本率先开发的特殊甘薯品种，富含硒、花青素、膳食纤维等营养成分。紫甘薯除具有良好色泽外，还具有抗氧化、抗炎症、预防肿瘤等多种生理功能，这使得紫薯食品的研究与开发受到越来越多的关注。

酸奶是以生牛（羊）奶或奶粉为原料，经杀菌、接种发酵制成的产品，因其风味独特、营养价值高等优点而深受消费者欢迎。近年来，将特色果蔬或谷物与牛（羊）奶复合发酵制作风味酸奶的研究越来越多，该类酸奶产品在丰富消费者感官体验的同时，也使酸奶的营养成分更加全面。但在生产过程中，加入的这些植物性原料会直接影响酸奶的色泽、风味和口感等感官指标，进而影响其接受程度。目前相关产品研究大多以感官评分为指标，采用传统正交试验方法优化发酵工艺[1-6]。感官评分方法受多种因素影响，难以获得较一致的客观结果，误差较大，因此需要对相关产品开发做更细致的研究。

模糊综合评价法是一种依据模糊数学原理建立的一种数学模型，应用模糊关系合成理论，将一些不易定量的因素定量化、综合评价的方法。应用模糊数学对食品进行感官综合评价，可以有效消除主观因素影响，使评价结果更加准确、客观[7]。

目前，关于紫薯酸奶的研究较少，更没有市场化的成熟产品，同时已有的该类产品研究方法多存在上述局限[8-10]。因此，本研究以紫薯和牛奶为原料，将模糊综合评价法应用于紫薯酸奶感官评价，探讨紫薯酸奶的最佳工艺条件，以期使评定结

果更趋于合理性和实用性，为紫薯酸奶的工业化生产提供一定参考。

一、材料与方法

1. 材料

纯牛奶：市售；白砂糖：市售；紫薯（济薯18号）；酸奶发酵剂（保加利亚乳杆菌和嗜热链球菌混合物）：北京川秀科技有限公司。

2. 方法

（1）工艺流程

紫薯→清洗→去皮→切块→蒸熟→制成紫薯泥

↓

牛奶→调配（添加白砂糖、紫薯泥）→过胶体磨→加热杀菌（95℃，10min）→冷却（42℃）→接种→发酵（42℃）→后熟（4℃，12h）→成品。

（2）操作要点

牛乳：选取不含抗生素的新鲜牛奶，过滤除去杂质。

薯泥制备：将无发芽、无霉烂、无机械损伤的新鲜紫薯洗净、去皮、切块，然后蒸制30min，制成紫薯泥。

调配、均质：将牛奶、紫薯泥和白砂糖按试验设计的比例混合均匀，预热至50~60℃，过胶体磨，使液料细微化，增强体系的稳定性。

接种、发酵：按照试验设计，无菌操作接种不同量的发酵剂，混匀封瓶，42℃恒温培养。

冷藏：将发酵好的酸奶冷藏（4℃，12h），使风味物质进一步形成。

3. 感官评价

选10名食品专业学生（5男5女），经培训组成感官评定小组，对产品的色泽、组织形态、气味、口感和滋味进行感官评定，标准见表8-23。

表8-23　紫薯酸奶感官评定标准

感官因素	感官等级		
	优	中	差
色泽	呈浅紫色，色泽均匀一致	紫色过浅或过深，色泽均匀	紫色过浅或过深，色泽不均匀
组织状态	组织细腻，质地均匀，无乳清析出	组织较细腻，有少量乳清析出，无明显分层	组织粗糙，有较多乳清析出，有明显分层

感官因素	感官等级		
	优	中	差
气味	有浓郁的奶香味和紫薯香味、无异味	奶香味和紫薯香味淡、无异味	几乎没有两种香味，有异味
口感	口感细腻	口感比较细腻	口感略带粗糙感
滋味	酸甜柔和、适中	酸甜基本适口	过酸或过甜

4. 试验设计

（1）单因素试验

以发酵时间、接种量、紫薯泥以及白砂糖的添加量作为单因素，以感官评价为试验标准，确定各因素的较优范围。

（2）正交试验

在单因素试验的基础上设计四因素三水平正交试验，因素、水平见表8-24。

表8-24　正交试验因素水平表

水平	因素			
	A 接种量/%	B 紫薯泥添加量/%	C 白砂糖添加量/%	D 发酵时间/h
-1	0.2	6	8	4.5
0	0.3	7	10	5.0
1	0.4	8	12	5.5

5. 模糊数学模型的建立

（1）模糊矩阵的建立

因素集 U 是指产品感官质量构成因素的集合，本试验中 $U=\{$色泽 U_1，组织形态 U_2，气味 U_3，口感 U_4，滋味 $U_5\}$。评语集 V 是被评对象所属质量级别的集合，本试验中 $V=\{$优 V_1，中 V_2，差 $V_3\}$；其中优为95分，中为80分，差为65分。则 $U\times V$ 的关系可以用模糊矩阵 R 来表示。

（2）权重的确定

权重是指各个因素在所有因素中所占的比重，其总和为1，表示为 $X=\{X_1$，X_2，…，X_i，…，$X_n\}$。本试验根据表8-23紫薯酸奶感官评定标准将色泽、组织形态、气味、口感、滋味的权重系数分别设为0.15、0.15、0.15、0.3、0.25，即权重集 $X=\{0.15，0.15，0.15，0.3，0.25\}$。

（3）模糊关系综合评判集

综合评判集 **Y** 是指研究过程中，需要进行评价的产品的集合，**Y**=**X** · **R**，式中：**Y** 为综合评判集，**X** 为权重集，**R** 为模糊矩阵。

二、结果与分析

1. 单因素试验结果与分析

为了得到紫薯酸奶各个单因素添加量的最佳配比，由评定小组 10 名成员对酸奶进行评价，按优中差分为 3 个等级，其中优为 95 分，中为 80 分，差为 65 分，计算其最终得分。

（1）发酵时间的单因素试验

固定接种量 0.3%，紫薯泥添加量 7%，白砂糖添加量 10%，研究发酵时间为（4、4.5、5、5.5、6）h 时对紫薯酸奶品质的影响。经过评定小组逐一评价，结果见表 8-25。

表 8-25　发酵时间对酸奶品质的影响

发酵时间/h	得到优中差的个数			最终得分
	优	中	差	
4.0	0	3	7	69.5
4.5	4	4	2	83.0
5.0	6	4	0	89.0
5.5	3	5	2	81.5
6.0	1	4	5	74.0

由表 8-25 可知，当发酵时间为 5h 时，酸奶的感官评分最高，酸奶组织细腻、质地均匀，无分层现象，色泽均匀，酸甜可口。酸度是影响酸奶感官质量的重要因素，发酵时间过短会导致酸度低，胶体结构不能充分形成，凝固程度差；发酵时间过长会导致酸度过大，破坏乳蛋白形成的胶体结构，导致乳清析出[11]。通常，发酵终止酸度在 66~72°T 时，酸奶感官质量较好[12]。实际发酵时间应根据产酸量、凝固程度、风味等因素来确定。另外，紫薯中的色素主要是花青素类水溶色素，pH 为 7~4，随着 pH 降低，紫甘薯色素水溶液的颜色将由紫色逐渐变浅为浅红色。鉴于接种量、紫薯泥以及白砂糖的添加量都会影响相同发酵时间成品的酸度，进而影响产品的颜色，因此采用发酵时间（5h）而非固定酸度作为其余单因素试验发酵终点判断依据，并选出（4.5、5、5.5）h 进行正交试验。

（2）紫薯泥添加量的单因素试验

固定接种量0.3%，白砂糖添加量8%，发酵时间5h，研究紫薯泥添加量为5%、6%、7%、8%、9%时对紫薯酸奶品质的影响。经过评定小组逐一评价，结果见表8-26。

表8-26 紫薯泥添加量对酸奶品质的影响

紫薯泥添加量/%	得到优中差的个数			最终得分
	优	中	差	
5	0	0	10	65.0
6	3	4	3	80.0
7	7	3	0	90.5
8	6	3	1	87.5
9	1	4	5	74.0

由表8-26可以看出，当紫薯泥添加量为7%时，酸奶色泽均匀一致，呈现淡紫色；组织状态细腻，质地均匀，无乳清析出；具有紫薯和酸奶的香味，酸甜适中，口感细腻。紫薯泥添加量对酸奶品质影响显著，紫薯中的淀粉会增加酸奶的黏稠度，防止乳清析出[13]；紫薯中的花色苷不仅是产品颜色形成的重要因素，还会和紫薯中的还原糖共同对产品的滋味产生影响，因此紫薯泥添加量过多或过少，都会对酸奶的感官品质产生不良影响。本试验选出紫薯泥添加量为6%、7%、8%进行正交试验。

（3）白砂糖添加量的单因素试验

固定接种量0.3%，紫薯泥添加量7%，发酵时间5h，研究白砂糖添加量为6%、8%、10%、12%、14%时对紫薯酸奶品质的影响。经过评定小组逐一评价，结果见表8-27。

表8-27 白砂糖添加量对酸奶品质的影响

白砂糖添加量/%	得到优中差的个数			最终得分
	优	中	差	
6	0	2	8	68.0
8	5	4	1	86.0
10	7	3	0	90.5
12	4	5	1	84.5
14	1	5	4	75.5

由表8-27可知，白砂糖添加量为10%时，紫薯酸奶的品质最佳。白砂糖添加量为6%时，酸奶的酸味重，甜味不够，酸甜比不适宜；而添加量为14%时，口感

过甜，无明显酸味。当白砂糖添加量为 10% 时，酸奶酸甜适中，口感细腻，具有浓郁的酸奶、紫薯香味，且组织状态细腻均匀，无气泡、无分层。选出白砂糖添加量为 8%、10%、12% 进行正交试验。

（4）接种量的单因素试验

固定紫薯泥添加量 7%，白砂糖添加量 8%，发酵时间 5h，研究接种量分别为 0.1%、0.2%、0.3%、0.4%、0.5% 时对紫薯酸奶品质的影响。经过评定小组逐一评价，结果见表 8-28。

表 8-28　接种量对酸奶品质的影响

接种量/ %	得到优中差的个数			最终得分
	优	中	差	
0.1	0	2	8	68.0
0.2	3	5	2	81.5
0.3	6	3	1	87.5
0.4	5	3	2	84.5
0.5	2	4	4	77.0

由表 8-28 可以看出，接种量为 0.3% 时，酸奶感官品质最佳。当接种量为 0.1% 时，酸奶凝乳时间过长，口感略带粗糙；而当接种量为 0.5% 时，凝乳时间过短，酸奶组织状态较差，有大量乳清析出。当接种量为 0.3% 时，酸奶质地均匀，无乳清析出，无分层现象，口感爽滑、细腻，具有紫薯和酸奶的香味，酸甜适中。在生产过程中，由于每批发酵剂活力大多不尽相同，接种量选择不合适就会导致发酵时间难以控制，酸度过高或过低，降低成品感官质量，甚至导致发酵失败，因此需要根据发酵剂活力不同选择最佳接种量。选出接种量为 0.2%、0.3%、0.4% 进行正交试验。

2. 正交试验结果与模糊综合评价分析

（1）正交试验结果

由评定小组对按 $L_9(3^4)$ 正交表制成的 9 种凝固型紫薯酸奶的感官进行逐一评价，对应的票数情况见表 8-29，10 名感官评定员对紫薯酸奶的评价结果并不集中且存在差异。

表 8-29　紫薯酸奶感官评定票数分布

试验号	色泽			组织状态			气味			口感			滋味		
	优	中	差	优	中	差	优	中	差	优	中	差	优	中	差
1	3	2	5	5	3	2	2	4	4	3	4	3	2	5	3

试验号	色泽			组织状态			气味			口感			滋味		
	优	中	差	优	中	差	优	中	差	优	中	差	优	中	差
2	6	3	1	5	2	3	7	3	0	5	2	3	6	2	2
3	5	1	4	4	5	1	3	3	4	4	4	2	3	2	5
4	3	4	3	3	4	3	2	4	4	3	5	2	2	3	5
5	7	3	0	5	3	2	5	5	0	4	4	2	4	5	1
6	7	3	0	6	3	1	8	2	0	7	2	1	8	2	0
7	4	5	1	3	3	3	5	4	1	4	3	3	5	4	1
8	5	2	3	4	4	2	5	3	2	3	6	1	2	4	4
9	7	2	1	4	4	2	5	4	1	4	5	1	3	6	1

（2）模糊综合评价分析

①建立模糊数学矩阵。对表 8-29 中各个产品所得票数除以评定小组总人数 10，得到以下 9 个模糊评判矩阵，分别对应 1~9 号试验，即试验号为 1 的样品模糊矩阵为 R_1，其余类推。

$$
R_1 = \begin{vmatrix} 0.3 & 0.2 & 0.5 \\ 0.5 & 0.3 & 0.2 \\ 0.2 & 0.4 & 0.4 \\ 0.3 & 0.4 & 0.3 \\ 0.2 & 0.5 & 0.3 \end{vmatrix} \quad
R_2 = \begin{vmatrix} 0.6 & 0.3 & 0.1 \\ 0.5 & 0.2 & 0.3 \\ 0.7 & 0.3 & 0.0 \\ 0.5 & 0.2 & 0.3 \\ 0.6 & 0.2 & 0.2 \end{vmatrix} \quad
R_3 = \begin{vmatrix} 0.5 & 0.1 & 0.4 \\ 0.4 & 0.5 & 0.1 \\ 0.3 & 0.3 & 0.4 \\ 0.4 & 0.4 & 0.2 \\ 0.3 & 0.2 & 0.5 \end{vmatrix}
$$

$$
R_4 = \begin{vmatrix} 0.3 & 0.4 & 0.3 \\ 0.3 & 0.4 & 0.3 \\ 0.2 & 0.4 & 0.4 \\ 0.3 & 0.5 & 0.2 \\ 0.2 & 0.3 & 0.5 \end{vmatrix} \quad
R_5 = \begin{vmatrix} 0.7 & 0.3 & 0.0 \\ 0.5 & 0.3 & 0.2 \\ 0.5 & 0.5 & 0.0 \\ 0.4 & 0.4 & 0.2 \\ 0.5 & 0.4 & 0.1 \end{vmatrix} \quad
R_6 = \begin{vmatrix} 0.7 & 0.3 & 0.0 \\ 0.6 & 0.3 & 0.1 \\ 0.8 & 0.2 & 0.0 \\ 0.7 & 0.2 & 0.1 \\ 0.8 & 0.2 & 0.0 \end{vmatrix}
$$

$$
R_7 = \begin{vmatrix} 0.4 & 0.5 & 0.1 \\ 0.4 & 0.3 & 0.3 \\ 0.5 & 0.4 & 0.1 \\ 0.4 & 0.3 & 0.3 \\ 0.5 & 0.4 & 0.1 \end{vmatrix} \quad
R_8 = \begin{vmatrix} 0.5 & 0.2 & 0.3 \\ 0.4 & 0.4 & 0.2 \\ 0.3 & 0.5 & 0.2 \\ 0.3 & 0.6 & 0.1 \\ 0.2 & 0.4 & 0.4 \end{vmatrix} \quad
R_9 = \begin{vmatrix} 0.7 & 0.3 & 0.0 \\ 0.4 & 0.4 & 0.2 \\ 0.5 & 0.4 & 0.1 \\ 0.4 & 0.5 & 0.1 \\ 0.3 & 0.6 & 0.1 \end{vmatrix}
$$

②计算综合隶属度。根据模糊变换原理，按照公式 $Y_j = X \cdot R_j$（$j = 1, 2, \cdots,$ 9）计算样品对各类因素的综合隶属度，其中 X 为权重集，R 为模糊矩阵。对 9 个试验号的样品进行评价，并归一化得到：

$$Y_1 = X \cdot R_1 = (0.15,\ 0.15,\ 0.15,\ 0.3,\ 0.25) \times \begin{vmatrix} 0.3 & 0.2 & 0.5 \\ 0.5 & 0.3 & 0.2 \\ 0.2 & 0.4 & 0.4 \\ 0.3 & 0.4 & 0.3 \\ 0.2 & 0.5 & 0.3 \end{vmatrix} = (0.290,\ 0.380,\ 0.330)$$

同理：$Y_2 = (0.570,\ 0.230,\ 0.200)$，$Y_3 = (0.375,\ 0.305,\ 0.320)$，$Y_4 = (0.260,\ 0.405,\ 0.335)$，$Y_5 = (0.475,\ 0.410,\ 0.115)$，$Y_6 = (0.725,\ 0.230,\ 0.045)$，$Y_7 = (0.440,\ 0.370,\ 0.190)$，$Y_8 = (0.320,\ 0.445,\ 0.235)$，$Y_9 = (0.435,\ 0.450,\ 0.115)$。

③正交试验结果分析。将综合评价结果的各个量分别乘以其对应的分值（优为95分，中为80分，差为65分）并进行相加，最后得出每个样品的最后总得分，结果见表8-30。

表8-30　紫薯酸奶正交试验结果

试验号	A 接种量/%	B 紫薯泥添加量/%	C 白砂糖添加量/%	D 发酵时间/h	综合评分
1	1	1	1	1	79.40
2	1	2	2	2	85.55
3	1	3	3	3	80.83
4	2	1	2	3	78.88
5	2	2	3	1	85.40
6	2	3	1	2	90.20
7	3	1	3	2	83.75
8	3	2	1	3	81.28
9	3	3	2	1	84.80
k_1	81.93	80.68	83.63	83.20	
k_2	84.83	84.08	83.08	86.50	
k_3	83.28	85.28	83.33	80.33	
极差 R	2.90	4.60	0.55	6.17	

由极差分析可知，$R_4 > R_2 > R_1 > R_3$，则影响紫薯酸奶品质的因素大小为发酵时间>紫薯泥添加量>接种量>白砂糖添加量。极差分析得到最佳组合为 $A_2B_3C_1D_2$，即接种量为0.3%、紫薯泥添加量为8.0%、白砂糖添加量为8.0%、发酵时间为5.0h。在

此最佳水平组合条件下进行验证试验，最终成品呈浅紫色，质地均匀，酸甜可口，口感细腻，感官品质良好。

3. 紫薯酸奶理化指标及微生物指标

经测定，检测的紫薯酸奶质量指标均符合国家标准：脂肪≥2.5g/100g，蛋白质≥2.3g/100g，酸度≥70°T；乳酸菌≥1×10⁶CFU/mL，酵母菌≤100CFU/mL，霉菌≤30CFU/mL。

三、结论

采用正交试验和模糊综合评价方法确定紫薯酸奶最佳工艺条件为发酵剂接种量0.3%、紫薯泥添加量8%、白砂糖添加量8%、发酵时间5h。此条件下制得的酸奶在兼具酸奶和紫薯营养特征的同时，具有产品特有的风味和良好的色泽，整体感官品质良好。

引入模糊综合评价法对紫薯酸奶进行感官评价分析，在一定程度上克服了传统感官评分法带来的片面性和主观性，使评定结果更加合理，提高了产品工艺的实用性，也为该类产品的感官品质评价与改进提供了技术参考。

参考文献

[1] 林威，任佑华，吴格格，等．覆盆子酸奶的研制［J］．中国酿造，2015，34（2）：168-171.

[2] 张军，张冬雪，刘玉峰，等．蓝莓山羊酸奶的研制［J］．中国酿造，2015，34（11）：171-174.

[3] 郝秋娟，李树立，郝东旭，等．红枣山楂桂圆酸奶的研制［J］．中国酿造，2015，34（12）：171-174.

[4] 闫波，林宇红，刘晓新．新型保健沙棘枸杞果肉酸奶的研制［J］．中国乳品工业，2015，43（8）：53-56.

[5] 陈蓓，吴中琴，胡亚平．金樱子酸奶的研制［J］．轻工科技，2015，31（12）：53-56.

[6] 郑清，刘汉文，彭英云，等．凝固型紫甘薯酸奶的研制［J］．食品工业，2012，33（3）：9-12.

[7] Loannou I, Perrot N, Hossenlopp J, et al. The fuzzy set theory: a helpful tool for the estimation of sensory properties of crusting sausage appearance by a single expert［J］. Food Quality and Preference, 2002, 13（7/8）：589-595.

[8] 陈梅香，魏俊杰，陈萍紫．紫薯营养保健酸奶的研制［J］．农业机械，2011（32）：109-111.

［9］蒋丽，王雪莹.紫薯酸奶发酵工艺研究［J］.饮料工业，2011，14（8）：24-26.

［10］赵丛丛.新型紫薯酸奶的研制［J］.安徽农业科学，2014，42（23）：7990-7992.

［11］汪慧华.凝固型酸奶酸度变化原因分析及解决措施［J］.中国奶牛，1997（4）：49-50.

［12］肖英.酸奶制品的酸度控制［J］.中国食品添加剂，2009（4）：150-154.

［13］魏晓砚，王炜华，刘彩妹，等.酸奶生产中加工过程对淀粉性能影响的研究［J］.乳业科学与技术，2003（4）：157-159.

第十五节　马铃薯馍片的加工工艺

马铃薯是茄科茄属作物，又名土豆、洋芋等，是世界上第四大粮食作物，仅次于水稻、小麦和玉米。我国是马铃薯种植与生产大国，产量和出口量居世界首位。马铃薯营养丰富全面，含有碳水化合物、蛋白质、维生素、有机酸和类脂化合物等营养，其中碳水化合物包括淀粉、糖类和膳食纤维等[1]。因此，马铃薯不仅能够降低人体胆固醇水平，预防心血管疾病，还能促进肠道蠕动、防治癌症等，经常食用有益于人体健康[2]。

马铃薯全粉是由新鲜马铃薯经过清洗、蒸煮、破碎、干燥等一系列特殊的生产工艺制成的微小颗粒或白色粉末状的食品原料，可用来制作薯条、薯饼、面包、馒头、面条等产品。目前马铃薯全粉主要有三种类型，即马铃薯颗粒全粉和马铃薯雪花粉以及马铃薯生全粉。马铃薯全粉不含面筋蛋白，单独使用制成面团的加工性能较差，经常与小麦粉混合使用。

烤馍片，又称为烤馍干，是由面粉、水、酵母、食用油和食盐等原料经过发酵、蒸制、烤制等加工而成的一种老少皆宜的大众食品。烤馍片组织结构细密多孔，含有丰富的膳食纤维，能够起到加快肠道蠕动、健胃养胃的作用。烤馍片是一种口感酥香的食品，具有保质期长、方便携带、饱腹感强等特点。由于迎合了现代消费者的健康生活理念，馍片很快畅销市场，出现了多家生产企业。目前，我国馍片行业的企业代表有良品铺子、米多奇、旺旺等，市售的馍片产品口味多达十几种，深受消费者喜爱，馍片由此成为一种市场前景广阔的休闲食品。

随着现代技术的进步和人们生活质量的提升，食品的营养性和安全性成为人们日益关注的焦点。主食是指能够为人体提供主要能量物质，满足人体营养需求的膳食。在2015年1月，我国提出了"马铃薯主粮化"的重要战略举措，并深入开展了研讨。"马铃薯主粮化"的大力推进，不仅能够满足我国居民"吃饱吃好吃得健康"的膳食需求，还能够优化马铃薯种植结构、科学地对食物进行充分利用开发[3]。马铃薯具有营养丰富全面、产量高、种植面积广的特点，加入主食中能够改善主食的营养。为了响应"马铃薯主粮化"战略的提出和实施，全国各企业开始研发和生产马铃薯主粮化食品，经考察得知，目前马铃薯主食主要包括马铃薯饼干、薯片、面包、馒头等。但由于马铃薯中缺乏面筋蛋白，在制作过程中随着马铃薯全粉添加量的增加，面团的流变学特性以及产品的感官品质受到影响[4]，因此制约着马铃薯主食化的发展进程。本试验所制作的马铃薯馍片，是将马铃薯全粉与小麦粉混合作为主要原料，在马铃薯馒头的加工工艺上进一步生产，开发马铃薯主食新产品。马铃薯馍片不仅具有马铃薯所含的营养成分，还结合了馍片养胃、中和胃酸的优点，经常食用能起到保健、减肥的功效。

我国部分居民以馒头、面条为主食，为了快速推进马铃薯主食化的进程，首先需要顺应我国居民的饮食习惯，深入开展有关马铃薯馒头类食品的研究。钟雪婷等[5]发现，在馒头制作工艺中，添加少量马铃薯全粉能够使馒头的弹性和回复性明显提高，但当马铃薯全粉添加量过多会使馒头的感官品质下降。目前对于马铃薯馒头的研究已经逐渐深入，但对于马铃薯烤馍片的研究很少，本试验参考现有的马铃薯馒头的加工工艺，进一步创新，对马铃薯烤馍片的加工技术进行探究。将马铃薯全粉与小麦粉混合制成马铃薯馍片，不仅能够加快马铃薯主食化的进程，还能够研制开发馍片的新产品，为企业提供新的馍片产品生产方案。马铃薯馍片能够同时具备马铃薯的丰富营养和馍片的保健功能，突破传统馍片的风味和功能，增加了马铃薯的利用率，有利于馍片的产业化生产，带来经济效益的可能。

本文对马铃薯馍片的生产工艺进行了研究，并从4个方面来制作感官评定表，以4个单因素为变量，通过模糊数学感官评价分析了马铃薯全粉添加量、酵母添加量、馍片厚度、烘烤温度等多种因素对馍片感官品质影响，然后进行正交试验，最终得到了馍片的最佳工艺条件。

一、材料与方法

1. 材料

马铃薯全粉：甘肃正阳现代农业服务有限公司；安琪酵母：安琪酵母股份有限公司；小麦粉：市售。

2. 工艺流程与操作要点

（1）工艺流程

酵母、糖、水→活化→马铃薯全粉、小麦粉混合→和面→成形→发酵→分割→二次醒发→蒸制→冷却→切片→烤制→成品。

（2）操作要点

酵母活化：称取一定量的酵母粉，加入少许白糖可加速酵母活化，倒入35℃左右的温水溶解，放置2~3min使其充分活化。

和面：加入马铃薯全粉、小麦粉混合，将活化后的酵母缓慢分次倒入混合粉中，边倒水边搅拌，用手和成面团后放入和面机混合均匀，和面时间控制在15min左右，使面团揉合光滑均匀，无生粉、颗粒等夹杂其中。

发酵：将和好的面团放入汽温为35℃、水温为37℃的恒温发酵箱中醒发40min左右，发酵成面团体积两倍大后取出。

分割：发酵后的面团揉合排气，分割为约100g/个的馒头胚，将馒头胚揉成圆柱形后放入蒸锅中。

蒸制：分割好的馒头胚放入蒸锅中，二次醒发15min后蒸制20min即得馒头成品。

冷却：馒头成品冷却至室温后放入冰箱中冷冻2h。

切片：将馒头均匀切成不同厚度的薄片备烤。

烤制：将馍片均匀地放在烤盘中，表面刷一层食用油后放入烤箱中烤制约20min后成品。

3. 单因素实验

以产品的感官品质评分为实验指标，考察马铃薯全粉添加量、酵母添加量、馍片厚度、烘烤温度对馍片感官品质的影响。

固定混合粉总量200g，酵母粉添加量0.8%，馍片厚度7mm，烘烤温度190℃。设置马铃薯全粉添加量为10%、15%、20%、25%、30%、40%，探究马铃薯全粉添加量对馍片感官品质的影响。

固定混合粉总量200g，马铃薯全粉添加量20%，馍片厚度7mm，烘烤温度190℃。设置酵母添加量为0.4%、0.6%、0.8%、1.0%、1.2%，探究酵母添加量对馍片感官品质的影响。

固定混合粉总量200g，马铃薯全粉添加量20%，酵母添加量0.8%，烘烤温度190℃，设置馍片厚度为3mm、5mm、7mm、9mm、11mm，探究馍片厚度对馍片感官品质的影响。

固定混合粉总量200g，马铃薯全粉添加量20%，酵母添加量0.8%，馍片厚度7mm，设置烘烤温度为170℃、180℃、190℃、200℃、210℃，探究烘烤温度对馍片感官品质的影响。

4. 正交实验

由单因素实验的结果分析可知，酵母主要影响面团的发酵性能以及馍片的组织结构。酵母添加量不足会使面团发酵不充分，导致馍片缺乏细密的孔洞；而当酵母添加量过多会使面团过度发酵，所得产品的组织结构出现较大孔洞，口感略发酸。但通过感官评定可以发现，酵母添加量对于馍片的综合评分影响较小，因此，选择最佳的酵母添加量 0.8% 作为后续试验的添加量进行优化试验。即选择影响较大的马铃薯全粉添加量、馍片厚度、烘烤温度 3 个因素中感官评分较高的水平因子进行正交试验，以马铃薯馍片的色泽、质地、组织结构和滋味为评价指标，结合模糊数学法以马铃薯馍片综合感官评分作为最终的评价指标，设计 $L_9(3^4)$ 正交试验，优化马铃薯馍片的加工工艺。正交试验因素与水平见表 8-31。

表 8-31   正交实验因素与水平表

水平	因素		
	A 马铃薯全粉添加量/%	B 馍片厚度/mm	C 烘烤温度/℃
1	15	7	180
2	20	9	190
3	25	11	200

5. 感官评价方法

参照汪磊等[6] 实验的馍片感官评分标准，选择 10 位味觉、嗅觉均正常的学生，按照感官评定标准（表 8-32），对制成的馍片产品进行评分。单因素实验的感官评分由色泽、质地、组织结构和滋味 4 部分评分之和组成，即：感官评分 =（色泽权重×色泽评分等级）+（质地权重×质地评分等级）+（组织结构权重×组织结构评分等级）+（滋味权重×滋味评分等级）。

表 8-32   感官评分标准

项目	评分标准	评分等级
色泽	色泽均匀有光泽，呈金黄色，无过白、过焦现象	优
	色泽基本均匀，有较好的金黄色，光泽不明显，有很少过白、过焦现象	良
	色泽不太均匀，金黄色不明显，光泽感差，有少量过白、过焦现象	中
	色泽不均匀，无金黄色，光泽感差，有大量过白、过焦现象	差
质地	口感松脆，硬度适中，咀嚼不费力	优
	口感不太松脆，咀嚼稍费力	良
	口感不太松脆，咀嚼稍干硬	中
	口感不松脆，咀嚼过于干硬	差

续表

项目	评分标准	评分等级
组织结构	断面结构呈多孔状，细密，无孔洞	优
	断面结构呈多孔状，较细密，孔洞小	良
	断面结构呈多孔状，不细密，有大的孔洞	中
	断面结构无多孔状	差
滋味	有正常馍片固有的香味，薯香浓郁，有回味，无异味	优
	馍片香味较淡，薯香味淡，有回味，无异味	良
	馍片滋味平淡，无薯香味，回味淡，稍有异味	中
	无馍片香味，无薯香味，有异味，无回味	差

6. 模糊数学模型的建立

参考文献[7-9]，首先确定评价因素，由馍片的色泽、质地、组织结构、滋味组成评价因素集 $U = \{U_1, U_2, U_3, U_4\}$，其中 $U_1 =$ 色泽、$U_2 =$ 质地、$U_3 =$ 组织结构、$U_4 =$ 滋味；其次建立评语集 $V = \{V_1, V_2, V_3, V_4\} = \{$优，良，中，差$\}$，其中：优 90 分，良 80 分，中 70 分，差 60 分；通过评分法来确定各因素的权重 K：设定四个评价因素的权重总分为 20 分，由味觉、嗅觉均正常的 10 名学生为各因素打分（表 8-33），由此得出各因素的权重集 $K = \{K_1, K_2, K_3, K_4\} = \{0.22、0.31、0.18、0.29\}$，即色泽、质地、组织结构、滋味分别占比 0.22、0.31、0.18、0.29。

表 8-33　馍片各因素权重打分

项目	1 号	2 号	3 号	4 号	5 号	6 号	7 号	8 号	9 号	10 号	合计	占比
色泽	4	5	4	5	4	4	6	5	4	3	44	0.22
质地	6	6	6	5	7	8	6	6	6	6	62	0.31
组织结构	4	4	3	3	4	3	4	3	3	5	36	0.18
滋味	6	5	7	7	5	5	4	6	7	6	58	0.29
合计	20	20	20	20	20	20	20	20	20	20	200	1

建立模糊数学模型：$Y_j = K \cdot R_j$，式中：Y_j 为模糊数学综合评价结果；K 为各因素的权重集；R_j 为每个样品的模糊评价矩阵。

然后对等级因素进行赋值，得到综合感官评分：$S_j = Y_j \cdot V$，式中：S_j 为综合感官评价得分；Y_j 为模糊数学感官评价结果；V 为评语集。

二、结果与分析

1. 单因素实验结果

（1）马铃薯全粉添加量对馍片感官品质的影响

由表8-34可知，馍片的感官评分随着马铃薯全粉添加量的增加先升高后下降。由于马铃薯全粉中不含面筋蛋白，致使面团持气性能差，在整个工艺中不仅会影响面团的流变学特性和馒头的品质，还会影响馍片的感官品质。当马铃薯全粉的添加量低于15%时，馒头质地柔软易变形，不易切片，从而导致馍片外形不完整，厚薄不够均匀，馍片的马铃薯风味过淡，色泽发白，质地黏牙不松脆；当马铃薯全粉添加量超过30%时，面筋的网络结构会遭到破坏，从而使馒头的品质劣化，例如馒头色泽变暗变黄，表面凹凸不平，出现轻微塌陷、馒头内部气孔大小不均匀，馒头的硬度、黏力、咀嚼性上升，甚至出现开裂现象，从而会影响馍片的感官品质，使得馍片的组织结构粗糙，出现较大孔洞，质地咀嚼干硬，不酥脆。当马铃薯全粉添加量在15%~25%时，馍片的松脆度和组织结构较好，具有马铃薯独特的风味。因此，选择马铃薯全粉添加量为15%、20%、25%进行正交试验。

表8-34 马铃薯全粉添加量对馍片感官品质的影响

马铃薯全粉添加量/%	感官评定	得分
10	色泽金黄，质地松脆，有点黏牙，断面组织结构较细密，马铃薯味道淡，回味淡	73.1
15	色泽均匀有光泽，质地松脆，硬度适中，组织结构较细密，马铃薯味道偏淡，回味偏淡	79.3
20	色泽均匀有光泽，呈金黄色，质地松脆，硬度适中，断面组织结构细密，薯香味浓郁，回味香甜	80.4
25	色泽金黄，质地不太松脆，咀嚼稍费力，组织结构不太细密，孔洞小，薯香味浓郁	75.6
30	色泽不太均匀，光泽感差，质地不松脆，咀嚼干硬，组织结构不细密，有大的孔洞，薯香味重	67.8
40	色泽不均匀，光泽感差，咀嚼过于干硬，组织结构不细密，有大的孔洞，薯香味过重	67.5

（2）酵母添加量对馍片感官品质的影响

由表8-35可知，酵母添加量的改变对馍片产品感官品质的影响较小。随着酵母添加量的增加，馍片的感官评分先升高后下降。酵母主要能够影响面团的发酵性能，加快面团的发酵速度，使馍片的组织结构更加细密、有层次。当酵母添加量少于0.6%时，面团发酵不充分，面团内部生成的气孔少，蒸制的馒头不够松软，体积小，馍片的组织结构不酥松，质地偏硬；当酵母添加量大于1.0%时，会导致面团过度发酵，使面团发酸，影响馍片的组织结构，出现较大气孔，且馍片口感发酸。由感官评定得分可知，当酵母添加量在0.8%时感官评定得分最高，此时馍片的组织结构细密，口感酥香。

表8-35 酵母添加量对馍片感官品质的影响

酵母添加量/%	感官评定	得分
0.4	体积小，断面组织结构无多孔状，质地不松脆，咀嚼干硬	75.5
0.6	体积偏小，断面组织结构不细密、孔洞小，质地不太松脆，咀嚼稍费力	75.6
0.8	断面组织结构细密，孔洞多而小，质地松脆，硬度适中，咀嚼不费力	78.4
1.0	组织结构不太细密，出现大的孔洞，质地松脆，硬度适中，口感发酸	77.9
1.2	质地不松脆，组织结构不细密，大孔洞较多，口感发酸	65.2

（3）馍片厚度对馍片感官品质的影响

由表8-36可知，馍片的感官评分随着馍片厚度的增加先升高后下降。当馍片厚度小于7mm时，产品表面易焦糊，色泽发黑，口感发苦，失去馍片和马铃薯固有的香味；当馍片厚度大于9mm时，产品表面温度高，易焦化，内部温度低，水分蒸发慢，质地黏牙不松脆，咀嚼费力。当馍片厚度在7~11mm时，馍片的色泽金黄，质地松脆，口感较好。因此，选择馍片厚度（7、9、11）mm进行正交试验。

表8-36 馍片厚度对馍片感官品质的影响

馍片厚度/mm	感官评定	得分
3	色泽变暗甚至发黑，有大量过焦现象，质地松脆，口感发苦，无薯香味，有焦糊味	51.1
5	色泽不均匀，光泽感差，边缘和表面有少量过焦现象，口感略微发苦，马铃薯味道淡	58.3
7	色泽金黄有光泽，无过白、过焦现象，质地松脆，咀嚼不费力，薯香味浓郁，回味香甜	76.0

馍片厚度/mm	感官评定	得分
9	色泽基本均匀，有较好的金黄色，无过白过焦现象，质地松脆，咀嚼不费力，薯香味浓郁	73.6
11	色泽不均匀，光泽感差，有大量过白现象，质地不松脆，黏牙，咀嚼费力，马铃薯味道较好	60.1

（4）烘烤温度对馍片感官品质的影响

由表8-37可知，随着烘烤温度的升高，馍片的感官评分先升高后下降。烘烤温度对于产品的色泽、质地、滋味影响较大。当烘烤温度低于180℃时，烘烤20min后，产品表面色泽发白，内部质地黏牙不松脆，马铃薯风味不足，口感差；当烘烤温度高于200℃时，烘烤20min后，馍片的水分快速蒸发，导致产品质地干硬，表面和边缘焦化，色泽变暗甚至发黑，出现异味，失去薯香味。当烘烤温度在180~200℃时，馍片色泽金黄、质地松脆、硬度适中，具有馍片的香味和浓郁的薯香味，口感较好。因此，选择烘烤温度（180、190、200）℃进行正交试验。

表8-37　烘烤温度对馍片感官品质的影响

烘烤温度/℃	感官评定	得分
170	色泽不太均匀，光泽感差，有大量发白现象，质地不松脆，黏牙，咀嚼费力，薯香味过淡	64.0
180	色泽基本均匀，有少量发白现象，质地不太松脆，有点黏牙，薯香味偏淡	77.5
190	色泽均匀、有光泽，呈现金黄色，无过白、过焦现象，质地松脆，硬度适中，薯香味浓郁，回味香甜	79.3
200	色泽基本均匀，色泽发暗，表面和边缘有略微焦化现象，质地不太松脆，薯香味浓郁	65.3
210	色泽变暗甚至发黑，光泽感差，有大量过焦现象，质地不松脆，咀嚼干硬，马铃薯味道淡，有焦糊味	46.7

2. 正交实验设计及结果分析

通过单因素实验可以确定各因素中比较好的区间范围和水平数，由单因素实验分析可知酵母添加量为0.8%时为最好，所以正交实验以马铃薯全粉添加量、馍片厚度、烘烤温度为因素，各采用3个水平数制作正交实验表，并进行实验。

（1）模糊数学感官评价结果

邀请10名学生对9种不同的试验方案进行优、良、中、差4个等级感官评价，评价结果见表8-38。

表8-38 馍片感官评价结果

样品编号	色泽				质地				组织结构				滋味			
	优	良	中	差	优	良	中	差	优	良	中	差	优	良	中	差
1	1	5	3	1	1	5	3	1	2	4	4	0	2	5	3	0
2	2	6	1	1	3	6	1	0	2	4	3	1	4	5	1	0
3	2	4	3	1	1	4	4	1	3	3	3	1	1	5	4	0
4	4	4	1	1	5	4	1	0	4	4	1	1	6	4	0	0
5	5	4	1	0	6	3	1	0	4	4	2	0	5	5	0	0
6	5	2	2	1	2	3	3	2	4	4	1	1	3	6	1	0
7	2	2	1	5	4	3	2	1	4	5	0	1	1	3	4	2
8	3	4	1	2	2	5	2	1	4	3	2	1	3	5	2	0
9	4	3	3	0	3	4	2	1	1	4	3	2	2	2	6	0

根据模糊数学模型，得到9种样品的模糊评价矩阵：

$$R_1 = \begin{bmatrix} 1/10 & 5/10 & 3/10 & 1/10 \\ 1/10 & 5/10 & 3/10 & 1/10 \\ 2/10 & 4/10 & 4/10 & 0/10 \\ 2/10 & 5/10 & 3/10 & 0/10 \end{bmatrix} = \begin{bmatrix} 0.1 & 0.5 & 0.3 & 0.1 \\ 0.1 & 0.5 & 0.3 & 0.1 \\ 0.2 & 0.4 & 0.4 & 0 \\ 0.2 & 0.5 & 0.3 & 0 \end{bmatrix} \cdots$$

$$R_9 = \begin{bmatrix} 4/10 & 3/10 & 3/10 & 0/10 \\ 3/10 & 4/10 & 2/10 & 1/10 \\ 1/10 & 4/10 & 3/10 & 2/10 \\ 2/10 & 2/10 & 6/10 & 0/10 \end{bmatrix} = \begin{bmatrix} 0.4 & 0.3 & 0.3 & 0 \\ 0.3 & 0.4 & 0.2 & 0.1 \\ 0.1 & 0.4 & 0.3 & 0.2 \\ 0.2 & 0.2 & 0.6 & 0 \end{bmatrix}$$

根据模糊数学模型 $Y_j = K \cdot R_j$，得到9种样品的模糊数学评价矩阵 Y_j：

$$Y_1 = K \cdot R_1 = (0.22, 0.31, 0.18, 0.29) \times \begin{bmatrix} 0.1 & 0.5 & 0.3 & 0.1 \\ 0.1 & 0.5 & 0.3 & 0.1 \\ 0.2 & 0.4 & 0.4 & 0 \\ 0.2 & 0.5 & 0.3 & 0 \end{bmatrix}$$

$$= (0.147, 0.482, 0.318, 0.053)$$

同理可得：

$Y_2 = (0.289, 0.535, 0.136, 0.040)$；$Y_3 = (0.158, 0.411, 0.360, 0.071)$；

$Y_4 = (0.489, 0.400, 0.071, 0.040)$；$Y_5 = (0.513, 0.398, 0.089, 0)$；

$\boldsymbol{Y}_6 = (0.331, 0.383, 0.184, 0.102)$；$\boldsymbol{Y}_7 = (0.269, 0.314, 0.200, 0.217)$；

$\boldsymbol{Y}_8 = (0.269, 0.460, 0.178, 0.093)$；$\boldsymbol{Y}_9 = (0.257, 0.320, 0.356, 0.067)$。

对综合评价矩阵进行等级赋值 $\boldsymbol{S}_j = \boldsymbol{Y}_j \cdot \boldsymbol{V}$，得到 9 种样品的综合评分 $\boldsymbol{S}_j$：

$$\boldsymbol{S}_1 = \boldsymbol{Y}_1 \cdot \boldsymbol{V} = (0.147, 0.482, 0.318, 0.053) \times \begin{bmatrix} 90 \\ 80 \\ 70 \\ 60 \end{bmatrix} = 77.23$$

同理可得：$\boldsymbol{S}_2 = 80.73$；$\boldsymbol{S}_3 = 76.56$；$\boldsymbol{S}_4 = 83.38$；$\boldsymbol{S}_5 = 84.24$；$\boldsymbol{S}_6 = 79.43$；$\boldsymbol{S}_7 = 76.35$；$\boldsymbol{S}_8 = 79.05$；$\boldsymbol{S}_9 = 77.67$。

（2）正交实验结果

在单因素实验基础上，根据 9 组馍片产品的综合评分，结合正交实验结果进行分析，结果见表 8-39。

表 8-39　正交实验结果

试验号	马铃薯全粉（A）	馍片厚度（B）	烘烤温度（C）	空列（D）	感官得分
1	1	1	1	1	77.23
2	1	2	2	2	80.73
3	1	3	3	3	76.56
4	2	1	2	3	83.38
5	2	2	3	1	84.24
6	2	3	1	2	79.43
7	3	1	3	2	76.35
8	3	2	1	3	79.05
9	3	3	2	1	77.67
k_1	78.17	78.99	78.57	79.71	
k_2	82.35	81.34	80.59	78.84	
k_3	77.69	77.89	79.05	79.66	
R	4.66	3.45	2.02	0.87	

从表 8-39 可以看出，通过模糊数学感官评定标准得知，影响馍片综合评分的各因素先后顺序为：$A>B>C$，即马铃薯全粉添加量>馍片厚度>烘烤温度，最佳工艺配方组合为 $A_2B_2C_2$，即马铃薯全粉添加量为 20%、馍片厚度 9mm、烘烤温度 190℃。

3. 最佳工艺条件验证实验

邀请 10 名学生对采取最佳工艺条件制得的产品进行优、良、中、差 4 个感官等级评价，评价结果见表 8-40。

表 8-40　最佳工艺配方产品感官评价结果

样品编号	色泽				质地				组织结构				滋味			
	优	良	中	差	优	良	中	差	优	良	中	差	优	良	中	差
1	6	3	1	0	6	4	0	0	4	3	2	1	6	4	0	0
2	6	4	0	0	6	3	1	0	3	5	1	1	7	3	0	0
3	5	4	1	0	6	4	0	0	5	4	1	0	6	4	0	0

最佳条件下馍片的模糊数学评价矩阵为：

$$R_1 = \begin{bmatrix} 0.6 & 0.3 & 0.1 & 0 \\ 0.6 & 0.4 & 0 & 0 \\ 0.4 & 0.3 & 0.2 & 0.1 \\ 0.6 & 0.4 & 0 & 0 \end{bmatrix} \quad R_2 = \begin{bmatrix} 0.6 & 0.4 & 0 & 0 \\ 0.6 & 0.3 & 0.1 & 0 \\ 0.3 & 0.5 & 0.1 & 0.1 \\ 0.7 & 0.3 & 0 & 0 \end{bmatrix} \quad R_3 = \begin{bmatrix} 0.5 & 0.4 & 0.1 & 0 \\ 0.6 & 0.4 & 0 & 0 \\ 0.5 & 0.4 & 0.1 & 0 \\ 0.6 & 0.4 & 0 & 0 \end{bmatrix}$$

最佳条件下馍片的模糊数学评价矩阵 Y_j：

$Y_1 = (0.564, 0.360, 0.058, 0.018)$，$Y_2 = (0.575, 0.358, 0.049, 0.018)$，
$Y_3 = (0.560, 0.400, 0.040, 0)$

最佳条件下馍片的综合评分 S_j 见表 8-41。

表 8-41　最佳条件下馍片的综合评分

样品编号	综合评分
1	84.70
2	84.90
3	85.20
平均值	84.93

根据正交实验分析结果可知，最好的配比组合为 $A_2B_2C_2$，但是正交表上没有这一组合，所以对其进行验证实验，正交表中得分最高的一组为 $A_2B_2C_3$，得分 84.24分，将两组进行对比，以模糊数学感官评价为标准，进行 3 次对比试验，从而得出最佳配比组合，得出的结果为 $A_2B_2C_2$ 的得分平均分为 84.93 分，高于正交表上的最佳组合 $A_2B_2C_3$ 的 84.24 分，所以选择组合 $A_2B_2C_2$ 组合为最优组合。即马铃薯全粉的添加量为 20%、馍片厚度 9mm、烘烤温度 190℃。用此配方制作的馍片产品色泽金黄、口感松脆、硬度适中，薯香味浓郁，品质稳定，营养丰富。

三、结论

本文主要研究了马铃薯馍片的制作工艺，通过单因素实验，得到马铃薯全粉添加量 20%、酵母添加量 0.8%、馍片厚度 7mm、烘烤温度 190℃时感官评分最高。通

过分析得知酵母对馍片产品的影响较小，其添加量在 0.8% 时最佳，在此基础上，选用马铃薯全粉添加量、馍片厚度、烘烤温度 3 个因素中较好的水平因子进行正交实验，得到了馍片的最佳工艺为马铃薯全粉添加量 20%、馍片厚度 9mm、烘烤温度 190℃。其中，马铃薯馍片的影响因素排列依次为马铃薯全粉添加量>馍片厚度>烘烤温度。用此配方制作的馍片产品色泽金黄、硬度适中，断面组织结构细密，薯香味浓郁，品质稳定，营养丰富。

参考文献

［1］吴亚军. 马铃薯主食产品研究现状及发展前景［J］. 种子科技，2019，37（4）：38.

［2］孙君茂，郭燕枝，苗水清. 马铃薯馒头对中国居民主食营养结构改善分析［J］. 中国农业科技导报，2015，17（6）：64-69.

［3］马玉喜. 我国马铃薯主粮化产业发展现状分析［J］. 黑龙江纺织，2016（3）：26-27.

［4］马畅. 马铃薯全粉/小麦粉面团特性及馒头品质研究与改良［D］. 沈阳：沈阳师范大学，2021：3.

［5］钟雪婷，华苗苗，任元元，等. 马铃薯全粉对小麦面团及其馒头质构品质影响的研究［J］. 食品与发酵科技，2018，54（5）：32-35.

［6］汪磊，吴燕，游新勇，等. 响应面法优化莜麦馍片的工艺［J］. 食品工业，2014，35（9）：166-169.

［7］谭沙，翁盼，常永春，等. 基于模糊数学法的婴幼儿磨牙饼干加工工艺优化［J］. 保鲜与加工，2021，21（9）：52-57.

［8］Sinija V R，Mishra H N. Fuzzy analysis of sensory data for quality evaluation and ranking of instant green tea powder and granules［J］. Food and Bioprocess Technology，2011（4）：408-416.

［9］陈建旭，黄球荣，黄健玲，等. 基于模糊数学感官评价法优化黑椒酱配方［J］. 保鲜与加工，2023，23（3）：49-55.